成本會計學

（第五版）

主編●羅紹德

松燁文化

前　言

　　成本會計最初屬於財務會計體系，主要根據財務會計理論來研究成本計算。到了19世紀末，由於重工業的發展和生產規模的擴大，生產過程趨於複雜化。為了準確地確定收益，要求對成本進行比較精確的計算，從而導致了成本會計的產生，並逐漸形成了比較完整的成本會計理論和方法體系。

　　目前，中國已經加入了世界貿易組織(WTO)十余年，國內市場和國際市場的競爭更加激烈。在這種環境下，中國企業要生存、發展，關鍵在於加強管理和提高競爭能力。企業提高產品質量、降低產品成本是增強企業競爭能力的重要保證。因此，研究成本會計、加強成本管理、促使企業不斷地降低成本，對於提高企業經濟效益和增強企業競爭能力具有重要的現實意義。

　　成本會計作為會計的一個分支，其內容應包括成本預測、成本決策、成本計劃、成本控制、成本核算、成本分析和成本考核。其中，成本核算是成本會計的基礎，也是成本會計的重點。不瞭解成本核算的基本內容和方法，是不可能做好成本管理的其他工作的。成本核算的資料既是成本分析和考核的依據，又是成本預測、成本決策、成本計劃的前提。成本控制是成本管理的關鍵，是保證企業實現目標成本的重要手段。沒有有效的成本控制，再宏偉、再理想的成本目標都是不可能實現的。因此，我們在構建本書的內容結構時，以事後成本核算為主線，以成本控制和成本分析為重要內容。

　　我們在編寫本書的過程中，吸取了中國過去幾十年來的成本管理工作和成本會計教學的實踐經驗以及中外同類成本會計學教材的優點，比較系統地闡述了成本會計的理論和方法。本書的主要特點如下：

　　第一，完整性。完整意義的成本會計應包括事前的成本預測、成本決策、成本計劃，事中的成本控制及事後的成本核算和成本分析三大內容。本書是按照完整意義上的成本會計這一思路編寫的。本書既闡述了成本預測、成本決策、成本計劃，又論述了成本控制，還介紹了成本核算和成本分析。

　　第二，重要性。重要性是指本書強調突出重點。雖然為了成本會計的完整性，我們將事前的成本預測、成本決策、成本計劃，事中的成本控制及事後的成本核算和成本分析都列入了本書，但其重點是非常突出的，即成本核算、成本控制和成本分析。對成本預測、成本決策和成本計劃只進行了一般性的介紹。

　　本書由暨南大學管理學院會計系羅紹德教授擔任主編。羅紹德編寫了第一章、第十一

章、第十三章、第十四章、第十五章、第十六章、第十七章；張珊編寫了第二章、第十章、第十二章；羅淑貞編寫了第四章、第五章、第六章、第七章；蔣訓練編寫了第八章、第九章；池海文編寫第三章、第十八章。全書由羅紹德總纂定稿。

  本書以會計專業本科學生為主要對象，非本科會計專業學生和非會計的財經類專業學生在使用本書時，可以選擇重點章節學習。本書也可以作為在職會計人員培訓和自學之用。我們以 2006 年 2 月 15 日發布的《企業會計準則》為依據，對本書進行了全新的修訂。

  由於編者理論水平和業務能力有限，書中缺點乃至錯誤恐難以避免，懇請各位讀者批評指正。

編　者

目　　錄

第一章　成本會計學導論 ……………………………………………（1）
　　第一節　成本會計的概念 …………………………………………（1）
　　第二節　成本會計的對象 …………………………………………（11）
　　第三節　成本會計的目標 …………………………………………（16）
　　第四節　成本會計的工作組織 ……………………………………（17）

第二章　成本會計的基礎工作 ………………………………………（21）
　　第一節　成本核算的基本要求 ……………………………………（21）
　　第二節　成本費用的分類 …………………………………………（26）
　　第三節　成本核算的程序 …………………………………………（30）

第三章　工業企業要素費用核算 ……………………………………（32）
　　第一節　要素費用核算的總體要求 ………………………………（32）
　　第二節　材料費用的歸集和分配 …………………………………（33）
　　第三節　動力費用的歸集和分配 …………………………………（45）
　　第四節　工資及福利費用的歸集和分配 …………………………（47）
　　第五節　折舊費用的核算 …………………………………………（59）
　　第六節　其他費用的核算 …………………………………………（60）

第四章　輔助生產費用核算 …………………………………………（65）
　　第一節　輔助生產費用核算的意義 ………………………………（65）
　　第二節　輔助生產費用的歸集 ……………………………………（65）
　　第三節　輔助生產費用的分配 ……………………………………（67）

第五章　製造費用核算 ………………………………………………（77）
　　第一節　製造費用核算的意義 ……………………………………（77）
　　第二節　製造費用的歸集 …………………………………………（79）
　　第三節　製造費用的分配 …………………………………………（80）

第六章　生產損失核算 (86)
　　第一節　生產損失核算的意義 (86)
　　第二節　廢品損失的核算 (86)
　　第三節　停工損失的核算 (93)

第七章　生產費用在完工產品和在產品之間的分配 (97)
　　第一節　在產品盤存的核算 (97)
　　第二節　在產品與完工產品成本計算 (99)
　　附錄 (110)

第八章　成本計算方法的選擇 (117)
　　第一節　產品成本計算的方法 (117)
　　第二節　影響成本計算方法選擇的因素 (118)
　　第三節　各種成本計算方法的靈活運用 (120)

第九章　品種法 (124)
　　第一節　品種法的適用範圍及特點 (124)
　　第二節　品種法成本計算程序 (125)

第十章　分批法 (140)
　　第一節　分批法的適用範圍及特點 (140)
　　第二節　分批法成本計算程序 (141)
　　第三節　簡化的分批法 (144)

第十一章　分步法 (150)
　　第一節　分步法概述 (150)
　　第二節　逐步結轉分步法 (152)
　　第三節　平行結轉分步法 (164)

第十二章　分類法 (175)
　　第一節　分類法的適用範圍及特點 (175)
　　第二節　分類法成本計算程序 (176)
　　第三節　聯產品、副產品及等級品的成本計算 (179)

第十三章　定額成本法 (183)

第一節　定額成本法概述 (183)

第二節　定額成本的確定 (184)

第三節　各種差異的核算 (187)

第四節　定額成本法成本計算程序 (194)

第十四章　成本預測與決策 (198)

第一節　成本預測與決策概述 (198)

第二節　成本預測與決策的方法 (200)

第十五章　成本計劃 (207)

第一節　成本計劃概述 (207)

第二節　成本計劃的編製 (213)

第十六章　成本控制 (223)

第一節　成本控制概述 (223)

第二節　價值工程控制 (227)

第三節　標準成本控制 (234)

第四節　責任成本控制 (240)

第五節　質量成本控制 (247)

第十七章　成本分析 (254)

第一節　成本分析概述 (254)

第二節　全部產品成本分析 (262)

第三節　可比產品成本分析 (264)

第四節　主要產品單位成本分析 (270)

第五節　技術經濟指標分析 (276)

第十八章　作業成本計算法 (284)

第一節　作業成本計算法的基本原理 (284)

第二節　作業成本計算法的應用實例 (292)

第三節　對作業成本計算法的評價 (299)

第一章　成本會計學導論

　　企業的成敗,關鍵在於「成本」和「質量」。企業要在激烈競爭的市場中佔有一席之地,並得到不斷的發展,就應該有較低的產品成本和較高的產品質量。有了高質量的產品,企業的產品深受消費者的喜愛,不愁沒有市場;有了低成本的產品,企業在競爭中佔有優勢,不至於被競爭對手擊垮。因此,企業注重成本管理,堅持成本與效益的原則,開源節流、增收節支、控制費用、降低成本,以保證企業經濟效益不斷地提高。

第一節　成本會計的概念

一、成本會計的基本概念

　　成本(Cost)是會計理論中的一個非常重要的概念。學習成本會計,首先要瞭解成本的基本概念。

　　成本是商品經濟的產物,是在商品經濟發展到一定階段之后才逐漸形成和完善起來的。在資本主義生產以前,小商品生產者為了維持再生產,也要考慮價值的補償,但對活勞動的消耗並不十分在意。他們將出售產品所獲得的收入主要用來補償消耗掉的生產資料,剩餘部分都用來供養家庭生活。因此,那時的成本概念不夠完整。到了資本主義時期,資本家的全部預付資本,除了包括預付在生產資料上的不變資本外,還包括付給工人工資的可變資本。因此,資本主義商品生產就要核算生產商品所耗費的一切,並盡可能地用銷售商品所獲得的收入補償其全部耗費。此時,才形成比較完整的成本概念。因此,成本是商品生產者為生產經營商品而發生的各種物化勞動和活勞動耗費的貨幣表現。成本包括以下幾個方面的涵義:第一,成本是為生產和銷售一定種類和數量的產品而耗費的經濟資源的價值;第二,成本是為獲得經濟資源而付出的經濟資源的代價;第三,成本是在產品的生產過程中形成的,為了再生產,成本需要得到補償,成本是耗費和補償的統一體。

　　(一)理論成本(Theory Cost)

　　在商品經濟發展到一定階段后,馬克思通過對成本的考察,既看到耗費,又重視補償,形成了馬克思的成本理論。馬克思在論述產品成本時指出:按照資本主義生產方式生產的每一商品 W 的價值,用公式來表示是 $W=C+V+M$。如果我們從這個產品價值中減去剩餘價值 M,那在商品中剩下來的,只是一個在生產要素上耗費的資本價值 $C+V$ 的等價物或補償價值。由此可見,商品價值是由三個部分組成的:一是已消耗的勞動對象的轉移價值

(原材料等)和已被磨損的勞動資料的轉移價值(固定資產折舊費等);二是勞動者的必要勞動所創造的價值 V,即勞動者活勞動的消耗價值(工資等);三是勞動者剩餘勞動所創造的價值 M。成本的實質就是指商品價值中的 C 和 V。因此,從理論上說,成本是企業在生產產品過程中已經耗費的、用貨幣表現的生產資料的價值與相當於工資的勞動者為自己勞動所創造的價值的總和。這種成本被稱為「理論成本」。它是成本研究的理論基礎,是規範成本開支範圍的客觀依據。

(二)實際應用成本(Practical Cost)

實際應用成本是理論成本的具體化,是按照現行的財務會計制度規定的成本開支範圍,以正常的生產經營活動為前提,根據生產過程中實際消耗的物化勞動的轉移價值和活勞動所創造的價值中應納入成本範圍的那部分價值的貨幣表現。

實際應用成本與理論成本不完全相同。理論成本不考慮生產經營活動中偶然因素和異常情況的消耗,只對正常的物化勞動和活勞動消耗進行貨幣計量;而實際應用成本往往受客觀條件,包括經濟政策、財經法規、會計制度和當期生產經營條件變化的影響。

美國會計師協會(AICPA)於 1957 年發布的《第 4 號會計名詞公告》(Accounting Terminology Bulletin No. 4)將成本定義為:成本指為獲取貨物或勞務而支付的現金或轉移其他資產、發行股票、提供勞務、發生負債,而以貨幣衡量的數額。成本可分為未耗成本(Unexpired Cost)和已耗成本(Expired Cost)。未耗成本可由未來的收入負擔,如存貨、預付費用、廠房、投資、遞延費用等;已耗成本不能由未來的收入負擔,故應列為當期收入的減項或借記保留盈餘。

美國會計學會(AAA)所屬成本概念與標準委員會將成本的定義為:成本是指為達到特定目的而發生或應發生的價值犧牲,它可用貨幣單位加以衡量。

《日本成本計算標準》中將成本定義為:成本的實質是經營者為獲得一定的經營成果而消耗的物質資料和勞務的價值。

在成本會計實務中,為了促進企業加強經濟核算、減少生產損失,某些不形成產品價值的損失(如廢品損失、季節性和修理期間的停工損失)也計入產品成本。此外,某些理應屬於產品成本的費用,如企業行政管理部門為組織和管理生產經營活動而發生的管理費用,企業為籌集生產經營資金而發生的財務費用以及企業為銷售產品而發生的銷售費用,都不列入產品成本,而是作為期間費用處理,直接計入當期損益,從當期利潤中扣除。因此,實際應用成本分為廣義的成本概念和狹義的成本概念。

廣義的成本是指企業為生產經營產品而發生的一切費用,包括產品生產成本和為生產經營產品而發生的經營管理費用;狹義的成本僅指產品的生產成本或製造成本,即在生產產品的過程中所發生的各種耗費。

在實際工作中,為了使各企業成本計算內容一致,防止亂計亂攤成本,以便正確地確定經營收益,計算應納所得稅額,由國家財政部統一制定了成本費用開支範圍,明確規定哪些開支允許列入成本費用,哪些開支不應列入成本費用。

(三)成本費用開支範圍

成本費用開支範圍也就是指成本費用的具體內容。成本費用開支範圍的規定直接涉及企業生產經營的勞動耗費的補償數額和確定利潤的大小。因此,成本費用開支範圍的規定必須以成本的經濟內涵為基礎,考慮這樣幾個界限:

(1)以生產經營性為界限。一切與生產經營有關的支出,都應當按規定計入企業成本費用;與生產經營無關的支出,則不應計入企業成本費用。

(2)以收益性支出為界限。凡是為取得生產經營收益而發生的支出,都應按規定計入企業成本費用;凡屬資本性支出,不能一次計入企業成本費用,按規定分期計入。

(3)以收益的時間性為界限。凡是當期受益的成本費用,不管是否實際支出,都應按規定計入企業當期的成本費用;凡不屬於當期受益的成本費用,即使已經實際支出,也不應計入當期的成本費用。

中國企業成本(廣義的成本)開支範圍幾經變動,在實踐中逐漸明確和完善。1984年,財政部發布的《國營企業成本管理條例》對工業企業成本開支範圍的規定比以前制定得更詳細、更具體,而且隨著經濟形勢的變化,陸續增加了一些新的內容。但是,由於受當時計劃經濟體制的制約,企業成本開支範圍的制定主要以財政預算目標的實現為轉移,從而導致成本開支範圍不能真實地反應企業的成本耗費水平。1993年會計改革時,《企業財務通則》和《企業財務制度》對成本開支範圍進行了一些調整。其主要內容如下:

(1)勞動保險費從營業外開支改為由管理費用開支。因為這屬於勞動力再生產的費用,應計入企業成本。

(2)將研究開發費用全部計入企業成本,並且不再規定研究開發費用比例。因為研究開發費用是企業為了研製新產品、新技術等發生的支出,屬於生產經營支出,應計入企業成本。

(3)改變提取大修理基金的辦法,將大修理支出在發生時直接分配計入企業成本。

(4)建立壞帳準備金制度,預先按一定標準提取壞帳準備,先計入各期成本,壞帳實際發生時,再予以衝銷已提的壞帳準備。

(5)允許企業在一定限度內開支業務招待費,用於企業經營活動中的正常開支,將其列入管理費用。

(6)獎金逐步計入成本,取消工資總額以外的單項獎。

(7)調整職工福利的計提基數和開支範圍。

(8)季節性、修理期間的停工損失計入製造費用等。

(9)改全部成本法為製造成本法,企業產品成本(狹義的成本)包括直接材料、直接人工和製造費用。銷售費用、管理費用和財務費用不再計入產品成本,作為期間費用(廣義的成本)計入當期損益。

綜合《國營企業成本管理條例》及有關財務制度規定,工業企業成本費用開支範圍有以下各項:

(1)生產經營過程中實際消耗的各種原材料、輔助材料、備用品配件、外購半成品、燃料、動力、包裝物、低值易耗品的價值和運輸、裝卸、整理等費用。

(2)固定資產的折舊、租賃費和修理費用。

(3)企業研究開發新產品、新技術、新工藝所發生的新產品設計費,工藝規程制定費,設備調試費,原材料和半成品的試驗費,技術圖書資料費,未納入國家計劃的中間試驗費,研究人員的工資,設備的折舊,與產品試製、技術研究有關的其他經費,委託其他單位進行的科研試製的費用和試製失敗損失等。

(4)按國家規定列入成本費用的職工工資、福利費、獎金。

(5)按規定比例提取的工會經費和按規定列入成本費用的職工教育經費。

(6)產品包修、包換、包退的費用,廢品損失、削價損失以及季節性、修理期間的停工損失。

(7)財產和運輸保險,契約、合同的公證費和簽證費,商標註冊費,諮詢費,專有技術使用費以及應列入成本費用的排污費。

(8)企業生產經營過程中發生的利息支出(減利息收入)、匯兌淨損失、金融機構手續費以及籌資發生的其他財務費用。

(9)銷售商品發生的運輸費、包裝費、展覽費、廣告費和銷售服務費以及銷售機構的管理費。

(10)辦公費、差旅費、會議費、取暖費、設計制圖費、試驗檢驗費、勞動保護費、公司經費、倉庫經費、勞動保險費、待業保險費、董事會費、審計費、訴訟費、綠化費、消防費、稅金、土地使用費、土地損失補償費、無形資產攤銷、開辦費攤銷、業務招待費、壞帳損失以及存貨跌價損失、存貨盤虧毀損和報廢(減盤盈)等損失。

為了嚴肅財經紀律,加強成本費用管理,財務會計制度還明確規定下列各項費用不能列入成本費用:

(1)購置和建造固定資產、無形資產和其他長期資產的支出。

(2)對外投資的支出。

(3)被沒收的財物,支付的滯納金、罰款、賠償金以及企業的對外贊助、捐贈支出。

由此可見,國家規定的成本費用開支,即實際應用成本,是以理論成本為基礎的。同時,為了發揮成本槓桿的調節作用,實際應用成本的內容同理論成本的內容稍有背離。例如,規定企業研究開發費用可一次或分次攤入成本。又如,企業流動資金借款利息屬於純收入分配性支出,不是產品的生產性耗費,作為企業財務費用列入企業成本(廣義的成本)。再如,廢品損失、停工損失等純粹是損失性支出,並不形成產品的價值,也規定列入企業產品成本。

從理論成本與實際應用成本的關係看,實際應用成本是在理論成本的指導下具體實施的成本。同時,實際應用成本又是檢驗理論成本的成本,是豐富和發展理論成本的開發性成本。正確地認識兩者的關係,對於發展和完善成本會計理論,深化成本會計改革,加強成

本管理具有重要的現實意義。

二、成本會計的產生和發展

成本會計是在社會經濟發展過程中逐步形成和發展的。其發展過程大體經歷了以下幾個階段：

(一) 成本會計的萌芽階段 (19世紀中期以前)

16世紀的資本主義時代是商業資本占優勢的時代，工業資本還處在初期——工場手工業時期。義大利是這樣，德國是這樣，荷蘭也是這樣。當時固定資產在工業和商業中並不是很需要，因此折舊的概念尚未形成。

隨著產業規模的擴大，1531年，義大利的美第奇(Medici)家族在他們的毛紡廠中，按照毛紡織的生產工藝設置了「毛紡工帳」「織布工帳」「染色工帳」等特殊分錄帳。在當時，他們已經開始認識到了將設備的原始成本在其經濟壽命期內分期轉銷的折舊概念。這被認為是成本會計的萌芽。

在德國，最早研究成本會計的是約翰·米夏埃爾·洛伊赫斯(John Michael Leuchs)。他於1804年出版了《商業體系論》一書，以企業價值的流向為基礎，對成本要素進行了系統的分類，並採用了「近的費用」和「遠的費用」的概念，從而提出了「直接費用」和「間接費用」的區分法。1843年，C.D.福特(C. D. Fort)在萊比錫再版了《單式和復式簿記在工業企業中的應用》一書。在該書中，他認為，成本計算的目的有兩個：一是確定價格；二是在年末計算損益。他主張設置「工廠經費帳戶」，以匯總間接費用，按單個產品進行計算。不過，在各種產品之間攤配間接費用時，尚無科學的攤配標準，而是按估計的標準進行的。1863年，阿道夫·布施(Adolph Busch)發表了《鑄造廠和機械生產經營的組織和簿記》的第二版。該書的主要論點是間接費用的攤配問題，而且與C.D.福特一樣，其介紹的攤配標準仍然是按經驗估算的，並不科學。C.G.戈特沙爾克(C. G. Gottschalk)在1865年出版的《會計核算制度的基礎及其在產業設施上的應用——尤其是礦業經營、制煉工廠、製造工廠》一書中，對特別費用和一般費用的概念進行了論述，並相應地設置了特別帳戶和一般帳戶。緊跟在C.G.戈特沙爾克后面，一起為成本會計的發展做出了貢獻的作者先後有J.C.庫爾採勒·薩諾伊爾(J. C. Courcelle - Seneuil)和阿爾貝特·巴勒維斯基(Albert Ballewski)。雖然上述德國會計學者們都無力對成本會計的內容和結構勾勒出一個清晰的輪廓，但至少表明德國成本會計已開始出現了。

16世紀中葉，荷蘭一家普拉廷印刷廠的成本核算代表了16世紀世界成本會計的發展水平。這個印刷廠是由法國人克里斯托弗爾·普拉廷於1555年在安特衛普(今屬比利時)創辦的。該廠在成本核算方面的特點表現為：第一，圍繞成本計算形成了一個帳戶體系。為了匯集成本費用，其設置了「原材料」帳戶、「製造費用」帳戶、「裝訂」帳戶、「在產品」帳戶、「製成品」帳戶等。第二，採用了初步的訂單法。其對於所印的每一批書都開設一張帳卡，借記紙張、工資等直接費用。待這批書印完后，結清所開的帳卡，然後轉入庫存

書籍帳戶。第三,該廠已能編製具有資產負債表性質的「試算表」。普拉廷印刷廠在成本核算方面所表現出來的特點和進步為成本會計的形成拉開了序幕。

19世紀初,在英國,人們對成本會計的認識還是比較膚淺的,這一點我們可以從當時具有代表性的郎赫爾穆的《簿記新法》一書中看出。該書中有一章專門列舉了當時一些較為常見的產品核算實例。從全書的內容來看,作者對商業簿記的研究較為深入,但對成本會計的認識還停留在感性階段。到了19世紀末,英國的成本會計才有了明顯的進步。

1854年,美國的約翰·弗萊明出版的《復式簿記》是當時美國成本會計發展的一個縮影。該書通過一些簡單的例子對工業簿記進行了初步的介紹,其中以論述「工廠帳戶」為主。書中所講的「工廠帳戶」的設置都是較為簡單的,並且還與商業成本核算連在一起。

(二)成本會計的發展階段(19世紀末至20世紀初)

19世紀成本會計的發展是比較緩慢的,直到19世紀的最后20年,才在英國見到許多論述成本會計的文獻,而在美國還很少看到這方面的文獻。

19世紀后半期至20世紀初,工業普遍發展,尤其是在英國和美國,導致了成本會計的迅速發展。這從製造費用分配於產品之中,會計記錄和報表適應企業管理當局和投資者及債權人的需要上看得出來。此時的成本計算和會計核算結合起來,形成了一套計算成本的方法和理論體系,但是成本會計仍然是財務會計的一個組成部分。

導致成本會計發展的最重要的因素應該是重型動力設備的使用日益增加和企業產品生產的迅速發展,使得製造費用的確認成為必要。19世紀末,由於重工業的發展和生產規模的擴大,企業的製造費用也隨之上升,成為生產總成本的重要組成部分,其中許多費用需要經過認真地確定與分攤。這時,企業的生產過程越來越趨於複雜,一個企業常常同時生產多種產品,製造程序、費用收集和分配流程都越來越複雜,從而要求對各產品、各工序的成本進行更精確的計算。

大約1880年到1915年期間,成本會計發展得最快。在這一期間,成本會計的基本結構已經形成了,成本記錄和總帳帳目相結合的方法也被設計出來了。儘管許多企業在1930年以前還未正式將成本記錄和總帳帳目予以結合,但將費用分配於個別批次的程序也已被擬訂出來了。不過,公認的基本概念卻是「一切實際費用都要分配於有關的生產工序之中」。

20世紀的前20年,成本會計思想的迅速發展,對會計理論的發展具有一定影響。業界人士將成本記錄結合到財務帳目中去,使企業計算收益的方法得到改進,存貨計價採用成本原則,從而產生了收入與費用配比。在製造費用預計分配率和標準成本的分析中,業界人士日益認識到存貨的生產性成本同無效和閒置的成本之間的區別。由於企業採用機器設備,長期資產日益增多,這樣必然產生長期資產投資在生產過程中如何轉化為成本的問題,從而導致折舊思想的形成。

英國工業革命的勝利,不僅使英國確立了工廠制度,而且也為成本會計的產生創造了條件。這時候,工廠取代了家庭手工業和手工業作坊,生產變成了由支付工資、購買材料,

並十分關心生產利潤的企業主來領導，他們開始注重成本了。當時的代表人物有托馬斯·巴斯特比、埃米爾·卡克、J.M.費爾斯、G.P.諾頓、J.S.劉易斯。

托馬斯·巴斯特比於1878年出版了《優秀的復式簿記》一書。該書提出了「主要成本」或「第一成本」的概念。第一成本是指直接材料和直接人工費用的合計。該書還論述了直接費用與間接費用的劃分法則，介紹了「正規的折舊制度」，認為折舊費用作為主要成本的項目之一。

1887年，埃米爾·卡克和J.M.費爾斯合作出版了《工廠會計》一書。他們主張把商業和生產帳戶包括在一個系統裡，並採取分錄帳的辦法把不同要素分割開來，達到成本計算的目的。該書被認為是19世紀最著名、最有影響的涉及成本會計的著作。

1889年，G.P.諾頓在倫敦出版了《紡織工廠簿記》一書。他把商業帳戶與工廠的生產記錄劃分開來，對於成本計算是十分必要的。他把匯集生產費用的帳戶稱為「生產帳戶」，並對原材料、在產品、完工產品等進行了明確的解釋。

1896年，J.S.劉易斯在倫敦出版了《工廠商業組織》一書。他主張把「企業費用」帳上的實際支出按照商業的做法直接轉入損益帳戶，當完工產品交付倉庫時，則按主要成本記入庫存貨帳的借方。

19世紀末，英國會計界在探索成本計算方法和費用的歸集與分配方面是取得了一定的成就的。雖然當時的一些方法還顯得粗糙和不夠科學，沒有把感性認識系統化並上升為理性認識，但是這些方法卻為成本會計的發展奠定了基礎。

到了20世紀初，隨著世界資本主義經濟中心地位的轉移，美國成為世界經濟的霸主。此后，美國的會計發展便進入了一個黃金時代，成為會計發展史上功績卓著的佼佼者。

1885年是美國成本會計走向成熟的一年。這一年，H.梅特卡夫（H. Metcalfe）在紐約出版了《製造成本》一書。該書被稱為第一本成本會計著作。它介紹了一種新穎的成本表的記錄和計算方法。1903年，尼科爾森出版了《工廠組織和成本》一書。后來，弗雷德里克·溫斯洛·泰羅（F. W. Taylor）於1911年在《會計雜誌》上發表了《科學管理的原則和方法》，隨后又以《科學管理原理》為題出版了專著。泰羅的科學管理思想和方法對成本會計的發展產生了深刻的影響。因此，美國會計界認為，泰羅是美國成本會計和科學管理的先驅者之一。在組織方面，美國於1919年成立了全國成本會計師聯合會；同年，英國也成立了成本和管理會計師協會。這些組織對成本會計開展了一系列的研究，為發展成本會計的理論和完善成本會計方法做出了重大貢獻。

(三)成本會計的完善階段（20世紀20~50年代）

隨著泰羅的「科學管理」（Scientific Management）思想的出現，「科學管理」學派認為，成本會計工作是整個企業經營管理工作的一部分，是對所屬部門的工作進行評價和制定決策的一個重要工具。到了20世紀初，工程師們和會計師們都在思考著成本管理方面的問題。1908年，惠特莫爾在紐約給大學生講授制鞋工廠的成本核算時，首次提出了「標準成本」計算的思想。此后，韋柏納爾也在他的《工廠成本》一書中論述了成本管理問題。1919

年,美國全國成本會計師協會(National Association of Cost Accountants,簡稱 NACA)成立之後,便立即對標準成本問題進行了研究。1920 年,美國成本會計師協會與工程師協會合作,共同研究關於成本的預測問題,以求對成本進行有效的控制。經過兩個協會的合作研究,雖然兩個協會都感到標準成本和成本管理對生產管理的必要性,但是兩個協會之間還有一些分歧。工程師們的思想在於奉行泰羅制,從提高生產效率出發,建立一種管理型的標準成本計算法則,因而他們提出的標準成本的計算是在復式記帳體系之外進行的;而會計師們主張要把標準成本的計算納入復式記帳體系之內。1921 年,工程師哈里遜發表了一篇專論,他主張對工業生產採用預計成本的辦法。1930 年,哈里遜的專著《標準成本》一書也問世了。這位既精通會計,又具有管理經驗的工程師在他的著作中對標準成本理論與實務進行了全面的闡述,並對預測成本與實際成本之間的差異的調整辦法進行了簡要的介紹。自此,標準成本計算法得以建立。經過十幾年的討論和研究,終於在 20 世紀 30 年代會計師們與工程師們對標準成本計算方面的一些問題取得了一致的看法。從此,標準成本計算方法與復式記帳體系緊緊結合在一起。會計史學界認為,自從標準成本與會計系統結合之後,西方的會計理論研究便由以商業為重點轉移為以工業為重點了。

由於標準成本(Standard Cost)、預算控制(Budget Control)、差異分析(Variance Analysis)等技術方法開始引入會計中,並成為成本會計的一個重要組成部分後,成本會計的內容已從成本計算擴大到了成本預算、成本控制,從而使成本會計的方法和理論得到了進一步的發展和完善。

在這一階段的后期,不少成本會計的名著得以出版。美國尼科爾森(J. L. Nicholson)和羅爾巴克(F. D. Rohrback)合著的《成本會計》,杜爾(J. L. Dohr)所著的《成本會計原理和實務》,J.M.克拉克所著的《製造費用成本經濟》,哈里遜所著的《標準成本》等使成本會計具備了完整的理論和方法,形成了完全獨立的學科。

(四)成本會計的最新發展階段(20 世紀 50 年代以后)

到了 20 世紀 40 年代,特別是第二次世界大戰以後,由於資本主義企業規模日益擴大,國際、國內市場競爭激烈,同時失業率增加,經濟危機發生頻繁。企業管理當局在這種形勢下,為了能戰勝對手,增強其競爭能力,就十分重視內部工作效率,廣泛推行職能管理與行為科學管理,借以提高產品質量,降低產品成本,擴大企業利潤。這時專門配合職能管理與行為科學管理的「責任成本」(Responsibility Cost)和「變動成本」(Variable Cost)等成本方法也得以產生。

到了 20 世紀 50 年代,隨著科學技術的日新月異,跨國公司大量湧現,企業的生產和經營面臨著更加複雜的環境,市場競爭越來越激烈,致使資本利潤率不斷下降。再加上通貨膨脹、銀根緊縮、籌資不易,給企業經營帶來了嚴重困難。同時,又由於「泰羅制」管理理論在許多方面已越來越不適應資本主義生產力和生產關係發展的需要。為了適應客觀形勢發展的要求,隨著管理現代化,運籌學、系統工程和電子計算機等各種科學技術成就在成本管理中得到了廣泛的應用,從而使成本會計發展到一個新的階段。成本會計的發展重點已

由如何進行事中控制成本、事後計算成本和分析成本擴展到事前預測成本、決策成本和規劃成本，形成了新型的生產經營管理型成本會計，即現代成本會計。此時，成本會計新的發展階段主要表現在以下幾個方面：

1. 進行成本的預測和決策

運用預測理論和方法，建立數學模型，對未來成本發展變動趨勢進行估計和測算；運用決策理論和方法，依據成本預測資料，選取最優成本方案，作出正確的成本決策。為了進行成本預測和成本決策，變動成本法開始採用。這種方法將企業產品成本劃分為變動成本和固定成本。企業在產品生產過程中所發生的全部費用並不都會隨產品的生產量成比例變動，有一部分是隨著產品生產量的變動而變動的，這部分費用叫做變動成本；有一部分費用不隨產品生產量的變動而變動，是相對固定的，這部分費用叫做固定成本。分清變動成本和固定成本，有利於企業進行成本預測。

2. 開展價值工程分析

美國通用電氣公司採購部門的工程師勞倫斯‧D.邁爾斯（Laurence D. Miles）於1947年把他長期在材料採購技術和材料代用方面應用的一套獨特的工作方法（在保證同樣功能的前提下降低成本）總結出來，並加以系統化，當時被稱為「價值工程」或「價值分析」（Value Analysis, VA）。20世紀50年代，「價值分析」引起了美國廣大實業界的普遍重視，並在各企業得到迅速推廣。20世紀60年代以後，「價值分析」又迅速推廣到英國、法國、日本、加拿大、澳大利亞及北歐諸國。「價值分析」是以功能分析為核心，使產品或作業能達到適當的價值，即用最低的成本來實現或創造其具備的必要功能的一項有組織的活動。

3. 實行目標成本管理

目標管理是現代化企業管理的重要內容。目標成本（Target Cost）管理是目標管理的重要組成部分，而制定目標成本則是實行目標成本管理必不可少的基礎。推行目標成本管理可以促使企業加強成本控制，發動全體職工人關心成本，形成民主管理的風氣，從而建立有效的成本控制系統，促使企業不斷地降低成本。

4. 實施責任成本核算

隨著企業規模日益擴大和管理日益複雜化，管理集權制轉為分權制，為加強企業內部各級單位的業績考核，1952年美國會計學家希金斯（J. A. Higgins）倡導了責任會計，將成本目標進一步分解為各級責任單位的責任成本。責任成本核算就是按企業內部各成本責任單位為對象歸集生產費用，計算各責任成本單位應負責控制的成本——可控成本，用以反應和考核目標成本的執行情況。實施責任成本核算，有利於企業全體職員提高成本意識，增強成本觀念，更自覺、更有效地控制成本。

5. 加強質量成本核算

隨著全面質量管理的深入開展，到20世紀60年代，質量成本（Quality Cost）概念基本形成，並確定了質量成本項目、質量成本的計算和分析方法，從而擴大了成本會計的研究領域，促使企業在提高產品質量的同時，也注重質量成本的分析。

6. 推行作業成本管理

作業成本計算是一種真正具有創新意義的成本計算方法。它是適應當代高新科學技術的製造環境而形成和發展起來的，改革了製造費用的分配方法，並使產品成本和期間成本趨於一致，大大提高了成本信息的真實性。作業成本管理則是利用作業成本計算提供的動態信息，對所有作業成本進行分析與修正，使企業管理深入到作業，促進企業有效地提高作業完成的效率和質量水平，減少浪費，降低資源消耗，從而全面提高企業生產經營整體的經濟效益。

在這一時期，很多研究者出版了許多有關專門論述成本會計的書籍，發表了有關研究成本的論文。美國的查爾斯‧T.霍恩格倫於1982年出版了他所著的《高級成本管理會計學》一書的第五版；美國的愛德華‧B.迪肯和邁克爾‧W.梅爾於1984年出版了《現代成本會計》一書；美國的格萊‧M.庫金斯（Gary M.Cokins）於1996年出版了《作業成本管理》一書；英國的杰‧貝蒂（J.Batty）於1973年出版了《高級成本會計學》一書。

三、成本會計的涵義

從成本會計的產生和發展過程可以看出成本會計是在社會經濟發展過程中逐步形成和發展起來的，成本會計的理論和實務隨著社會經濟的發展變化而不斷變化，因此不同時期成本會計的涵義也就不盡相同。19世紀末，美國早期研究成本會計的會計專家勞倫斯（W.B.Lawrence）對成本會計下的定義是：成本會計乃應用普通會計之原理，以有秩序之方法，記錄一個企業之各項支出，並確定其所產物品（或所提供勞務）的生產和銷售之總成本和單位成本，使企業的經營達到經濟、有效而又有利之目的。這裡強調應用會計原理、原則來計算成本，是針對過去應用統計方法計算成本而言的，這也充分地反應了當時的歷史水準。就當時來說，成本會計剛剛形成，還是財務會計的一個組成部分。

到20世紀中期左右，隨著「泰羅制」的廣泛實施，會計上提出了與之配合的「標準成本」「預算控制」和「差異分析」。這一時期的成本會計的涵義可引用英國會計專家杰‧貝蒂的表述，即成本會計是用來描述企業在詳細地計劃和控制它的資源利用情況方面的原理、慣例、技術和制度的一種綜合術語。成本會計的範圍擴大了，它不僅是會計核算與成本計算的結合，而且還包括成本控制。

在市場競爭激烈的情況下，企業必然要求大幅度降低成本，並把眼光放在生產過程之前，十分重視預測、決策和事前規劃。此時成本會計的涵義可引用美國會計學家查爾斯‧T.霍恩格倫的表述，即成本會計目前涉及收集和提供各種決策所需的信息，從經常反覆出現業務的經營管理直至制定非經常性的戰略決策以及制定組織機構重要的方針。

綜上所述，成本會計是會計的一個分支，是以成本為對象的專業會計。成本會計是以成本資料為依據，採用成本預測、成本決策、成本計劃、成本控制、成本核算及成本分析的專門方法，對成本資料進行加工整理，為企業管理當局和其他方面提供財務成本信息為主的一個管理信息系統。

成本會計能為企業制定決策和業績評價提供信息。成本會計既為管理會計提供數據，又為財務會計提供數據。當成本用於評價企業內部的經理人員或職員的經營業績，或作為制定決策的依據時，我們稱這些成本是為管理會計服務的；當成本用於外界（如股東和債權人）評價企業經管人員受託責任、作出投資決策以及為納稅申報提供的依據時，我們稱這些成本是為財務會計服務的。

20 世紀 50 年代初期，成本會計一般都只論述為對外的目的而計量、記錄以及報告實際產品成本的程序。這種方法幾乎用於所有的製造企業中。雖然產品成本計算仍然是成本會計中的重要組成部分，但現在成本會計的重點已轉移到管理上的應用和非製造業方面的應用了。

成本會計的範疇也已大大擴充，包括運用了許多數學和統計方法在成本分析中，有助於企業考慮理財和管理方面採用的管理決策模型時，怎樣發揮會計的作用。成本會計與管理會計是有區別的；成本會計的主要任務是提供成本方面的信息，既為企業內部服務，又為企業外部服務；而管理會計則是對整個企業內部經營決策提供會計數據，主要為企業內部服務。

從近幾十年的情況來看，成本會計作為記錄企業全部生產成本數據，供對外報告和企業產品定價的傳統作用依然很大，但是成本會計要用於企業制定決策和業績評價已日益顯得重要了。現在成本會計的應用已不局限於製造企業了，而實際上已為其他各種營利組織和非營利組織普遍採用，如金融保險業、服務業、醫院甚至政府機構等。

第二節　成本會計的對象

一、成本會計的對象

成本會計的對象是指成本會計反應和監督的內容。成本會計（Cost Accounting）是會計的一個分支。同樣，成本會計的對象也就是會計對象的一部分，即涉及有關成本、費用的那一部分，而不是會計對象的全部。在當今社會中，有製造業、商業、服務業等盈利組織，而各行業涉及成本費用的業務活動內容是不相同的，如製造業是進行產品或勞務的生產經營活動；商品流通業是進行商品購銷經營活動；服務業主要提供各種服務。它們都需要成本會計來反應、監督各自的經濟活動過程。下面分別說明製造業、商品流通企業和服務業的成本會計對象。

（一）製造業的成本會計的對象

從事有形產品生產的製造業，從事電力、煤氣等無形產品生產的企業，或者提供運輸勞務的水、陸、空運輸企業等，為了進行生產經營活動，要從外部購入各種物資，以備生產所需。在這一過程中，企業成本會計需要反應和監督各項物資的採購成本情況。這些企業把

購入的各項物資投入生產過程,用機器設備等勞動資料和工人的活勞動結合在一起,生產出新的產品或勞務。在這一過程中,一方面製造出新的產品或勞務,另一方面要發生各種生產耗費。生產耗費包括勞動資料和勞動對象等物化勞動的耗費和工人活勞動的耗費。各種機器設備、運輸設備、管道設備等在生產過程中長期發揮作用,其價值隨生產的使用而磨損,通過計提折舊的方式,逐漸地、部分地轉移到所生產的產品中去,構成產品或勞務生產成本的一部分。原材料、燃料等物資作為勞動對象,在生產過程中被消耗掉或改變其實物形態后構成產品實體,其價值也隨之一次全部轉移到所生產的產品或勞務中去,也構成產品或勞務生產成本的一部分。勞動者為自己勞動創造的那部分價值,則以工資的形式支付給勞動者,用於個人消費。這部分工資同樣也構成產品或勞務生產成本的一部分。因此,在產品或勞務生產過程中發生的勞動資料的耗費,勞動對象的耗費以及活勞動的耗費,就構成了製造業在製造產品或勞務過程中的全部生產費用。將這些生產費用分配計入一定種類和數量的產品或勞務中,就構成了產品或勞務的生產成本。上述產品或勞務在製造過程中發生的各種生產費用的支出和產品或勞務生產成本的形成,是成本會計應反應和監督的主要內容。

產品或勞務製造完工后等待或直接對外銷售,在銷售過程中收回貨款之後,部分用於補償,因而需要確定銷貨成本和存貨成本,以便正確確定其補償價值,保證再生產得以順利進行。

企業為銷售產品,在銷售過程中需要發生各種費用,如廣告費、運輸費、業務費等,所發生的各項費用稱為銷售費用。企業行政管理部門為組織和管理企業的生產經營活動所發生的各項費用,如管理部門的辦公費、管理人員的工資及福利、管理部門的固定資產折舊等稱為管理費用。企業為籌集生產經營所需資金而發生的各項費用,如借入資金的使用成本、籌資手續費等稱為財務費用。以上各項費用與企業產品生產沒有直接的聯繫,按規定不計入產品生產成本,而列為期間費用,直接計入當期損益。但是,這三項費用同樣是企業生產經營過程中發生的耗費,需要用已實現的主營業務收入進行補償,因此這三項費用也應成為成本會計所反應和監督的內容。製造業成本流轉圖如圖1-1所示。

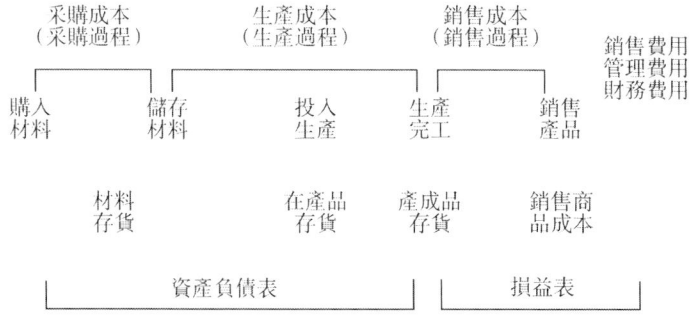

圖1-1　制造業成本流轉圖

圖1-1的重點是在產品存貨帳戶。這一帳戶的內容既描述了從投入到產出的轉變，也匯集了在生產過程中發生的成本，即直接材料、直接人工和製造費用。所有製造成本都累積到在產品存貨帳戶的借方，這就是成本累積。當產品生產完工時，產成品的成本從在產品存貨帳戶轉入到產成品存貨帳戶。當產品出售時，該產品的成本應轉入主營業務成本中。在企業生產經營管理過程中，還需要發生不構成產品生產成本的「管理費用」「銷售費用」「財務費用」等期間費用，全部列入當期損益，以確定企業收益及申報納稅之用。

由此可見，製造業的成本會計的對象應該是製造業所生產的產品或勞務的生產成本和經營管理費用。

(二)商品流通企業的成本會計的對象

商品流通企業的基本經濟活動與製造業有所不同，沒有產品的生產過程，主要是商品的採購、儲存和銷售。因此，需要反應和監督商品採購過程中的商品採購成本、商品儲存成本和商品銷售以後確定商品銷售成本。商品的銷售成本一般是以商品的採購成本為基礎的，因為商品從外部購入後，在商品流通企業幾乎不進行任何加工，按照原樣轉售給顧客。同樣，商品流通企業在經營過程中需要發生銷售費用、管理費用和財務費用。這些費用在商品流通企業統稱為商品流通費用。商品流通費用按規定也不計入商品採購成本和銷售成本，但仍需要用已實現的商品銷售收入進行補償。商品流通企業成本流轉圖如圖1-2所示。

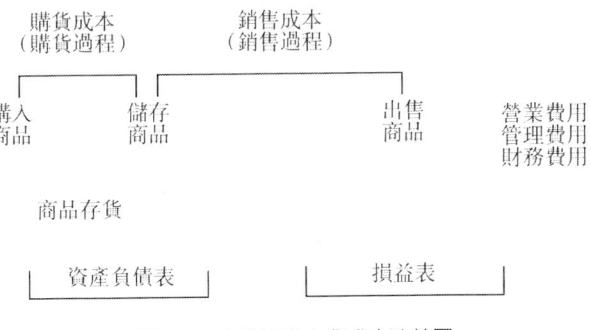

圖1-2　商品流通企業成本流轉圖

因此，商品流通企業的成本會計的對象是商品流通企業的商品營業成本(採購成本、商品銷售成本)和商品流通費用。

(三)服務業的成本會計的對象

各種服務業既沒有像製造業那樣投入材料，也沒有像商品流通企業那樣有商品盤存。因此，服務業不同於製造業和商品流通企業，無需核算產成品存貨。

但是，大多數服務業也設有「在產品存貨」帳戶，如「勞務成本」帳戶，以供內部核算之用。記入該帳戶的內容，即為已經實施服務而尚未開出帳單的成本(已實施服務，還未最后完成服務而發生的成本)。對每一受託的服務或項目所耗費的人工成本和間接費用，都

應加以累積,其方法與製造業相似。

服務業的成本流轉與製造業大體相同。

服務業的投入成本包括人工成本和間接費用,是為顧客提供服務而發生的,其成本通常按業績評價的要求,分部門進行歸集。例如,在會計師事務所、諮詢公司或其他服務組織中,成本是分別按受託服務項目進行累積,用於業績評價,為成本控制提供信息以及將實際成本與過去的成本及預計成本比較而為將來的項目進行定價之用。因此,服務業的成本會計對象是服務業為顧客提供服務的服務成本及各種銷售費用。

綜上所述,成本會計的對象可以概括為各行業生產經營業務的成本和有關的經營管理費用,簡稱成本和費用。由於製造業的業務比較全面,最具有代表性,或者說是最為複雜的,因此本書將以製造業的成本會計對象為主進行討論。

二、成本會計的內容

成本會計的對象就是成本會計反應和監督的內容。成本會計的內容就是成本會計對象的具體化。成本會計的具體內容一般包括三個部分,即建立事前成本預算管理體系,加強事中成本日常控制管理,實行事後成本核算、成本分析和成本考核制度。

(一)建立事前成本預算管理體系

成本的事前預算管理體系包括成本預測、成本決策和成本計劃。

成本預測是指根據前期成本資料和相關資料對未來的成本水平及其變化趨勢進行科學的估計和測算。通過成本預測,為成本決策提供重要的依據;通過成本預測,為成本計劃奠定堅實的基礎;通過成本預測,以尋找降低成本、節約費用的有效途徑。

成本決策是指根據成本預測提供的多個可供選擇的生產經營成本方案,進行可行性研究和技術經濟分析,據以作出最優化的成本決策,確定成本目標。進行成本決策和確定成本目標是編製成本計劃的前提。

成本計劃是指根據成本決策所確定的成本目標,考慮市場及企業本身的生產經營實際情況,具體規劃企業在計劃期內為完成一定的生產經營任務所應發生的成本費用,並提出為達到此成本費用水平所要採取的各項措施。成本計劃是建立成本管理責任制的基礎,是成本目標的具體化,是成本控制、成本分析和成本考核的重要依據。

(二)加強事中成本日常控制管理

成本控制是成本管理的重要內容,是搞好成本管理的關鍵環節。成本控制是指在成本的形成過程中,根據成本計劃,對各項實際發生或將要發生的成本費用進行嚴格控制,及時發現偏差,採取有效措施,將其各項生產耗費限制在計劃或目標成本之內,以保證目標成本實現的過程。通過日常的成本控制,可使企業成本按照計劃或目標水平進行,防止和克服生產經營過程中出現超支、浪費和損失的現象,使企業的人力、物力和財力得到充分合理的利用,達到節約各項消耗,降低成本費用的目的。

(三)實行事後成本核算、成本分析和成本考核制度

對於事後的成本管理主要包括正確的成本核算、有效的成本分析和合理的成本考核。

成本核算是指按照企業的生產工藝和生產組織的特點以及對成本管理的要求,對生產經營過程中實際發生的各種費用,採用規定的成本計算方法,歸集分配到一定的成本對象中去,以計算出各個成本計算對象的實際總成本和單位產品成本的一項工作。成本核算是成本會計的核心。成本核算的過程既是對生產耗費進行歸集、分配及其對象化的過程,也是對生產中各種勞動耗費進行信息反饋的過程。成本核算資料是成本分析和成本考核的重要依據。

成本分析是指根據成本核算提供的成本數據和其他費用資料與本期計劃成本、上期實際成本以及國內外同行業成本水平進行比較,確定成本差異,並分析產生差異的原因,分清責任,以便採取措施,改進生產經營管理,降低成本費用,提高經濟效益。通過成本分析既可以發現差異,分清原因,落實責任,又可以認識和掌握成本費用的變動規律,為未來的成本預測和決策以及編製新的成本計劃提供重要的參考資料。

成本考核是指以成本核算和成本分析為依據,對成本計劃及有關責任單位和責任人實際完成成本的情況進行評價。成本考核一般以責任部門、單位或個人為成本責任對象,按照可控成本為前提,以責任的歸屬來考察其成本完成情況,評價其工作業績並實行有獎有罰制度。成本考核的目的在於通過分析、總結、評價、獎懲,尋找降低成本的途徑,激勵先進,鞭策後進,進一步調動全體職員的積極性。

成本會計的上述內容相互聯繫,構成完整的成本會計內容體系。成本預測是成本決策的前提;成本決策是成本預測的結果和成本計劃的基礎;成本計劃是對成本決策的具體化,是成本控制、核算、分析、考核的依據;成本控制是成本計劃得以實現的保證和關鍵;成本核算是對實際執行情況的真實反應,是成本控制的結果,也是成本分析和成本考核的依據;成本分析和成本考核是對實際成本偏離計劃成本的原因作出說明和評價,是下期成本預測、決策的重要依據。成本會計的內容體系如圖1-3所示。

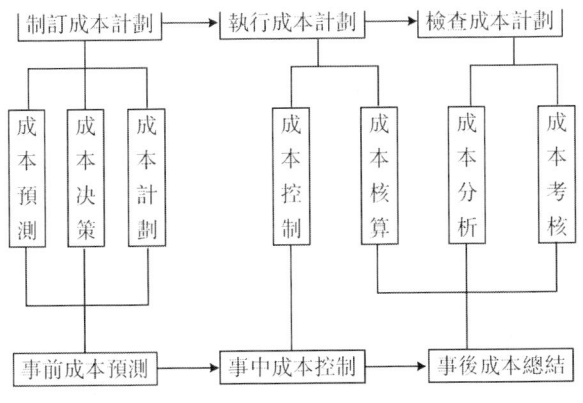

圖1-3 成本會計的內容體系

第三節　成本會計的目標

　　成本會計的目標是指成本會計的目的、任務或宗旨。成本會計的目標是會計人員在一定時期內和一定條件下從事成本會計實踐工作所追求和希望達到的預期結果。成本會計的目標分為整體目標和具體目標。成本會計的整體目標與企業的整體目標是一致的，即不斷提高企業經濟效益。通過成本的預測、決策、計劃、控制、核算、分析和考核等成本管理工作，提高企業全體職員成本管理的意識，促使企業不斷降低成本、節約生產耗費、提高經濟效益。成本會計的具體目標包括以下幾個方面：

一、進行成本預測，優化成本決策

　　成本會計的目標之一是通過成本的預測和決策，爭取企業經濟效益的最優化。成本會計人員要根據企業生產技術和財務計劃以及歷史的成本資料，結合市場調查，運用科學的方法，預測計劃年度的成本水平，擬訂出各種成本預測方案，並從中選擇出最佳的、可行的成本決策方案供企業管理當局作出正確的經營決策，同時為企業編製財務成本計劃打下堅實的基礎。

二、編製成本計劃，加強成本控制

　　編製科學的成本計劃，為成本控制提供依據並採用有效的成本控制方法，保證成本計劃的順利實施。要達到這一目標，企業成本會計人員首先必須制定先進可行的日常成本控制標準。例如，制定各種物資消耗定額、費用定額、工時定額，並且根據標準嚴格控制日常成本費用的發生，消除浪費、減少損失、節約開支。

三、正確計算產品成本，及時提供成本信息

　　企業成本會計人員按照成本核算制度的規定，計算產品成本和歸集經營管理費用是成本會計的日常和基礎工作。企業只有正確地計算出產品成本和費用，及時地提供成本費用資料，才能保證盈虧計算和存貨估價的正確性，才能有效地分析和考核成本計劃的完成情況，才能滿足企業管理當局評價各成本責任單位和責任人工作業績的要求，才能為下期成本預測、決策和計劃提供參考信息。因此，企業成本會計的重要目標之一就是要正確計算成本，及時提供成本信息。

四、開展成本分析，尋求降低成本的途徑

　　成本分析是按照一定的原則，採用一定的方法，揭示成本的計劃執行情況，查明成本升降的原因，落實成本責任人，提出改進工作的措施，尋求降低成本的途徑。因此，加強成本

分析,包括成本計劃執行情況的分析、成本水平和成本結構變動情況的分析、技術經濟指標變動對成本影響的分析以及新產品開發、老產品升級換代的成本分析。挖掘降低成本的潛力、尋求降低成本的途徑是成本會計的又一重要目標。

第四節　成本會計的工作組織

為了充分發揮成本會計在企業生產經營過程中的作用,完成成本會計的目標,企業必須科學地組織成本會計工作。成本會計的組織工作主要包括設置成本會計機構、配備成本會計人員、建立成本會計制度。

一、成本會計機構

成本會計機構是指企業從事成本會計工作的職能單位。設置成本會計機構應明確企業內部對成本會計應承擔的職責和義務,堅持分工與協作相結合、統一與分散相結合、專業與群眾相結合的原則,使成本會計機構的設置與企業規模大小、業務繁簡、管理要求高低相適應。

由於成本會計工作是會計工作的一部分,因此企業的成本會計機構一般是企業會計機構的一部分。在大中型企業,廠部的成本會計機構一般設在廠部會計部門中,是廠部會計處的一個成本核算科室。在小型企業,通常在會計部門中設置成本核算組或專職成本核算人員負責成本會計工作。

廠部成本會計機構是全廠成本會計的綜合部門,負責組織全廠成本的集中統一管理,為企業管理當局提供必要的成本信息;進行成本預測和成本決策;編製成本計劃,並將成本計劃分解下達給各責任部門;實行日常成本控制,監督生產費用的支出;正確地核算企業產品成本及有關費用;檢查各項成本計劃的執行結果,分析成本變動的原因,考核各責任部門和個人的成本責任完成情況,實行物資利益分配;組織車間成本核算和管理,加強對班組成本核算的指導和幫助;制定全廠的成本會計制度,配備必要的成本會計人員。

成本會計的組織分工通常有集中核算和非集中核算兩種組織方式。

在成本會計工作中,在採用集中核算的形式下,廠部的成本會計部門要集中處理全廠的成本會計工作。也就是說,成本會計的成本預測、成本決策、成本計劃、成本控制、成本核算、成本分析及成本考核都由廠部成本會計機構集中處理,車間等二級機構的成本會計人員只負責登記原始憑證、匯總原始憑證,為廠部的成本計算工作提供資料。在這種方式下,除廠部成本機構以外的二級單位大多只配備專職或兼職的成本會計或核算人員。採用集中核算方式,廠部成本機構可以比較及時、集中地掌握全廠的成本的信息,便於使用計算機處理成本資料,可以減少核算層次和核算人員。但此種方式不便於實行責任成本核算,不便於基層單位掌握和控制成本,不便於調動全體職工降低成本的積極性。

非集中核算方式也叫分散核算方式,是指企業的成本計劃的編製、成本控制、成本核算和成本分析均由車間成本會計組或會計核算員進行。廠部的成本會計機構除對車間成本工作進行指導以外,還負責成本數據的匯總和成本預測、成本決策等工作。採用非集中核算方式相應會要求增加成本會計人員,但有利於車間等基層單位的領導、會計人員,甚至職工都能瞭解和關心本部門的成本水平及其變動情況,從而促使全廠從領導幹部到職工人人關心成本、個個降低成本。

究竟採用何種方式更好,應視企業的具體情況而定。企業應根據其規模大小、內部各單位經營管理的要求以及這些單位成本會計人員的數量和素質,從有利於充分發揮成本會計工作的作用、提高成本會計工作效率出發,確定採用哪一種核算方式。一般來說,大中型企業應採用非集中核算方式,中小型企業應採用集中核算方式。為了揚長避短,也可以在一個企業中結合採用兩種方式,即對一些單位採用分散核算方式,而對另一些單位則採用集中核算方式。

二、成本會計人員

成本會計人員是指在企業成本會計機構配備的成本會計工作人員。為了充分地調動成本會計人員的工作積極性,《中華人民共和國會計法》(以下簡稱《會計法》)規定了會計人員的職責和權限。這些職責和權限對於成本會計人員也是完全適用的。

(一)成本會計人員的職責

成本會計人員應該根據成本會計的要求,搞好成本預測和決策,編製有關成本計劃,加強日常成本控制,做好成本的核算、分析和考核工作,參與和制定企業的生產經營決策,提出改進生產經營管理、降低成本、節約費用的建議和措施,當好企業領導者的參謀,及時提供成本信息。

成本會計機構的負責人應該在企業總會計師或財務副總經理的領導下,按照有關財經政策和法規,結合企業本身的實際情況,組織全廠的成本會計工作,執行本企業成本會計制度和核算辦法,並督促成本會計人員履行其職責,組織成本會計人員學習專業知識,不斷提高成本會計人員的業務水平,定期考核成本會計人員的工作情況,合理選任成本會計人員,以保證企業成本會計機構有一支知識水平高、業務能力強的成本會計隊伍。

(二)成本會計人員的權限

成本會計人員的權限是指成本會計人員在履行其職責過程中享有的工作權限。其工作權限包括如下內容:

(1)有權要求企業各單位、職工認真執行成本計劃,嚴格遵守成本會計法規和制度。

(2)有權參與制定企業與成本有關的生產經營計劃和各項消耗定額、工時定額和費用定額等。

(3)有權督促檢查企業內部各成本責任單位和個人對其責任的執行情況,按其責任完成情況實行物資利益分配。

(三)成本會計人員的素質

成本會計人員應該認真履行自己的職責,正確行使自己的職權。要做到這一點,成本會計人員除了應精通成本會計、具備會計職業道德以外,還要懂得財務管理,也要熟悉生產技術。在實際工作中,由於影響成本的因素很多,既有經濟的因素,又有技術的因素;既有企業外部因素,又有企業內部因素;既有客觀的因素,又有主觀的因素。因此,要求成本會計人員努力學習生產技術、價值工程、成本優化理論等,不斷提高個人的素質。

成本會計工作不僅限於計劃、核算和考核,而且還要進行成本技術經濟分析和成本效益分析,尤其是要把成本預測和決策放在首位。成本會計人員要熟練地掌握成本預測、成本決策的理論和方法。在現在的電子計算機時代,還要求成本會計人員學會使用電子計算機進行信息處理,以適應經濟發展對成本會計越來越高的要求。

三、成本會計制度

成本會計制度是組織和從事成本會計工作必須遵循的規範和具體依據,是企業會計制度的一個組成部分。建立健全成本會計制度對規範成本會計工作,保證成本會計信息質量具有重要意義。

企業成本會計制度必須符合社會主義市場經濟的要求,體現國家有關方針、政策和法規,與國家頒布的《會計法》《成本管理條例》《企業會計準則》《企業財務通則》《企業會計制度》保持一致。企業成本會計制度應從實際出發,適應企業生產經營的特點,滿足內部經營管理的需要,符合簡便易行、實用有效的原則。

成本會計制度一般包括如下內容:

(1)關於成本預測和決策的制度。
(2)關於成本定額的制定、成本計劃編製的制度。
(3)關於成本控制的制度。
(4)關於成本核算的制度。
①關於成本開支範圍的規定;
②關於成本會計科目、成本項目的設置;
③關於成本計算方法的規定;
④關於內部轉移價格的制定和結算辦法的規定;
⑤關於成本報表的規定。
(5)關於成本分析的制度。
(6)關於成本考核的制度。
(7)其他有關成本會計的制度。

上述各項成本會計制度,一部分由國家統一規定,如成本開支範圍、成本項目規定等;另一部分由企業自行制定。對於國家統一規定的部分,企業應嚴格遵照執行。企業自己制定的成本會計制度部分,也應符合國家的財經法規和有關會計制度。成本會計制度一經制

定,應保持相對穩定。制度的修訂是一項嚴肅的、涉及面較廣且較複雜的工作,必須既要積極,又要穩妥,不能輕易廢止,以免無章可循,引起成本會計工作的混亂和財務成本信息不能及時、準確地提供。

思考題

1. 成本會計如何定義?
2. 成本會計的對象是什麼?
3. 成本會計的發展過程是怎樣的?
4. 做好成本會計工作對企業管理有何意義?
5. 成本與企業經濟效益的關係如何?
6. 什麼是集中核算和分散核算?它們各自的優缺點是什麼?
7. 成本會計與管理會計的關係如何?
8. 成本會計與財務會計的關係如何?

第二章　成本會計的基礎工作

　　成本計算正確與否,對於正確確定企業利潤、評價企業經營者的經營業績是至關重要的。

　　要準確地計算企業成本,為經營管理者提供有用的決策信息,企業就必須做好成本計算的基礎工作。如果成本計算的基礎工作做得不好,就不可能提供正確的成本核算資料。因此,本章主要介紹成本核算的基本要求、成本費用的分類及成本核算的程序。

第一節　成本核算的基本要求

　　成本核算是成本會計的基礎,成本核算資料是成本分析和成本考核的重要依據。工業企業通過成本核算,可以反應和監督各項費用支出,促使企業加強成本管理,努力降低成本費用;可以分析和考核成本計劃的執行情況,科學地進行成本的預測和決策;可以為企業產品的定價提供重要的依據,參與企業生產技術和經營管理的決策;還可以為企業計算利潤和進行利潤分配提供數據。

　　由此可見,加強成本核算對於企業挖掘降低成本費用的途徑、增加利潤、提高經營管理水平,具有重要的現實意義。為了充分發揮成本核算的作用,在成本核算工作中,應該遵循以下要求:

一、算管結合,算為管用

　　成本核算是成本管理的重要手段,因此成本核算應滿足成本管理的要求,並與企業的成本管理相結合,為企業管理和決策所用。

　　進行成本核算,首先要依據國家的有關法規和制度以及企業的成本計劃和消耗定額,對企業發生的各項費用進行審核,看是否符合規定的開支和規定的標準。對於符合規定的開支,看是否應計入產品成本。對於費用脫離定額或計劃的差異,應進行分析和反饋。對於不符合規定的開支,不合理的超支、浪費或損失要堅決制止;已無法制止的,應追究當事人的責任,並採取措施以杜絕再次發生。對於定額或計劃不符合實際情況而發生的差異,應按規定程序及時修訂定額或計劃。其次要對生產過程中已經發生的各項費用進行歸集和分配,計算出產品的實際成本。成本計算必須正確、及時,以便為成本分析和考核提供資料。在成本計算中,既要防止為算而算,搞繁瑣哲學,不注重核算效益;也要防止片面的簡

單化,不能滿足成本管理的需要。成本計算必須從管理要求出發,繁簡恰當,粗細合理,既算又管,算為管用,算管結合。

二、正確劃分各種費用界限

為了正確地核算生產費用和經營管理費用,正確地計算產品的實際成本,必須嚴格劃清以下幾個方面的費用界限:

(一)正確劃分資本性支出與收益性支出的界限

在企業日常的經營活動中,可能發生各種各樣的支出。支出是指企業的一切開支及耗費。

一般情況下,企業的支出可分為資本性支出、收益性支出、營業外支出和利潤分配性支出四大類。

資本性支出(Capital Expenditure)是指支出的效益於幾個會計年度(或幾個營業週期)的支出,如企業購置和建造固定資產、購買無形資產以及對外投資的支出等。

收益性支出(Revenue Expenditure)是指支出的效益於本年度(或一個營業週期)的支出,如生產過程中發生的原材料消耗、職工工資和福利費、製造費用以及期間費用的支出等。

營業外支出(Non-operating Expenditure)是指與企業的生產經營活動沒有直接關係的支出,如罰款支出、捐贈支出等。

利潤分配性支出(Profit Distribution Expenditure)是指利潤分配環節發生的支出,如所得稅支出、股利分配支出等。

營業外支出和利潤分配性支出都不是由於企業日常的生產經營活動而發生的,不應計入生產經營管理費用。資本性支出和收益性支出要視情況而採取不同的方式計入成本費用。

合理劃分資本性支出和收益性支出是準確計算期間損益的重要前提。收益性支出的受益期一般就在當年(一個營業週期)之內,因此應當作為當期的成本、費用,直接體現到當期的損益之中;資本性支出的受益期一般跨越幾個年度(多個營業週期),因此需要在支出發生的當期予以資本化,然后在其受益期內逐期攤銷。

企業應該正確劃分資本性支出和收益性支出的界限,才能正確計算各期的產品成本、期間費用和損益。如果把資本性支出列作收益性支出,則會少計了資產的價值,多計了當期的費用;如果把收益性支出列作資本性支出,則會多計了資產的價值,少計了當期的費用。總之,無論哪種情況,結果都會造成資產計量和損益計算不正確,損害企業和國家的利益。

(二)正確劃分計入產品成本與不計入產品成本的費用界限

工業企業發生的支出的用途是多方面的。支出根據用途的不同,有些可計入產品成本,有些不應計入產品成本。而計入產品成本的,其計入方式也不一定相同,有些可當期計

入,有些需分期計入。為了正確計算各期產品的實際成本,必須劃清計入產品成本與不計入產品成本的費用界限。一般劃分規定如下:

(1)企業用於產品生產的生產費用,應計入產品成本。

(2)用於組織和管理企業生產經營活動的管理費用、用於籌集生產經營資金的財務費用和用於產品銷售的銷售費用,屬於期間費用,不應分配計入產品成本,而是直接進入當期損益,從當期利潤中扣除。

(3)與生產經營業務無直接關係的營業外支出不應列入產品成本,應該計入當期損益。

(4)用於購建固定資產、無形資產的支出不應在發生的當期直接計入產品成本,而應先將其資本化,然后分期計入產品成本或期間費用。

(5)利潤分配中發生的分配性支出已退出了企業資金的循環過程,也不應列入產品成本。

企業在進行產品成本核算時,如果把不應計入產品成本的支出計入了產品成本,會造成成本的虛增、利潤減少,進而減少國家的財政收入;如果把屬於產品成本的支出不計入產品成本,則會造成少計成本、虛增利潤、超額分配,不利於補償已消耗的生產資料價值,影響企業再生產的順利進行。因此,無論是多計成本還是少計成本,都會影響成本計算的正確性,企業必須正確劃分計入產品成本與不計入產品成本的費用界限。

(三)正確劃分各個會計期間的費用界限

按照《企業財務會計報告條例》的規定,企業要按月份反應其財務狀況及經營成果。因此,成本核算必須劃清各個月份的費用界限。本月發生的成本、費用,應在本月內入帳,不得延至下月入帳。企業不應在月末提前結帳,變相地把本月成本、費用的一部分作為下月成本、費用處理。

更重要的是,企業應貫徹權責發生制原則的要求,正確核算待攤費用和預提費用。對於本月支出,但屬於以後各月受益的成本、費用,應記作待攤費用(受益期超過一年的預付費用,記作遞延資產),分期攤入以後各月的成本、費用;對於本月雖未支付,但本月已經受益的成本、費用,應記作預提費用,預提計入本月的成本、費用,到實際支付時再予以衝銷;對於數額較小的應該待攤和預提的費用,為了簡化核算,可以不作為待攤費用和預提費用處理,全部計入本月的成本、費用。企業要防止利用費用待攤和預提的辦法人為調節各月的產品成本和經營管理費用,任意調節各月損益。

(四)正確劃分各種產品的費用界限

為了滿足企業成本考核和成本管理的要求,為企業的成本預測和決策提供依據,應該分別計算各種產品的實際成本。因此,對於計入本月產品成本的生產費用,還應該在各種產品之間進行劃分。屬於某種產品單獨發生,能夠直接計入該種產品成本的生產費用,應該直接計入該種產品成本;屬於幾種產品共同發生,不能夠直接計入某種產品成本的生產費用,應該採用適當的方法,分配計入這幾種產品成本。

劃分各種產品的費用界限時,應該特別注意劃清盈利產品與虧損產品、可比產品與不可比產品、徵稅產品與減免稅產品之間的費用界限。防止在盈利產品與虧損產品之間、可比產品與不可比產品之間任意調節生產費用,以盈補虧、掩蓋超支、弄虛作假、粉飾業績。

(五)正確劃分完工產品與在產品之間的費用界限

月末計算產品成本時,如果某種產品已全部完工,那麼已歸屬到這種產品中的生產費用之和,就是這種產品的完工產品成本;如果某種產品都未完工,這種產品的各項生產費用之和,就是這種產品的月末在產品成本。但是,當產品生產週期與會計核算期不一致時,往往出現月末某種產品一部分已經完工,另一部分尚未完工,這時應當採用適當的分配方法,把這種產品的生產費用在完工產品與月末在產品之間進行分配,分別計算完工產品成本與月末在產品成本。要防止通過月末在產品成本的升降來人為地調節完工產品成本的錯誤做法。

三、正確確定財產物資的計價和價值結轉的方法

工業企業擁有的財產物資,有相當一部分是生產資料,它們的價值會隨著生產過程的進行而轉移到產品成本中去。因此,這些財產物資的計價和價值結轉的方法會直接影響產品成本的計算。例如,涉及固定資產的計價和價值結轉,有固定資產原值的計算方法、折舊方法、折舊率的高低、固定資產修理費的入帳方法等。涉及流動資產的計價和價值結轉則更為複雜,有低值易耗品和包裝物的計價及攤銷方法、攤銷期限;材料採購成本的構成內容,材料按實際成本核算時發出材料單位成本的確定(先進先出法、加權平均法、個別計價法、后進后出法等),材料按計劃成本核算時材料成本差異率的種類(個別差異率、分類差異率還是綜合差異率,本月差異率還是上月差異率)及計算,材料成本差異的按期結轉並將計劃成本調整為實際成本;固定資產與低值易耗品劃分標準的確定;等等。

對於這些財產物資的計價和價值結轉,應制定既科學合理又簡便易行的方法,國家有統一規定的,應採用國家統一規定的方法,以方便各企業產品成本的對比。方法一經確定,應保持相對穩定,不得任意改變。

企業要防止任意改變財產物資的計價和價值結轉的方法,人為調節產品成本。例如,固定資產折舊不按規定的方法和期限計算,任意改變折舊率、任意調整材料成本差異等。其結果都會造成財產物資和成本費用的失實,給國家和企業造成損失。

四、做好各項基礎工作

為了使成本核算工作順利進行,提高成本信息的質量,企業還應做好以下幾項基礎工作:

(一)原始記錄制度

原始記錄(Original Document)是對企業生產經營管理活動中的具體事實所進行的最初的記載,是成本核算的第一手材料。為了滿足成本核算的要求,符合各方面管理的需要,

企業應制定相應格式的原始記錄,使之既簡便易行,又科學有效。常用的與成本核算相關聯的原始記錄主要如下:

1. 工時記錄

工時記錄(Labor Time Record)包括各產品生產所耗生產工人工時記錄和所耗機器工時記錄。前者是計算和分配生產工人工資費用的主要依據,后者是分配有關生產費用的主要依據。

2. 產量記錄

產量記錄(Output Record)包括產品品種、規格、數量、質量、完工日期等方面的記錄。產量記錄是進行生產費用分配和計算完工產品成本的主要依據。

3. 財產物資收發領用的原始記錄

財產物資收發領用的原始記錄包括各項實物資產的收發領用、耗用報廢等方面的記錄。例如,固定資產的轉移單、報廢清理單、工程竣工驗收單以及材料物資驗收入庫、發放領用、多余退庫的記錄單等。

4. 有關費用支出的原始記錄

有關費用支出的原始記錄包括各項費用支出的原始憑證、發票、帳單等。

5. 其他原始記錄

其他原始記錄,如工資分配制度記錄、職工人事記錄等。

企業必須建立健全原始記錄制度,做好原始記錄的登記、傳遞、保管和審核工作,落實責任人,以便為成本核算和其他方面提供正確、及時的原始資料。

(二)定額管理制度

定額(Quota)是指企業對生產經營活動中消耗的人力、物力和財力所規定應遵守和達到的標準。定額主要包括生產工時定額、機器工時定額、材料消耗定額、燃料和動力消耗定額等。定額不僅是企業編製成本計劃、進行成本控制和分析考核的依據,而且是企業開展全面經濟核算、加強成本管理的基礎。有時在計算產品成本時,要根據原材料和工時的定額消耗量或定額費用作為分配實際費用的標準。因此,根據目前的設備狀況、技術水平、職工素質等因素來綜合分析,制定既先進又可行的定額。之後,如果各方面條件發生變化,應及時修訂定額,以保證定額水平的合理性,調動職工完成定額的積極性。

(三)計量驗收制度

成本核算依據的各種原始數據主要是反應企業各項財產物資增減變動的數量資料。為了保證財產物資在實物數量上的真實可靠,必須建立健全財產物資的計量、驗收、領退和盤點制度。

建立計量驗收制度,要注意:

(1)必須在思想上提高認識,沒有準確的計量,便不能提供準確的數量和實物消耗資料,從而使成本核算失去真實的數據基礎,成本管理也就無從談起。

(2)必須根據不同的計量對象,配置必要的計量器具,而且對計量器要做好管理和

定期校驗工作。

(3)要設立專職的質驗機構和責任人,以明確計量責任,而且應有審核制度。

(4)計量工作不僅要保證數量的準確,而且要注意對質量的檢驗。

為了保證計量的準確性,企業還必須做好對原材料、在產品、半成品、產成品等各項財產物資的收發、領退、轉移、報廢和清查盤點工作,建立健全審批手續,填製必要的憑證,防止任意轉移、丟失、積壓、損壞變質和被貪污、盜竊。

(四)企業內部價格制度

對於規模較大、組織結構複雜、計劃管理基礎較好的企業,為了分清企業內部各部門的經濟責任,便於分析和考核內部各部門的成本計劃完成情況,可以建立企業內部價格制度。

制定企業內部結算價格(Internal Price),通常有以下三種方式:

(1)採用生產單位的計劃成本作為企業內部價格。

(2)以生產單位的計劃成本加上一定的內部利潤作為企業內部價格。

(3)按內部供需雙方協商確定的價格作為企業內部價格。

企業內部結算價格應由企業管理當局根據管理的需要統一制定,無論採用哪種方式制定,都應盡可能接近實際並保持相對穩定,年度內一般不變動。

企業制定了內部結算價格,對於內部各單位的材料領用、半成品轉移、勞務提供,都應先按計劃價格結算,月末再按一定的方法計算價格差異,據以調整計算產品實際成本。

第二節　成本費用的分類

費用(Expense)是一項重要的會計要素,也是成本會計核算的主要內容。由於計入產品成本的費用種類繁多、用途各異,為了科學地進行成本管理,便於歸集、分配、計算各項費用,正確分析和考核生產費用計劃和產品成本計劃與執行情況,有必要對這些費用進行合理分類。費用基本的分類有以下幾種:

一、按經濟內容分類

企業在產品的生產經營過程中,必然要消耗勞動對象、勞動手段和活勞動,因此工業企業發生的各種費用按其經濟內容劃分,主要有勞動對象方面的費用、勞動手段方面的費用和活勞動方面的費用三大類。前兩類是物質消耗,也稱物化勞動消耗;最後一類是非物質消耗,也稱活勞動消耗。這三類費用可以稱為工業企業費用的三大要素。這種按費用的經濟內容進行的分類,在成本會計中稱為費用要素(Expense Element)。為了更詳細、具體地反應工業企業各種費用的內容及消耗水平,還應在此基礎上,將工業企業的費用進一步劃分為以下八個費用要素:

(一)外購材料(Purchased Material)

外購材料是指企業為進行生產經營而耗用的一切從外部購進的原料及主要材料、半成

品、輔助材料、包裝物、修理用備件和低值易耗品等。不包括自製材料和委託加工材料。

(二)外購燃料(Purchased Bunker)

外購燃料是指企業為進行生產經營而耗用的一切從外部購進的各種燃料,包括固體、液體和氣體燃料。一般情況下,燃料應單獨列作一個要素進行核算,但對於燃料耗用不多的企業,可將其包括在外購材料中,不單獨考核。

(三)外購動力(Purchased Power)

外購動力是指企業為進行生產經營而耗用的一切從外部購進的各種動力,如電力、熱力(蒸汽)等。

(四)職工薪酬(Salary)

職工薪酬是企業為獲得職工提供的服務而給予各種形式的報酬以及其他相關支出,主要由勞動報酬、社會保險、福利、教育、勞動保護、住房和其他人工費用組成。

(五)折舊費(Depreciation Expense)

折舊費是指企業按照規定計算的應計入生產經營費用的固定資產折舊費用。

(六)利息費用(Interest Expense)

利息費用是指企業應計入經營管理費用的銀行借款利息費用減去利息收入後的淨額。

(七)稅金(Taxation)

稅金是指企業計入經營管理費用的各種稅金,包括房產稅、車船使用稅、印花稅、土地使用稅等。

(八)其他費用(Other Expense)

其他費用是指企業發生的不屬於以上各要素的費用,如郵電費、差旅費、租賃費、外部加工費等。

按照費用的經濟內容進行分類核算,可以反應工業企業在一定時期內發生了哪些費用、數額是多少,據以分析企業各個時期各種費用的構成和水平。這種分類反應了外購材料和外購燃料的支出情況,可以為企業編製材料採購資金計劃提供資料。這種分類所提供的物化勞動和活勞動耗費的數額,還可以為企業核定流動資金定額和勞動工資計劃提供依據。但是,工業企業費用的這種分類也有不足之處。這種分類的不足之處主要表現在這種分類不能反應各種生產經營費用的經濟用途,不便於分析各項費用的支出是否合理。因此,在此分類的基礎上,還必須進一步按工業企業費用的經濟用途進行分類。

二、按經濟用途分類

工業企業的各種費用按其經濟用途分類,可分為生產經營管理費用和非生產經營管理費用。生產經營管理費用又可以分為計入產品成本的生產費用和不計入產品成本的經營管理費用。

其中,計入產品成本的生產費用在生產過程中有的直接用於產品生產,有的間接用於產品生產。因此,有必要把這些用途不同的生產費用進一步劃分為若干個項目,即產品生

產成本項目,簡稱產品成本項目或成本項目(Cost Item)。它是多數企業計算成本時進行費用分類的依據。通常情況下,工業企業一般應設立以下三個成本項目:

(一)直接材料(Direct Material)

直接材料是指直接用於產品生產和構成產品實體的原料、主要材料以及有助於產品形成的輔助材料。直接材料具體有原材料、輔助材料、設備配件、外購半成品、燃料、動力、包裝物、低值易耗品及其他直接材料。

(二)直接人工(Direct Labor)

直接人工是指企業直接從事產品生產人員的工資、獎金、津貼和補貼以及直接從事產品生產人員的各種福利費。

(三)製造費用(Manufacturing Overhead)

製造費用是指直接用於產品生產,但不便於直接計入產品成本,因此沒有專設成本項目的費用,如機器設備的折舊費、修理費、設計製圖費、試驗檢驗費等以及間接用於產品生產的各種費用,如機物料消耗、輔助生產工人工資及福利費、車間廠房的折舊費、修理費等。

工業企業和主管企業的上級機構可以根據企業的生產特點和管理要求,對上述成本項目進行適當的調整。在確定或調整成本項目時,應考慮以下幾個因素:

(1)這項費用在管理上是否需要單獨反應。

(2)這項費用在產品成本中所占比重是否較大。

(3)為這項費用專設成本項目所增加的核算工作量的大小。

如果符合前兩個因素,應該專設成本項目;否則,為了簡化核算工作,不必專設成本項目。如有的企業在生產過程中發生的廢品損失占產品成本的比重較大,就需要單獨設立「廢品損失」成本項目;有的企業在工藝上需要耗用較多的燃料和動力,則可將「燃料及動力」從「直接材料」中分離出來,專設一個成本項目。由此可見,成本項目的設置應根據企業的生產特點和成本管理的要求來決定。但是,同行業的成本項目應盡量一致,以便於比較。

三、按成本習性分類

成本習性(Cost Behavior)是指成本的發生與生產經營業務量水平之間關係的特性。

不同的成本項目,隨著生產經營業務活動的開展和業務量的增減,會發生不同程度的變化。有的會隨著業務量的變化而變化,有的卻不隨業務量的變化而變化。成本按其習性可分為變動成本和固定成本兩種基本類型。

(一)變動成本(Variable Cost)

變動成本是指在相關業務量範圍內,其發生總額會隨著業務量的變動而成正比例變動的成本,如直接材料、計件工資等。變動成本的基本特點是:一方面,成本總額的發生與業務量水平成正比例關係;另一方面,單位業務量中所含該種成本的份額保持不變。

(二)固定成本(Fixed Cost)

固定成本是指在相關業務量範圍內,其發生總額不會隨著業務量的變動而變動,總額保持不變的成本,如固定資產的折舊費、管理人員的工資等。固定成本的基本特點是:一方面,成本發生總額與業務量水平之間沒有關係;另一方面,單位業務量中所含該種成本的份額會隨著業務量的變動而成反比例變動。

成本按其習性分類意義重大,變動成本總額是隨著業務量的增減而成正比例增減,它的發生與工作時間的長短和經營業務規模沒有聯繫。從單件產品來看,每件產品中包含的變動成本是相等的。因此,要降低單位產品的變動成本,主要靠降低單位產品的原材料和勞動消耗來實現。而固定成本則相反,它的發生與工作時間相聯繫,而它的總額不隨業務量的變動而變動。從單件產品來看,如果業務量增加,單位業務量分擔的固定成本就減少;如果業務量減少,單位業務量分擔的固定成本就增加。因此,企業可通過降低一定時期的費用支出額來降低固定成本的總額,或者通過增加業務量來降低單位業務量中所含的固定成本。

成本按其習性分類,反應了成本的發生水平與生產經營業務規模之間的關係,有利於企業尋求降低成本的途徑;為企業進行成本預測和決策、加強成本分析和管理提供了重要參考依據。

四、按是否可控分類

成本是在企業的生產經營活動過程中發生的,而生產經營活動又是由一定的部門、車間甚至個人來操作完成的。這些操作者是完成業務的責任者,同時又是成本控制的責任者。他們的成本控制意識和水平直接關係到成本水平的高低。因此,在一定程度內,成本具有可控性。成本按其可控性分類,可分為可控成本和不可控成本。

(一)可控成本(Controllable Cost)

可控成本是指能由一定的責任者控制其發生水平的成本。例如,材料採購過程的差旅費支出,對於採購部門而言是可控的;產品生產所消耗的原材料數量,對於生產部門而言是可控的。

(二)不可控成本(Uncontrollable Cost)

不可控成本是指對於一定的責任者而言,不能控制其發生水平的成本。例如,設備的折舊成本對於生產部門而言是不可控的。

成本的可控與不可控是相對而言的,對一定的責任者來說是可控成本,而對其他責任者來說則可能是不可控成本;同樣,對這一責任者來說是不可控成本,而對另一責任者來說則可能是可控成本,這取決於企業管理當局所制定的管理制度。

成本按其可控性分類,可以反應成本的發生水平與其責任者之間的關係。這有利於明確經濟責任,建立成本責任崗位制,調動職工參與成本管理的積極性,對於加強成本控制和成本考核有實際意義。

第三節　成本核算的程序

　　製造業的成本核算涉及的內容多，按照不同的工藝過程和不同的成本管理要求，採取的核算方法有所不同。但無論採用哪種方法都遵循著一個基本程序，即確定成本計算對象、確定成本項目、確定成本計算期、歸集和分配生產費用、計算完工產品成本和月末在產品成本、編製成本計算單、計算完工產品總成本和單位成本。

一、確定成本計算對象

　　成本計算的最終目的是要將企業發生的成本費用歸集到一定的成本計算對象上，計算出該對象的總成本和單位成本。因此，要進行成本計算，首先必須確定成本計算對象。由於企業的生產工藝特點、管理水平和管理要求、企業規模大小不同，成本計算對象(Objective of Costing)也不相同。對於製造業企業，成本計算對象有產品品種、產品批別、產品生產步驟三種。企業應根據自身的生產經營特點和管理要求選擇適合本企業的成本計算對象。

二、確定成本項目

　　成本項目(Item of Costing)是指費用按經濟用途劃分成的若干項目。它可以反應產品生產過程中各種資金的耗費情況，便於分析各項費用的支出是否節約、合理。因此，企業在成本核算中，應根據自身的特點和管理的要求，確定成本項目。一般可確定直接材料、直接人工及福利費、製造費用三個成本項目。如果需要，可進行適當調整，還可單設廢品損失、停工損失等成本項目。

三、確定成本計算期

　　成本計算期(Period of Costing)是指每次計算成本的間隔期間，即多長時間計算一次成本。企業應根據產品生產組織的特點確定各成本對象的成本計算期。成本計算期分為定期和不定期兩種。通常在大量大批生產的情況下，每月都有一定的產品完工，應定期按月計算產品成本，即成本計算期與會計核算期一致。在成批、單件生產的情況下，一般不要求定期按月計算產品成本，而是等一批產品完工后才計算該批產品成本，因此成本計算期與生產週期一致。

四、歸集和分配生產費用

　　確定了成本計算對象、成本項目和成本計算期后，企業要按成本計算對象設置明細帳，明細帳中按成本項目設專欄，按成本計算期歸集、分配和計算產品成本。

首先,歸集(Accumulating)和分配(Distributing)生產費用時,必須對支出的費用進行審核和控制,確定各項費用是否應該開支、已開支的費用是否應該計入產品成本。

其次,確定應計入本月產品成本的費用。本月支付的生產費用,不一定都計入本月產品成本;屬於本月產品成本負擔的,也不一定都是本月支付的費用。企業應根據權責發生制原則和配比原則的要求,分清各項費用特別是跨期攤配費用的歸屬期。本月支付應由本月負擔的生產費用,計入本月產品成本;以前月份支付應由本月負擔的生產費用,分配攤入本月產品成本;應由本月負擔而以后月份支付的生產費用,預先計入本月產品成本;對於本月開支應由以后月份負擔的生產費用,做待攤費用處理;對於已由以前月份負擔而在本月支付的生產費用,應從預提費用列支。

最后,將應計入本月產品成本的原材料、燃料、動力、工資、折舊費等各種要素費用在各有關產品之間,按照成本項目進行歸集和分配。對於為生產某種產品直接發生的生產費用,能分清成本計算對象的,直接計入該產品成本;對於由幾種產品共同負擔的,或為產品生產服務發生的間接費用,可先按發生地點和用途進行歸集匯總,然后分配計入各受益產品。可見,產品成本的計算過程也就是生產費用的歸集、匯總和分配過程。

五、計算完工產品成本和月末在產品成本

將生產費用計入各成本計算對象后,對於既有完工產品又有月末在產品的產品,應採用適當的方法,把生產費用在其完工產品和月末在產品之間進行分配,求出完工產品和月末在產品的成本。

六、編製成本計算單、計算完工產品總成本和單位成本

在產品成本的過程中,企業應編製成本計算單,將各完工產品成本從其明細帳中轉入成本計算單,並計算出單位成本。這樣,成本計算單上就匯集了本月所有完工產品的總成本和單位成本。

思考題

1. 為了正確計算產品的實際成本,應該劃清哪些費用界限?
2. 為了正確計算產品成本,應該做好哪些基礎工作?
3. 生產費用要素有哪些?
4. 工業企業一般應設立哪些成本項目?
5. 簡述產品成本核算的一般程序。

第三章 工業企業要素費用核算

　　為了正確計算成本,應當嚴格劃清各種費用界限。本章按照成本計算的一般程序,介紹如何把工業企業發生的各種要素費用,包括材料費用、動力費用、工資及福利費用、折舊費用和其他費用,按其經濟用途,直接或間接分配計入各種產品成本或期間費用。

第一節　要素費用核算的總體要求

　　當工業企業發生各種要素費用時,總體上可以按照下面的要求進行核算:
　　(一)需設置的帳戶
　　工業企業的成本核算設置「基本生產成本」「輔助生產成本」和「製造費用」總帳,其所屬明細帳按成本或費用項目設專欄登記。
　　(二)企業發生的要素費用,視不同情況作不同的歸集、分配
　　(1)凡是直接用於產品生產,專門設有成本項目,並能辨認為哪種產品所耗用的費用,直接計入「基本生產成本」「輔助生產成本」總帳及其所屬明細帳。
　　(2)凡是直接用於產品生產,專門設有成本項目,但為幾種產品共同耗用的費用,需要採用一定標準分配計入「基本生產成本」「輔助生產成本」總帳及其所屬明細帳。
　　(3)凡是直接用於產品生產,但沒有專設成本項目,或是間接用於產品生產的費用,都先計入「製造費用」總帳及其所屬明細帳;然后將「製造費用」以及服務於基本生產車間的「輔助生產成本」,通過一定程序、方法分配轉入「基本生產成本」總帳及其所屬明細帳。
　　(4)凡是用於行政部門管理和組織生產經營、籌集資金及銷售所耗用的要素費用,不需分配計入產品成本,而是作為期間費用,即管理費用、財務費用、銷售費用,直接計入當期損益。
　　(三)需要分配計入生產成本的要素費用,其分配應遵循的原則
　　1. 重要性原則
　　重要性(Materiality)原則是對分配對象而言的。凡是費用在產品成本中所佔比重較大的,應作為獨立成本項目,單獨分配;反之,則並入其他項目。例如,原料及主要材料應單獨列示。又如,燃料和動力可視其所佔成本比重的大小,既可作為成本項目單獨分配,亦可並入「直接材料」及「製造費用」項目分配。

2. 直接性原則

直接性(Direct)原則也是對分配對象而言的。這一原則要求盡量擴大直接計入費用範圍,因為這部分費用越大,人為按標準分配的費用就少,產品成本計算的準確性就越高。

3. 一致性原則

一致性(Consistency)原則是指分配標準前后一致。分配標準可根據不同的分配對象進行選擇,但一經確定,不應隨意改變,以保證前后期一致及成本的可比性。

分配計入費用的計算公式可概括為:

$$費用分配率 = \frac{待分配費用總額}{分配標準總和}$$

$$某產品或分配對象應負擔的費用 = 該產品或分配對象的分配標準 \times 費用分配率$$

第二節　材料費用的歸集和分配

在工業企業中,材料主要用於產品生產,而且在產品成本中占較大比重。因此,材料費用的核算對正確進行產品成本核算,加強材料費用的控制和管理具有特別重要的意義。

一、材料費用的組成

材料費用(Material Cost)包括企業在生產經營過程中實際消耗的各種原材料、輔助材料、外購半成品、修理用備件配件、燃料、動力、包裝物和低值易耗品等的費用。

(一)原材料

原材料是指作為主要勞動對象,經過加工以后構成產品實體的原料及主要材料。例如,紡織行業耗用的棉紗、制鞋行業耗用的皮革等。

(二)輔助材料

輔助材料是指在生產中有助於產品形成,或為創造正常勞動條件所耗用,或為勞動工具所消耗的各種輔助性材料。例如,紡織行業的染料、化工行業的催化劑等,均是與原材料結合有助於產品形成的輔助材料。

(三)外購半成品

外購半成品是指為企業配套產品而耗用的外購件。例如,生產空調需從外單位購入的壓縮機、生產摩托車需從外單位購入的發動機等。

(四)修理用備件配件

修理用備件配件是指為修理本企業的機器設備、運輸設備等所專用的零件、部件及配件。其他修理用材料列入輔助材料。

(五)燃料

燃料是指用於生產燃燒發熱的各種固體燃料、液體燃料和氣體燃料。例如,煤、汽油、

天然氣等。

(六)動力

動力是指生產經營耗用的電力、熱力等。

(七)包裝物

包裝物是指生產經營過程中用於包裝產品的各種包裝容器。例如,桶、箱、瓶、壇、袋等。

(八)低值易耗品

低值易耗品是指生產經營中領用的各種價值低廉、容易損耗的各種物品。例如,各種用具物品、工具、管理用具、玻璃器皿等。

二、材料費用的歸集與分配

在會計核算上,原料及主要材料、輔助材料、修理用備件配件等均反應在「原材料」帳上。在生產經營中發生的這些費用,按其不同的經濟用途歸集:構成產品成本的原材料費用分別計入「基本生產成本」「輔助生產成本」及其所屬明細帳的有關成本項目(如原料及主要材料、修理用備件配件的耗用)或「製造費用」及其所屬明細帳有關項目(如輔助材料耗用);不構成產品成本的原材料費用屬期間費用,計入「管理費用」「銷售費用」帳戶及其所屬明細帳有關項目。

原材料費用的歸集分為直接歸集和分配歸集。

(一)直接歸集(Direct Accumulating)

材料費用的直接歸集是指可根據材料的用途具體確定原材料費用歸集於哪一總帳帳戶及哪一明細帳戶。

直接歸集的基本程序為根據審核后的各種領料憑證,定期編製領料憑證匯總表,或按具體用途分類匯總編製原材料費用匯總表,然后根據該匯總表編製記帳憑證並登記有關帳戶。

企業的各種領料憑證包括領料單或限額領料單、領料登記表及退料單。對於已領未用、下月將繼續耗用的材料,可採用「假退料」辦法,即材料實物不動,只填一份本月的退料單,同時編製一份下月的領料單。

原材料的日常核算可按實際成本計價,也可按計劃成本計價。如採用實際成本計價,材料的發出計價可採用先進先出法、后進先出法、移動加權平均法、月末一次加權平均法、個別計價法等計算確定。若採用計劃成本計價,則材料的發出,除按計劃成本進行分類匯總外,還要計算應負擔的材料成本差異,將計劃成本調整為實際成本。

【例3-1】某企業原材料以實際成本進行日常核算,某月可根據領料憑證編製領料憑證匯總表,如表3-1所示。

表 3-1   領料憑證匯總表
                           2016 年 5 月   單位:元

日 期	應借科目	應貸科目:原材料		
		甲材料	乙材料	合計
1~10 11~20 20~31	基本生產成本——A 產品	7,240 6,436 7,868	5,340 5,108 6,144	12,580 11,544 14,012
	小計	21,544	16,592	38,136
1~10 11~20 20~31	基本生產成本——B 產品	3,752 3,126 3,434	6,130 5,762 5,588	9,882 8,888 9,022
	小計	10,312	17,480	27,792
1~10 11~20 21~31	輔助生產成本——機修車間	1,164 1,092 1,246		1,164 1,092 1,246
	小計	3,502		3,502
1~10 11~20 20~31	製造費用——一車間	424 462 392		424 462 392
	小計	1,278		1,278
1~10 11~20 20~31	管理費用		682 584 570	682 584 570
	小計		1,836	1,836
	合 計	36,636	35,908	72,544

根據領料憑證匯總表編製會計分錄,登記有關帳戶。

借:基本生產成本——A 產品   38,136
         ——B 產品   27,792
 輔助生產成本——機修車間   3,502
 製造費用——一車間   1,278
 管理費用   1,836
 貸:原材料   72,544

【例 3-2】某企業原材料以計劃成本進行日常核算,某月月初結存原材料的計劃成本為 5,000 元,材料成本差異為節約 50 元。該月收入原材料的計劃成本為 40,000 元。材料成本差異為節約 850 元。

材料成本差異率 = $\dfrac{\text{月初結存材料成本差異} + \text{本月收入材料成本差異}}{\text{月初結存材料計劃成本} + \text{本月收入材料計劃成本}}$

發出材料應負擔的材料成本差異 = 發出材料計劃成本 × 材料成本差異率

發出材料實際成本 = 發出材料計劃成本 + 發出材料成本差異

上述公式中,若材料成本差異為超支,則按正數(+)計算;若材料成本差異為節約,則按負數(-)計算。

$$\text{某企業某月的材料成本差異率} = \frac{-50-850}{5,000+40,000} \times 100\% = -2\%$$

根據領料憑證及以上資料編製領料憑證匯總表如表 3-2 所示。

表 3-2　　　　　　　　　　　領料憑證匯總表

2016 年 5 月　　　　　　　　　　　　　　　　單位:元

日　期	應借科目	應貸科目 原材料(計劃成本)	應貸科目 材料成本差異(差異率-2%)	實際成本
1~15	基本生產成本	6,200	-124	6,076
16~31	——C 產品	6,900	-138	6,762
	小計	13,100	-262	12,838
1~15	基本生產成本	5,400	-108	5,292
16~31	——D 產品	4,600	-92	4,508
	小計	10,000	-200	9,800
1~15	輔助生產成本	950	-19	931
16~31	——運輸車間	450	-9	441
	小計	1,400	-28	1,372
1~15	製造費用	450	-9	441
16~31	——基本生產車間	200	-4	196
	小計	650	-13	637
1~15	管理費用	550	-11	539
16~31		300	-6	294
	小計	850	-17	833
	合　計	26,000	-520	25,480

根據領料憑證匯總表編製會計分錄,登記有關帳戶。

借:基本生產成本——C 產品　　　　　　　　　　　　　　　　　13,100
　　　　　　　　——D 產品　　　　　　　　　　　　　　　　　10,000
　　輔助生產成本——運輸車間　　　　　　　　　　　　　　　　　1,400
　　製造費用——基本生產車間　　　　　　　　　　　　　　　　　　650
　　管理費用　　　　　　　　　　　　　　　　　　　　　　　　　　850
　貸:原材料　　　　　　　　　　　　　　　　　　　　　　　　26,000
借:基本生產成本——C 產品　　　　　　　　　　　　　　　　　　262
　　　　　　　　——D 產品　　　　　　　　　　　　　　　　　　200

　　　　輔助生產成本——運輸車間　　　　　　　　　　　　　　28

　　　　製造費用——基本生產車間　　　　　　　　　　　　　　13

　　　　管理費用　　　　　　　　　　　　　　　　　　　　　　17

　　　貸:材料成本差異　　　　　　　　　　　　　　　　　　　520

(二)間接歸集(Indirect Accumulating)

　　材料費用的間接歸集是指不能從領料憑證上直接確定原材料費用為哪一種產品的實際耗用,而需選用適當的分配方法分配,方可歸集於某一總帳及其所屬明細帳。例如,同一車間生產幾種產品,其共同領用同一種材料,歸集時需分配計入各種產品成本。

　　分配歸集是通過原材料費用分配表進行的,原材料費用分配表應根據領料憑證和有關資料編製,然後根據分配表編製記帳憑證,登記有關帳戶。

　　如何將不能直接計入而要分配歸集的材料費用分配計入各成本計算對象中,關鍵是選擇合理的和簡便易行的分配標準。所謂合理,是指分配標準要盡可能與被分配費用有密切的關係或因果關係。所謂簡便易行,是指作為分配標準的資料應較易取得,以保證分配過程的經濟性、可行性。

　　原材料費用的分配標準一般有產品的產量(產值)或重量、體積、材料定額消耗量、材料定額費用等。

1. 按重量比例分配

　　這種分配方法是以產品的重量為分配標準進行分配的。這種分配方法適用於耗用原材料費用的多少與產品的重量大小有一定關係的產品,如塑料製造的各種註塑件、機械工業的鑄鐵件等。其計算公式如下:

$$\text{原材料費用(數量)分配率} = \frac{\text{各產品共同耗用的原材料費用(數量)}}{\text{各產品重量之和}}$$

某產品應分配原材料費用(數量) = 該產品重量 × 原材料費用(數量)分配率

如分配的結果為數量,則:

某產品應分配原材料費用 = 該產品分配的原材料數量 × 原材料單價

【例3-3】某企業某月生產 A 產品重量為 200 千克,B 產品重量為 300 千克,共同耗用的原材料費用為 5,000 元。

$$\text{原材料費用分配率} = \frac{5,000}{200+300} = 10$$

A 產品應分配原材料費用 = 200 × 10 = 2,000(元)

B 產品應分配原材料費用 = 300 × 10 = 3,000(元)

根據以上資料編製原材料費用分配表,如表 3-3 所示,並編製會計分錄。

表 3-3 　　　　　　　　　　　原材料費用分配表

2016 年 5 月

產品名稱	計量單位	產品重量	分配率	分配金額(元)
A 產品	千克	200		2,000
B 產品	千克	300		3,000
合計		500	10	5,000

借：基本生產成本——A 產品　　　　　　　　　　　　　2,000
　　　　　　　　　——B 產品　　　　　　　　　　　　　3,000
　貸：原材料　　　　　　　　　　　　　　　　　　　　　5,000

使用這種方法時須注意：作為分配標準的重量的計量單位必須一致；如不一致，必須調整，否則無法加總。

2. 按產品產量(產值)比例分配

這種分配方法是以產品的產量或以不變價格計算的產值為標準進行分配。這種分配方法適用於耗用材料的多少與產品產量的多少有一定比例關係的產品。其計算公式如下：

$$原材料費用(數量)分配率 = \frac{各產品共同耗用的原材料費用(數量)}{各產品產量(或產值)之和}$$

某產品應分配原材料費用(數量) = 該產品產量(或產值) × 原材料費用分配率

如分配的結果為數量，則：

某產品應分配原材料費用 = 該產品分配的原材料數量 × 原材料單價

【例 3-4】某企業某月生產 A 產品 500 件，B 產品 300 件，共同耗用的原材料為 2,400 噸，每噸計劃單價為 4 元，材料成本差異率為 +1%。

$$原材料數量分配率 = \frac{2,400}{500+300} = 3$$

A 產品應負擔的原材料數量 = 500 × 3 = 1,500(噸)

A 產品應負擔的原材料費用(計劃) = 1,500 × 4 = 6,000(元)

B 產品應負擔的原材料數量 = 300 × 3 = 900(噸)

B 產品應負擔的原材料費用(計劃) = 900 × 4 = 3,600(元)

根據以上資料編製原材料費用分配表，如表 3-4 所示，並編製會計分錄。

表 3-4　　　　　　　　　　　原材料費用分配表

2016 年 5 月　　　　　　　　　　　　　　　　　　　　金額單位：元

產品名稱	單位	產量	分配率	原材料數量(噸)	計劃單價	原材料費用(計劃)	差異率	差異額	實際原材料費用
A 產品	件	500		1,500	4	6,000	+1%	60	6,060
B 產品	件	300		900	4	3,600	+1%	36	3,636
合計		800	3	2,400		9,600		96	9,696

借:基本生產成本——A 產品　　　　　　　　　　　　　　　6,060
　　　　　　　——B 產品　　　　　　　　　　　　　　　3,636
　貸:原材料　　　　　　　　　　　　　　　　　　　　　　9,600
　　　材料成本差異　　　　　　　　　　　　　　　　　　　　96

採用這種方法和按重量比例分配的一樣,必須注意計量單位要一致。

3. 按標準產量比例分配

這種分配方法是以產品的標準產量作為標準進行分配的。因為標準產量是各種產品產量通過系數換算的產量,所以這種分配方法亦稱系數分配法。

產品系數是以某產品的產量作為標準產量,將其系數定為1,其他產品產量系數則按產品材料消耗定額、定額成本或重量等折合成相應的產量系數,並以此計算標準產量。產品系數和標準產量確定的公式為:

$$某產品系數 = \frac{該產品材料消耗定額(或定額成本或重量)}{標準產品材料消耗定額(或定額成本或重量)}$$

某產品標準產量 = 該產品實際產量 × 該產品產量系數

按標準產量比例分配的計算公式為:

$$\frac{原材料費用}{(數量)分配率} = \frac{各產品共同耗用的原材料費用(數量)}{各產品標準產量之和}$$

某產品應分配原材料費用(數量) = 該產品標準產量 × 原材料費用分配率

如分配的結果為數量,則:

某產品應分配原材料費用 = 該產品分配的原材料數量 × 原材料單價

【例3-5】某企業某月生產 A 產品200件,產品重量320千克;B 產品300件,產品重量400千克;C 產品400件,產品重量240千克。三種產品共同耗用原材料費用3,220元。假設以 B 產品為標準產品,其產量系數為1。

$$A\,產品產量系數 = \frac{320}{400} = 0.8$$

A 產品標準產量 = 200 × 0.8 = 160(件)

$$C\,產品產量系數 = \frac{240}{400} = 0.6$$

C 產品標準產量 = 400 × 0.6 = 240(件)

$$原材料費用分配率 = \frac{3,220}{160+300+240} = 4.6$$

根據以上資料編製原材料費用分配表,如表3-5所示。

表 3-5 原材料費用分配表

2016 年 5 月

產品名稱	實際產量(件)	產量系數	標準產量(件)	分配率	原材料費用(元)
A 產品	200	0.8	160		736
B 產品	300	1	300		1,380
C 產品	400	0.6	240		1,104
合計			700	4.6	3,220

根據原材料費用分配表編製會計分錄，登記有關帳戶。

借：基本生產成本——A 產品　　　　　　　　　　　　　　　736
　　　　　　　　——B 產品　　　　　　　　　　　　　　　1,380
　　　　　　　　——C 產品　　　　　　　　　　　　　　　1,104
　　貸：原材料　　　　　　　　　　　　　　　　　　　　　3,220

4. 按材料定額消耗量比例分配原材料費用

在材料消耗定額比較準確的情況下，原材料費用可以按產品的材料定額消耗量比例進行分配。

材料定額消耗量比例分配就是以各產品的消耗定額為基礎，計算出各產品材料定額消耗量，以此作為分配標準進行分配的。材料消耗定額是指單位產品消耗的材料數量限額；材料定額消耗量是指在一定產量下按消耗定額計算的消耗材料總的數量。其計算公式如下：

某產品原材料定額消耗量＝該產品產量×單位產品原材料消耗定額

$$\text{原材料費用（數量）分配率} = \frac{\text{各產品共同耗用的原材料費用（數量）}}{\text{各產品原材料定額消耗量之和}}$$

某產品應負擔原材料費用（數量）＝該產品原材料定額消耗量×原材料費用（數量）分配率

如果計算結果為數量，則：

某產品應負擔原材料費用＝該產品負擔原材料數量×原材料單價

【例 3-6】某企業某月生產 A、B 兩種產品，共同耗用原材料 2,000 千克，單價 5 元，共 10,000 元。A 產品產量 40 件，單位消耗定額為 25 千克；B 產品產量 50 件，單位消耗定額 30 千克。

A 產品原材料定額消耗量＝40×25＝1,000（千克）

B 產品原材料定額消耗量＝50×30＝1,500（千克）

$$\text{原材料數量分配率} = \frac{2,000}{1,000+1,500} = 0.8$$

根據以上資料編製原材料費用分配表，如表 3-6 所示。

表 3-6　　　　　　　　　　　原材料費用分配表
2016 年 5 月

產品名稱	產量(件)	單位消耗定額(千克)	定額消耗量(千克)	分配率	原材料實際耗用量(千克)	單價(元)	原材料費用(元)
A 產品	40	25	1,000		800	5	4,000
B 產品	50	30	1,500		1,200	5	6,000
合計			2,500	0.8	2,000		10,000

前面已介紹,原材料費用的分配可先計算出數量,然后計算費用。按定額消耗量分配原材料費用採用這種步驟,即先分配計算出原材料實際耗用量,有利於考核消耗定額執行情況,進行材料消耗的實物管理,但工作量較大。為簡化分配工作,亦可直接計算分配原材料費用。仍以本例數據計算：

$$原材料費用分配率 = \frac{10,000}{1,000+1,500} = 4$$

A 產品應負擔的原材料費用 = 1,000×4 = 4,000(元)

B 產品應負擔的原材料費用 = 1,500×4 = 6,000(元)

計算結果與表 3-6 的結果相同。

5. 按材料定額費用比例分配原材料費用

在各種產品共同耗用多種原材料的情況下,如逐一按定額消耗量比例分配原材料費用就比較麻煩。為進一步簡化分配工作,可以按材料的定額費用為標準進行分配。材料費用定額和材料定額費用是材料消耗定額和材料定額消耗量的貨幣表現。其計算公式為：

某產品某材料費用定額 = 該產品該材料消耗定額×計劃單價

$$某產品原材料定額費用 = \Sigma(該產品產量×某材料費用定額)$$

$$原材料費用分配率 = \frac{各種產品共同耗用的各種原材料費用之和}{各種產品原材料定額費用之和}$$

某產品應負擔原材料費用 = 該產品原材料定額費用×原材料費用分配率

【例 3-7】某企業生產 A、B 兩種產品,某月共同耗用甲、乙兩種材料共 33,240 元。A 產品產量 100 件,原材料消耗定額為甲材料 5 千克,乙材料 8 千克;B 產品產量 50 件,原材料消耗定額為甲材料 7 千克,乙材料 9 千克。甲材料計劃單價 6 元,乙材料計劃單價 7 元。

A 產品原材料定額費用 = 100×5×6+100×8×7 = 8,600(元)

B 產品原材料定額費用 = 50×7×6+50×9×7 = 5,250(元)

$$原材料費用分配率 = \frac{33,240}{8,600+5,250} = 2.4$$

根據以上資料編製原材料費用分配表,如表 3-7 所示。

表 3-7　　　　　　　　　　　　原材料費用分配表

2016 年 5 月　　　　　　　　　　　　　金額單位:元

產品名稱	產量（件）	材料種類	單位費用定額 消耗定額	單位費用定額 計劃單價	單位費用定額 金額	定額費用	分配率	原材料費用
A 產品	100	甲 乙	5 8	6 7	30 56	8,600		20,640
B 產品	50	甲 乙	7 9	6 7	42 63	5,250		12,600
合計						13,850	2.4	33,240

　　在實際工作中，為簡化核算工作，也可以將原材料費用的直接歸集和分配歸集結合進行，編製原材料費用分配匯總表，如表 3-8 所示，集中反應原材料費用直接歸集和分配歸集的全部內容。

表 3-8　　　　　　　　　　　　原材料費用分配匯總表

2016 年 5 月　　　　　　　　　　　　　金額單位:元

應借科目	產量（臺）	材料費用 消耗定額	材料費用 定額消耗	材料費用 分配率	材料費用 分配金額	材料費用 直接歸集	合計
基本生產成本——A 產品	500	10	5,000		10,000	5,000	15,000
基本生產成本——B 產品	300	15	4,500		9,000	4,000	13,000
小計			9,500	2	19,000	9,000	28,000
輔助生產成本						3,000	3,000
製造費用——一車間						2,500	2,500
管理費用						1,500	1,500
銷售費用						1,000	1,000
合　　計					19,000	17,000	36,000

三、燃料費用歸集分配

　　燃料(Fuel)實際上也是材料。如果燃料費用很少，占成本費用的比重不大，那麼燃料可並入原材料，即「燃料」只作為「原材料」的明細科目，成本項目也不需單獨設置。燃料費用的歸集分配與上述原材料費用的歸集分配相同。但是，如果燃料費用比重大，為加強對能源消耗的核算和控制，應將燃料費用單獨處理，增設「燃料」會計科目，成本項目專門設立「燃料及動力」。根據領用用途可確定燃料費用為哪一種產品生產或部門領用的，分別記入「基本生產成本」「輔助生產成本」及其所屬明細帳的「燃料及動力」成本項目或「製造費用」「管理費用」「銷售費用」及其所屬明細帳的有關費用項目。對不能從領料憑證直接確定燃料費用為哪一種產品耗用(幾種產品共同耗用)的，則需要採用適當的方法分配計入各種產品成本。

燃料費用的分配標準一般有產品的重量、體積、所耗原材料的數量或費用、燃料的定額消耗量或定額費用等。

【例3-8】某企業生產產品需耗用較多的燃料,生產 A、B 兩種產品共同耗用燃料費用 13,200 元。按耗用原材料的數量分配,A 產品耗用原材料 1,200 千克,B 產品耗用原材料 1,000 千克。

$$燃料費用分配率 = \frac{各產品共同耗用的燃料費用}{各產品耗用原材料數量(或費用)}$$

$$= \frac{13,200}{1,200+1,000}$$

$$= 6$$

A 產品應負擔的燃料費用 = 1,200×6 = 7,200(元)
B 產品應負擔的燃料費用 = 1,000×6 = 6,000(元)

根據以上資料編製燃料費用分配表,如表3-9 所示。

表3-9 燃料費用分配表
2016 年 5 月

項目 應借科目	材料耗用量(千克)	分配率	燃料費用(元)
基本生產成本——A 產品	1,200		7,200
——B 產品	1,000		6,000
合　計	2,200	6	13,200

根據「燃料費用分配表」編製會計分錄,登記有關帳戶。

借:基本生產成本——A 產品　　　　　　　　　　　　　　7,200
　　　　　　　——B 產品　　　　　　　　　　　　　　6,000
　貸:原材料——燃料　　　　　　　　　　　　　　　　　13,200

其他分配標準的分配方法可參見原材料費用分配部分,這裡從略。

四、包裝物費用的歸集分配

(一) 包裝物

包裝物(Wrapping)是指生產經營過程中用於包裝產品的各種包裝容器,如箱、瓶、壇、桶、袋等。從總的方面來說,包裝物屬於材料的一部分,只是其性質和用途與材料中的原材料不同,故一般應設立「週轉材料——包裝物」科目,單獨核算包裝物的收發和結存情況。包裝物日常核算的計價同原材料一樣,可用實際成本計價,也可按計劃成本計價,其驗收入庫、發出與原材料核算也相同。

需要注意的是,有些包裝材料不在「週轉材料——包裝物」帳戶內核算,如紙、繩、鐵皮、鐵絲等,均屬於原材料,應在「原材料」帳戶核算;用於儲存、保管產品或材料而不對外

出租、出借的包裝物，視其價值大小、使用期限長短，分別屬於固定資產或低值易耗品的，應分別在「固定資產」帳戶或「週轉材料——低值易耗品」帳戶內核算；計劃中單獨列作商品的自制包裝物，屬於產成品的，應在「產成品」帳戶核算。

(二)包裝物費用的歸集分配

包裝物費用是指為包裝本企業產品領用各種包裝容器所發生的費用。需要區別包裝物的不同用途進行歸集分配：

(1)生產過程中用於包裝產品作為產品組成部分的包裝物，相當於構成產品實體的原材料，為產品生產成本，應計入「基本生產成本」及其所屬明細帳。

(2)隨同產品出售而不單獨計價的包裝物，屬於銷售產品而發生的費用，應計入「銷售費用」。

(3)隨同產品出售但單獨計價的包裝物，視同材料銷售，應計入「其他業務支出」。

(4)出租或出借給購買單位使用的包裝物，則分別計入「其他業務支出」和「銷售費用」。若出租、出借包裝物數量多、金額大，可分期攤銷，或採用「五五攤銷法」或「淨值攤銷法」攤銷。

包裝物費用的歸集分配要根據發出憑證編製發出材料匯總表或包裝物費用分配匯總表，然後根據匯總表編製會計憑證，登記有關帳戶。

【例3-9】某企業包裝物按計劃成本進行日常核算，根據領料憑證編製包裝物費用分配匯總表，如表3-10所示。表3-10中應借記「銷售費用」帳戶和「其他業務成本」帳戶的分別為隨產品出售不單獨計價和單獨計價的包裝物。

表3-10　　　　　　　　　　　包裝物費用分配匯總表

2016年5月　　　　　　　　　　　　　　　　單位：元

應借科目	應貸科目		實際成本
	週轉材料——包裝物（計劃成本）	材料成本差異——包裝物（差異率+2%）	
基本生產成本——A產品	4,550	91	4,641
——B產品	4,250	85	4,335
銷售費用	3,300	66	3,366
其他業務成本	3,700	74	3,774
合　　計	15,800	316	16,116

根據包裝物費用分配匯總表編製會計分錄，登記有關帳戶。

借：基本生產成本——A產品　　　　　　　　　　　　　　　　4,641
　　　　　　　　　——B產品　　　　　　　　　　　　　　　　4,335
　　銷售費用　　　　　　　　　　　　　　　　　　　　　　　3,366
　　其他業務成本　　　　　　　　　　　　　　　　　　　　　3,774
　貸：週轉材料——包裝物　　　　　　　　　　　　　　　　　15,800
　　　材料成本差異——包裝物成本差異　　　　　　　　　　　　316

五、低值易耗品

低值易耗品的收入、發出或攤銷和結存的核算,應設立「週轉材料——低值易耗品」帳戶,其日常核算與原材料一樣,即可按實際成本或計劃成本計價,其採購、在庫的核算也與原材料核算相同。

低值易耗品領用后,其價值應攤銷計入有關成本、費用,按照用途分別歸集於「製造費用」(低值易耗品用於生產,由於在產品成本中占的比重少,沒有專設成本項目)、「管理費用」以及「銷售費用」等帳戶及其所屬明細帳有關費用項目。

低值易耗品價值較小的,其攤銷可採用一次攤銷法,全部計入領用當月的成本費用;若領用數量多、金額大,可分期攤銷。低值易耗品攤銷還可用「五五攤銷法」。

低值易耗品費用歸集分配要根據發出憑證編製發出憑證匯總表或低值易耗品費用匯總表,然后根據匯總表編製會計憑證,登記有關帳戶。

【例3-10】某企業本月甲生產車間領用工具一批,價值400元,管理部門領用工具一批,價值500元,由於價值較小,採用一次攤銷法。根據發出憑證編製低值易耗品費用匯總表,如表3-11所示。

表3-11　　　　　　　　　低值易耗品費用匯總表

2016年5月

應借科目	應貸科目:週轉材料——低值易耗品
製造費用——一車間	400
管理費用	500
合　　計	900

根據低值易耗品費用匯總表編製會計分錄,登記有關帳戶。

借:製造費用——一車間　　　　　　　　　　　　　　　　　　　　400
　　管理費用　　　　　　　　　　　　　　　　　　　　　　　　　500
　貸:週轉材料——低值易耗品　　　　　　　　　　　　　　　　　　900

第三節　動力費用的歸集和分配

企業耗用的動力包括外購的和自制的。外購動力如向外單位購買電力、煤氣等;自制動力如自產電力、對外來電力進行變壓等。動力費用的核算是按發生地點和用途進行的,只要用途相同,無論外購或自制都歸在一起進行核算。動力費用的主要用途是:第一,生產工藝過程所耗用,這是直接用於產品生產的;第二,組織管理生產耗用,如車間照明、行政管理部門照明用電等。

對於生產工藝過程耗用的動力費用，為加強能源核算和控制，可單獨設立成本項目「燃料及動力」；若不單獨設立，則該動力費用並入「原材料」成本項目。

動力費用的歸集分配通常依照儀表、儀器記錄確定，分為直接歸集和分配歸集。

一、直接歸集動力費用

直接歸集是根據計量儀器、儀表確定各產品、各部門的實際耗用量再乘以單價進行歸集。外購動力的單價可按供電部門收取的電費總額除以各電表讀數總和；自製動力的單價為輔助生產車間(發電車間)的單位成本。其計算公式如下：

$$\text{某產品(部門)應負擔動力費用} = \text{該產品(部門)實際耗用量} \times \text{單價}$$

企業各車間、部門的動力用電和照明用電，一般都分別裝有電表，可根據電表讀數直接歸集動力費用。但對於車間動力用電，若不能按產品分別安裝電表，則動力費用需分配歸集。

二、分配歸集動力費用

分配歸集是指生產工藝上耗用的動力，不能根據計量工具測定各種產品的耗用量，而需按一定分配標準將耗用的動力費用分配於各產品，以確定各產品應負擔的動力費用。

動力費用的分配標準可以是產品的機器工時或馬力工時、生產工時、定額耗用量等。其計算公式如下：

$$\text{動力費用分配率} = \frac{\text{各產品共同耗用的動力費}}{\text{各產品機器工時(或馬力工時等)之和}}$$

某產品應負擔的動力費用 = 該產品機器工時(或馬力工時等) × 動力費用分配率

【例3-11】某企業生產車間生產A、B兩種產品共同耗用外購動力費10,000元，A產品機器工時3,000小時，B產品機器工時2,000小時。

$$\text{動力費用分配率} = \frac{10,000}{3,000 + 2,000} = 2$$

A產品應負擔動力費 = 3,000×2 = 6,000(元)

B產品應負擔動力費 = 2,000×2 = 4,000(元)

根據以上資料編製動力費用分配表，如表3-12所示。

表3-12　　　　　　　　　動力費用分配表
2016年5月

項目 應借科目	外購動力		
	機器工時(小時)	分配率	動力費用(元)
基本生產成本——A產品	3,000		6,000
——B產品	2,000		4,000
合　　計	5,000	2	10,000

根據動力費用分配表編製會計分錄,登記有關帳戶。
借:基本生產成本——A產品　　　　　　　　　　　　　6,000
　　　　　　——B產品　　　　　　　　　　　　　　　4,000
　貸:應付帳款　　　　　　　　　　　　　　　　　　　10,000

第四節　工資及福利費用的歸集和分配

工資及福利(Wage and Welfare)費用是指工資總額,即在一定時期內直接支付給單位全部職工的勞動報酬總額,以及按工資總額的一定比例(目前為14%)計提的職工福利費。計入產品成本的工資及福利費是構成產品成本的又一主要生產費用,在產品成本中佔有一定的比重。因此,根據企業工資計劃的工資總額控制工資支出,加強工資及福利費核算,對正確進行產品成本核算,降低成本費用,調動勞動者的積極性均有重大的意義。

一、工資總額和職工分類

工業企業必須按國家規定的工資總額組成內容進行工資費用的核算。按國家統計局現行規定,工資總額由以下幾個方面的內容構成:

(一)職工的範圍

《企業會計準則第9號——職工薪酬》所稱的「職工」與《中華人民共和國勞動法》中的「勞動者」相比,既有重合,又有拓展,包括以下三類人員:

(1)與企業訂立勞動合同的所有人員,含全職、兼職和臨時職工。按照《中華人民共和國勞動法》和《中華人民共和國勞動合同法》的規定,企業作為用人單位與勞動者應當訂立勞動合同,《企業會計準則第9號——職工薪酬》中的職工首先包括這部分人員,即與企業訂立了固定期限、無固定期限和以完成一定的工作為期限的勞動合同的所有人員。

(2)未與企業訂立勞動合同,但由企業正式任命的人員,如董事會成員、監事會成員等。按照《中華人民共和國公司法》的規定,公司應當設立董事會和監事會,董事會、監事會成員為企業的戰略發展提出建議,進行相關監督等,目的是提高企業整體經營管理水平,對其支付的津貼、補貼等報酬從性質上屬於職工薪酬。因此,儘管有些董事會、監事會成員不是本企業職工,未與企業訂立勞動合同,但他們仍然屬於《企業會計準則第9號——職工薪酬》所稱的職工。

(3)在企業的計劃和控制下,雖未與企業訂立勞動合同或未由其正式任命,但為其提供與職工類似服務的人員,也屬於《企業會計準則第9號——職工薪酬》所稱的職工。例如,企業與有關仲介機構簽訂勞務用工合同,雖然企業並不直接與合同下雇傭的人員訂立單項勞動合同,也不任命這些人員,但通過勞務用工合同,這些人員在企業相關人員的領導下,按照企業的工作計劃和安排,為企業提供與本企業職工類似的服務。也就是說,如果企

業不使用這些勞務用工人員,也需要雇傭職工訂立勞動合同提供類似服務。因此,這些勞務用工人員仍然屬於《企業會計準則第9號——職工薪酬》所稱的職工。

(二)職工薪酬的範圍

職工薪酬是企業因職工提供服務而支付或放棄的所有對價。企業在確定應當作為職工薪酬進行確認和計量的項目時,需要綜合考慮,確保企業人工成本核算的完整性和準確性。《企業會計準則第9號——職工薪酬》規定的職工薪酬主要包括以下內容:

1. 職工工資、獎金、津貼和補貼

這是指按照構成工資總額的計時工資、計件工資、支付給職工的超額勞動報酬和增收節支的勞動報酬、為補償職工特殊或額外的勞動消耗和因其他特殊原因支付給職工的津貼以及為保證職工工資水平不受物價影響支付給職工的物價補貼等。

2. 職工福利費

這主要包括職工因公負傷赴外地就醫路費、職工生活困難補助、未實行醫療統籌企業職工醫療費用以及按規定發生的其他職工福利支出。

3. 醫療保險費、養老保險費等社會保險費

這是指企業按照國家規定的基準和比例計算,向社會保險經辦機構繳納的醫療保險費、養老保險費、失業保險費、工傷保險費和生育保險費。企業按照年金計劃規定的基準和比例計算,向企業年金基金相關管理人繳納的補充養老保險費以及以購買商業保險形式提供給職工的各種保險待遇屬於職工薪酬,應當按照職工薪酬準則進行確認、計量和披露。

中國養老保險主要分為三個層次:第一層次是社會統籌與職工個人帳戶相結合的基本養老保險;第二層次是企業補充養老保險;第三層次是個人儲蓄性養老保險,屬於職工個人的行為,與企業無關,不屬於職工薪酬準則規範的範疇。

(1)基本養老保險制度。根據中國養老保險制度的相關規定,企業為職工繳納基本養老保險費的比例,一般不得超過企業工資總額的20%(包括劃入個人帳戶的部分),具體比例由省、自治區、直轄市人民政府確定。

從中國企業基本養老保險制度下企業繳費和職工養老保險待遇的計算和發放方法來看,職工基本養老保險費中企業繳納的金額與職工退休時能夠享受的養老保險待遇是兩種計算方法,職工養老保險待遇即受益水平與企業在職工提供服務各期的繳費水平不直接掛鉤,企業承擔的義務僅限於按照規定標準提存的金額,屬於國際財務報告準則中所稱的設定提存計劃。企業為職工建立的除基本養老保險以外的其他社會保險如醫療保險、失業保險、工傷保險和生育保險,也是根據國家相關規定,由社會保險經辦機構負責收繳、發放和保值增值,企業承擔的義務亦僅限於按照企業所在地政府等規定的標準,同樣屬於設定提存計劃。

設定提存計劃是指企業向一個獨立主體(通常是基金)支付固定提存金,如果該基金不能擁有足夠資產以支付與當期和以前期間職工服務相關的所有職工福利,企業不再負有進一步支付提存金的法定義務和推定義務。在這種計劃下,企業的法定或推定義務僅限於

企業同意或必須向基金提存的金額,職工所收到的離職后福利金額取決於企業(和職工本人)向離職后福利計劃(基金)或保險公司支付的提存金金額以及提存金所產生的投資回報。在設定提存計劃下,企業在每一期間的義務取決於企業在該期間提存的金額,由於提存額一般都是在職工提供服務期末 12 個月以內到期支付,計量該類義務一般不需要折現。

(2)補充養老保險制度。為建立多層次的養老保險制度,更好地保障企業職工退休后的生活,依法參加基本養老保險並履行繳費義務,具有相應的經濟負擔能力並已建立集體協商機制的企業,經有關部門批准,可申請建立企業年金。企業年金是企業及其職工在依法參加基本養老保險的基礎上,自願建立的補充養老保險制度。根據國家有關規定,企業建立年金所需資金由企業和職工個人共同繳納。其中,企業繳費每年不超過本企業上年度職工工資總額的 1/12,企業和職工個人繳費合計一般不超過本企業上年度職工工資總額的 1/6。

從中國已建立企業年金計劃的部分地區年金計劃的條款規定來看,中國以年金形式建立的補充養老保險制度屬於企業「繳費確定型」,不是職工養老「待遇承諾型」。繳費確定型是指以繳費的情況確定企業年金待遇的養老金模式,企業繳費亦是根據參加計劃職工的工資、級別、工齡等因素,在計劃中明確規定;待遇確定型是指在參保時就承諾將來的退休待遇水平的養老金模式,即承諾職工退休後享有固定金額的福利,以此為基礎確定每一期間企業繳費。由於物價變動、職工流動等原因,每期企業繳費可能會有所調整。因此,中國企業為職工繳納的補充養老保險費,也屬於設定提存計劃。

根據中國現行的基本養老保險和補充養老保險制度的規定,企業對職工的義務僅限於按照省、自治區、直轄市政府或企業年金計劃規定繳費的部分,沒有進一步的支付義務,這與國際準則中設定提存計劃的處理原則相同。因此,《企業會計準則第 9 號——職工薪酬》規定,無論是支付給社會保險經辦機構的基本養老保險費,還是支付給企業年金基金相關管理人的補充養老保險費,企業都應當在職工提供服務的會計期間根據規定標準計提,按照受益對象進行分配,計入相關資產成本或當期損益。

由於基本養老保險費和補充養老保險費一般都在 12 個月內支付完畢,屬於流動負債,因此計量由基本養老保險繳費和補充養老保險繳費產生的職工薪酬義務不需要折現。

考慮到物價變動、職工生活所需費用等因素,按照企業所在地政府的規定,社會保險經辦機構在年度開始時有時也會調整企業繳費的比例,調整后的繳費水平影響該期或以後期間企業應確認為負債的社會保險費金額,但不需要調整前期已確認薪酬義務金額和已計入成本費用的社會保險費金額。

4. 住房公積金

這是指企業按照國家規定的基準和比例計算,向住房公積金管理機構繳存的住房公積金。

5. 工會經費和職工教育經費

這是指企業為了改善職工文化生活、為職工學習先進技術和提高文化水平與業務素

質,用於開展工會活動和職工教育及職業技能培訓等相關支出。

6. 非貨幣性福利

這是指企業以自己的產品或外購商品發放給職工作為福利,企業提供給職工無償使用自己擁有的資產或租賃資產供職工無償使用,如提供給企業高級管理人員使用的住房,免費為職工提供諸如醫療保健的服務;或向職工提供企業支付了一定補貼的商品或服務,以低於成本的價格向職工出售住房等。

7. 因解除與職工的勞動關係給予的補償

這是指由於分離辦社會職能、實施主輔分離、輔業改制、重組、改組計劃等原因,企業在職工勞動合同尚未到期之前解除與職工的勞動關係,或者為鼓勵職工自願接受裁減而提出補償建議的計劃中給予職工的經濟補償,即國際財務報告準則中所指的辭退福利。

8. 其他與獲得職工提供的服務相關的支出

這是指除上述七種薪酬以外的其他為獲得職工提供的服務而給予的薪酬,如企業提供給職工以權益形式結算的認股權、以現金形式結算但以權益工具公允價值為基礎確定的現金股票增值權等。

二、工資及福利費核算的基礎工作

要做好工資及福利費核算,就必須做好產品數量、質量和工作時間等原始記錄的基礎工作。工資制度(Wage System)不同,工資及福利費所依據的原始記錄就不同。計時工資應以考勤記錄為依據,而計件工資則以產量記錄為依據。

三、工資的計算

由於各企業可以根據具體情況採用計時工資制和計件工資制,因此工資的具體計算方法有計時工資和計件工資兩種。

(一)計時工資的計算

應付職工的計時工資是根據考勤記錄登記的職工出勤時間或缺勤時間,並按照每人的工資標準計算的。工資標準如按日計算的,稱之為日薪制;如按月計算的,稱之為月薪制。

採用日薪制,應付職工的計時工資就按日薪乘以某月出勤日數即可。如果有一日內出勤不滿8小時的(每日工作時數為8小時),應按日薪計算每小時工資,從而計算應扣的缺勤(小時)工資(具體方法可參看下述的月薪制)。多數企業對臨時職工的計時工資採用日薪制計算。

採用月薪制,不論各月日曆日數為多少,職工每月的標準工資(全勤工資)相同。如果有缺勤,還需按出勤或缺勤日數計算計時工資。下面著重介紹月薪制下計時工資計算的兩種方法:

1. 按月標準工資扣除缺勤日數應扣工資計算

應付計時工資＝月標準工資－缺勤工資

$$=月標準工資-\left(\begin{array}{c}事假曠\\工日數\end{array}\times 日工\\資率\right)-\left(\begin{array}{c}病假\\日數\end{array}\times\begin{array}{c}日工\\資率\end{array}\times\begin{array}{c}病\quad假\\扣款率\end{array}\right)$$

2. 根據出勤日數計算

$$應付計時工資=\begin{array}{c}出勤\\日數\end{array}\times\begin{array}{c}日工\\資率\end{array}+\begin{array}{c}病假\\日數\end{array}\times\begin{array}{c}日工\\資率\end{array}\times\left(1-\begin{array}{c}病\quad假\\扣款率\end{array}\right)$$

從上述公式可以看出,要計算計時工資,首先應根據月標準工資計算每日平均工資,即日工資率(Wage Rate)。日工資率的計算有如下幾種方法：

(1)每月固定按30天計算：

$$日工資率=\frac{月標準工資}{30\ 天}$$

這樣計算日工資率,其特點是休假日、節假日都計算工資,因此缺勤期間的休假日、節假日都算缺勤,照扣工資。

(2)每月固定按平均工作日20.83天計算：

$$日工資率=\frac{月標準工資}{20.83}$$

其中,月平均工作日為20.83天[(365-104-11)÷12],104天為全年的星期休假日,全年法定的節假日為11天(元旦、清明節、勞動節、端午節、中秋節各1天、國慶節、春節各3天)。

這樣計算日工資,其特點是法定的工作日才算工資,休假日、節假日是不算工資的,因此缺勤期間的休假日、節假日不扣工資。

(3)每月按實際法定工作日數計算：

$$日工資率=\frac{月標準工資}{月實際法定工作日數}$$

其中,月實際法定工作日數可按該月實際日曆日數減去法定休假日、節假日數計算。

這樣計算日工資,其特點如方法(2)。不過採用此種方法,每月的日工資會因每月法定工作日數不同而不同。而運用方法(2)則每月的日工資相同。

在實際工作中,為簡化日工資的計算工作,通常採用的方法是(1)和(2),只要職工月標準工資不變,計算一次則可長時間使用。

【例3-12】某職工的月標準工資為3,124.50元,7月份31天,星期休假8天,該職工請事假4天(其中有星期休假2天),病假2天,工資按標準工資的80%計算,即扣款率20%。

(1)按30天計算日工資率：

$$日工資率=\frac{3,124.50}{30}=104.15(元)$$

①應付計時工資＝3,124.50-4×104.15-2×104.15×20%
　　　　　　　＝2,666.24(元)
②應付計時工資＝(31-4-2)×104.15+2×104.15×80%
　　　　　　　＝2,770.39(元)

兩者的計算結果相差104.15元(2,770.39-2,666.24)。其原因是該月份為31天,比計算月工資率用的固定30天多了1天,故按(2)式,即出勤日計算的工資剛好多1天的工資104.15元。在日曆日數為30天的月份,兩個公式的計算結果應相同;而在日曆日數少於30天的月份,則結果與此相反。

(2)按20.83天[(365-104-11)÷12]計算日工資率:

日工資率＝$\frac{3,124.50}{20.83}$＝150(元)

①應付計時工資＝3,124.50-(4-2)×150-2×150×20%
　　　　　　　＝2,764.50(元)
②應付計時工資＝[31-8-(4-2)-2]×150+2×150×80%
　　　　　　　＝3,090(元)

兩者計算結果相差325.50元(3,090-2,764.50)。其原因是該月份的法定工作日數為23天(31-8),比計算日工資率用的20.83天多2.17天,故按出勤日算的工資剛好多了2.17天工資325.50元(2.17×150)。由於每月的法定工作日數與20.83天都不同,因此按兩個公式計算的計時工資結果都會不一樣。如果法定工作日數少於20.83天,以月工資扣缺勤工資計的會比按出勤日計的多,全年工資則兩個公式計算的相差不大。

(二)計件工資的計算

應付職工的計件工資是根據產量記錄登記的每一職工或班組完成的產品產量,乘以規定的計件單價計算的。這裡所指的產品產量應包括合格品的數量和因材料質量不合格造成的廢品(料廢)數量,而因工人過失造成的廢品(工廢)不包括在內。工廢產品不僅不支付工資,而且還應查明原因追究責任者賠償。其計算公式如下:

應付職工或班組計件工資＝Σ[(合格品數量+料廢數量)×計件單價]

每一職工或班組月內可能從事多種產品生產,計件單價不同,就需逐一計算相加,而計算出班組的計件工資,還需按一定標準分配到班組或職工個人。

1. 個人計件工資

【例3-13】某工人本月加工A、B兩種產品。有關資料如表3-13所示。

表3-13　　　　　　　　　　個人計件工資計算資料

產品名稱	工時定額(分鐘)	小時工資率(元/小時)	計件單價(元)	合格品數量(件)	廢品數量(件)	
					料廢	工廢
A產品	20	30	10	200	4	2
B產品	15	30	7.50	300	2	1

小時工資率與計件單價的關係為：

A 產品計件單價 $= 30 \times \dfrac{20}{60} = 10(元)$

B 產品計件單價 $= 30 \times \dfrac{15}{60} = 7.50(元)$

該工人可得計件工資的計算有兩種方法。

方法一：按數量和計件單價計算。

應付計件工資 $= (200+4) \times 10 + (300+2) \times 7.50$
$= 4,305(元)$

方法二：按該工人完成的各種產品折合定額工時總數和小時工資率計算。

應付計件工資 $= (200+4) \times \dfrac{20}{60} \times 30 + (300+2) \times \dfrac{15}{60} \times 30$
$= 4,305(元)$

兩種方法計算的結果相同。

2. 班組集體計件工資

如果實行班組集體計件工資制，應將班組集體計件工資在班組內按每人貢獻大小進行分配。通常是按照每人的標準工資和實際的工作時間(日數或工時數)的綜合比例進行分配，因為工資標準和工作時間可體現職工的勞動質量、技術水平和勞動數量。其計算公式為：

$$\text{班組內工資分配率} = \dfrac{\text{班組集體計件工資額}}{\sum\left[\text{每人日工資率(或小時工資率)} \times \text{出勤日數(或工時數)}\right]}$$

$$\text{某工人應得計件工資} = \text{該工人日工資率(或小時工資率)} \times \text{出勤日數(或工時)} \times \text{班組內工資分配率}$$

【例3-14】某生產小組集體完成甲產品1,200件，計件單價12元，乙產品1,000件，計件單價11.20元，共計25,600元。該小組由3人組成，出勤情況及每人應得的計件工資如表3-14所示。

表3-14　　　　　　　　　班組集體計件工資分配表

2016年5月　　　　　　　　　　　　第1小組

姓名	工資標準（元）	小時工資率（元/小時）	出勤工時（小時）	小時工資率×出勤工時(元)	小組工資分配率(元)	應得計件工資(元)
王一	4,999.20	30	166	4,980		8,602.50
丁二	5,832.40	35	164	5,740		9,915.20
李四	4,166.00	25	164	4,100		7,082.30
合計	——	——	——	14,820	1,727.4	25,600

其中：小時工資分配率＝月標準工資÷(20.83×8)；

小組工資分配率＝25,600÷14,820≈1.727,4(元)。

除上述計時工資和計件工資外，職工的工資性獎金、津貼應根據標準、有關原始記錄計付；加班加點工資按加班天數或小時數及日工資率或小時工資率計算，節假日加班人員的工資應按標準工資的70%的3倍給付，其計算公式為：

$$應付加班工資 = \frac{月標準工資}{20.83} \times 70\% \times 加班天數 \times 3$$

(三) 工資的結算

工資費用的匯總結算是以上述工資計算為基礎的，通過工資結算單和工資結算匯總表(Wage Summary)完成。

在實務工作中，工資結算單應每月按車間(或部門)進行編製，單內應分職工類別和每一職工分行填列應付工資，發給職工的但不屬於工資總額組成內容的款項(如上下班交通補貼費、洗理費等)，應從職工工資中支付的各種代扣款項(如個人所得稅等)以及實發工資。工資結算單一般一式三份：一份按職工姓名裁成「工資條」，連同實發工資一起發給職工，以便職工查對；一份作為勞動工資部門進行勞動工資統計的依據；一份經過職工簽收後作為工資結算和付款的原始憑證，並據以進行工資結算匯總。工資結算單的一般格式如表3-15所示。

表 3-15　　　　　　　　　　車間(部門)工資結算單

基本生產車間　　　　　　　　2016年5月　　　　　　　　單位：元

班組別	姓名	工資級別	月工資標準	日工資率	獎金	補貼	津貼	病假天數	%	金額	事假天數	金額	應付工資合計	福利補助費	交通補助費	合計	住房公積金	個人所得稅	合計	實發金額	簽收蓋章
1	李一	5	840	28	80	60	15				1	28	967	10	20	30	120	10	130	867	
1	陳山	3	690	23	60	50	20						820	10	20	30	90	3	93	757	
1	王中	6	930	31	90	60							1,080	10	20	30	120	15	135	975	
2	張五	4	750	25	70	50	10	2	10	5			875	10	20	30	100	5	105	800	
	小計		3,210		300	220	45			5		28	3,742	40	80	120	430	33	463	3,399	
	生產工人合計		22,500		2,300	1,560	330			40		188	26,462	220	440	660	2,920	228	3,148	23,974	
	管理人員合計		2,626		180	140				8		40	2,898	20	40	60	340	82	422	2,536	
	車間合計		25,126		2,480	1,700	330			48		228	29,360	240	480	720	3,260	310	3,570	26,510	

表3-15中的實發工資＝應付工資＋其他應發款－代扣款項。工資結算匯總表是根據工資結算單編製的，用以反應全廠工資結算的總括情況，並據以進行工資結算總分類核算和匯總全廠的工資費用。工資結算匯總表的一般格式如表3-16所示。

表 3-16　　　　　　　　　　　　　　全廠工資結算單
××工廠　　　　　　　　　　　　　　　2016 年 5 月　　　　　　　　　　　　　　單位:元

車間和部門	應付工資							代發款項			代扣款項			實發金額
	月標準工資	獎金	津貼和補貼		扣缺勤工資		應付工資合計	福利補助費	交通補助費	合計	住房公積金	個人所得稅	合計	
			補貼	津貼	病假	事假								
生產一車間														
生產工人	22,500	2,300	1,560	330	40	188	26,462	220	440	660	2,920	228	3,148	23,974
管理人員	2,626	180	140		8	40	2,898	20	40	60	340	82	422	2,536
合　計	25,126	2,480	1,700	330	48	228	29,360	240	480	720	3,260	310	3,570	26,510
輔助生產車間	12,430	1,160	820	150	25	115	14,420	100	200	300	1,530	120	1,650	13,070
行政管理部門	8,360	730	510	80	10	55	9,615	60	120	180	930	95	1,025	8,770
銷售人員	2,740	190	130	50	20	10	3,080	30	60	90	460	47	507	2,663
總　計	48,656	4,560	2,720	610	103	408	56,475	430	860	1,290	6,180	572	6,752	51,013

表 3-16 中一車間應付工資等各欄金額是根據表 3-15 中相應欄目的金額合計填列，其他車間和部門根據各該車間、部門工資結算單填列(例略)。

根據工資結算匯總表編製工資結算的會計分錄，登記有關帳戶。

借:應付職工薪酬──工資　　　　　　　　　　　　　　56,475
　　　　　　　　──職工福利　　　　　　　　　　　　　430
　　管理費用　　　　　　　　　　　　　　　　　　　　860
　貸:其他應付款　　　　　　　　　　　　　　　　　　6,180
　　　應交稅費──代扣個人所得稅　　　　　　　　　　572
　　　庫存現金　　　　　　　　　　　　　　　　　　51,013

四、工資費用的歸集和分配

企業的工資費用按其發生的地點和用途進行歸集和分配。生產工人、生產車間或分廠的工程技術人員和管理人員的工資，應計入產品生產成本。其中，生產工人工資記入「基本生產成本」或「輔助生產成本」總帳及明細帳的「工資及福利費」成本項目；其餘未專設成本項目的，在「製造費用」帳戶內歸集。行政管理部門人員的工資，專設銷售機構人員的工資等項目，分別記入「管理費用」「銷售費用」等總帳及所屬明細帳。

工資費用的歸集也分為直接歸集和分配歸集。

(一)直接歸集

如果車間只生產一種產品的生產工人工資費用，或生產多種產品的生產工人計件工資，可按發生地點和用途直接歸集，即根據審核後的工資費用憑證(如工資結算單或工資結算匯總表)編製記帳憑證和登記有關帳戶。

【例3-15】表 3-16 的企業,如果其基本生產車間只生產 A 產品,可直接根據工資結算匯總表編製會計分錄,登記有關帳戶。

借:基本生產成本——A 產品　　　　　　　　　　　　　26,462
　　輔助生產成本　　　　　　　　　　　　　　　　　　14,420
　　製造費用　　　　　　　　　　　　　　　　　　　　2,898
　　管理費用　　　　　　　　　　　　　　　　　　　　9,615
　　銷售費用　　　　　　　　　　　　　　　　　　　　3,080
　貸:應付職工薪酬——工資　　　　　　　　　　　　　　56,475

(二) 分配歸集

生產多種產品的生產工人的計時工資工資總額中的獎金、津貼和補貼以及特殊情況下支付的工資,通常都不能根據工資結算原始憑證確定計入哪一種產品,而需通過一定的分配方法,方可將工資費用歸集於有關帳戶及其所屬明細帳。

如果實行計時工資,生產工人的工資費用(含工資總額中的獎金、津貼和補貼等),一般按照產品的實際生產工時比例分配計入各種產品;如果取得各種產品實際生產工時的資料較困難,或採用實際生產工時明顯不合理,而各種產品的單位工時定額較準確,則可採用定額工時比例進行分配。其計算公式為:

$$\text{生產工人工資費用分配率} = \frac{\text{各產品共同負擔的生產工人工資費用}}{\text{各產品實際生產工時(或定額工時)之和}}$$

某產品應負擔的工資費用＝該產品實際生產工時(或定額工時)×分配率

如果實行計件工資,生產工人工資總額中的獎金、津貼和補貼以及特殊情況下支付的工資如需分配歸集,可按直接計入工資即計件工資比例分配。其計算公式如下:

$$\text{獎金、津貼、補貼等分配率} = \frac{\text{獎金、津貼等}}{\text{各產品計件工資之和}}$$

某產品應負擔的獎金、津貼等＝該產品計件工資×分配率

【例3-16】資料如表 3-16 所示。假設該企業基本生產車間採用計時工資,該車間工人生產 A、B 兩種產品。A 產品耗用工時 3,000 小時,B 產品耗用工時 2,000 小時。根據工資結算匯總表等有關資料,編製工資費用分配匯總表,如表 3-17 所示。

表 3-17　　　　　　　　　　**工資費用分配匯總表**

2016 年 5 月　　　　　　　　　　　　　　金額單位:元

應借科目	項目	成本或費用項目	直接歸集	間接歸集 生產工時(小時)	分配率	工資分配額	合計
基本生產成本	一車間 A 產品	直接人工		3,000		15,877.2	15,877.2
	一車間 B 產品	直接人工		2,000		10,584.8	10,584.8
	小計			5,000	5.292,4	26,462	26,462

表3-17(續)

應借科目＼項目	成本或費用項目	直接歸集	間接歸集 生產工時(小時)	分配率	工資分配額	合計
輔助生產成本——機修車間	工資及福利費	14,420				14,420
製造費用——一車間	工資	2,898				2,898
管理費用	工資	9,615				9,615
銷售人員	工資	3,080				3,080
合計		30,013			26,462	56,475

表 3-17 中一車間的工人工資費用分配率 = 26,462÷(3,000+2,000)

= 5,292.4(元)

根據工資費用分配匯總表編製會計分錄,登記有關帳戶。

借:基本生產成本——A產品　　　　　　　　　　　　　15,877.2
　　基本生產成本——B產品　　　　　　　　　　　　　10,584.8
　　輔助生產成本——機修車間　　　　　　　　　　　　14,420
　　製造費用　　　　　　　　　　　　　　　　　　　　2,898
　　管理費用　　　　　　　　　　　　　　　　　　　　9,615
　　銷售費用　　　　　　　　　　　　　　　　　　　　3,080
　貸:應付職工薪酬——工資　　　　　　　　　　　　　56,475

五、計提職工福利費的歸集和分配

企業除支付職工工資外,還按工資的一定比例計提職工福利費,用於職工的醫藥費、職工困難補助及其他生活福利部門的經費等。其中,包括「五險一金」等社會保險費和住房公積金。

對於國務院有關部門、省、自治區、直轄市人民政府或經批准的企業年金計劃規定了計提基礎和計提比例的職工薪酬項目,企業應當按照規定的計提標準,計量企業承擔的職工薪酬義務和計入成本費用的職工薪酬。其中:第一,「五險一金」,即醫療保險費、養老保險費、失業保險費、工傷保險費、生育保險費和住房公積金。企業應當按照國務院、所在地政府或企業年金計劃規定的標準,計量應付職工薪酬義務和應相應計入成本費用的薪酬金額。第二,工會經費和職工教育經費。企業應當按照相關規定,分別按照職工工資總額的2%和1.5%計提標準,計量應付職工薪酬(工會經費、職工教育經費)義務金額和應相應計入成本費用的薪酬金額;從業人員技術要求高、培訓任務重、經濟效益好的企業,可根據國家相關規定,按照職工工資總額的2.5%計量應計入成本費用的職工教育經費。按照明確標準計算確定應承擔的職工薪酬義務後,再根據受益對象計入相關資產的成本或當期費用。

【例3-17】2016年5月,丙公司當月應發工資1,000萬元。其中,生產部門直接生產人員工資500萬元;生產部門管理人員工資100萬元;公司管理部門人員工資180萬元;公司專設產品銷售機構人員工資50萬元;建造廠房人員工資110萬元;內部開發存貨管理系統人員工資60萬元。

根據所在地政府的規定,公司分別按照職工工資總額的10%、12%、2%和10.5%計提醫療保險費、養老保險費、失業保險費和住房公積金,繳納給當地社會保險經辦機構和住房公積金管理機構。根據2015年實際發生的職工福利費情況,公司預計2016年應承擔的職工福利費義務金額為職工工資總額的2%,職工福利的受益對象為上述所有人員。公司分別按照職工工資總額的2%和1.5%計提工會經費和職工教育經費。假定公司存貨管理系統已處於開發階段,符合《企業會計準則第6號——無形資產》資本化為無形資產的條件,不考慮所得稅影響。

應計入生產成本的職工薪酬金額

= 500+500×(10%+12%+2%+10.5%+2%+2%+1.5%) = 700(萬元)

應計入製造費用的職工薪酬金額

= 100+100×(10%+12%+2%+10.5%+2%+2%+1.5%) = 140(萬元)

應計入管理費用的職工薪酬金額

= 180+180×(10%+12%+2%+10.5%+2%+2%+1.5%) = 252(萬元)

應計入銷售費用的職工薪酬金額

= 50+50×(10%+12%+2%+10.5%+2%+2%+1.5%) = 70(萬元)

應計入在建工程成本的職工薪酬金額

= 110+110×(10%+12%+2%+10.5%+2%+2%+1.5%) = 154(萬元)

應計入無形資產成本的職工薪酬金額

= 60+60×(10%+12%+2%+10.5%+2%+2%+1.5%) = 84(萬元)

公司在分配工資、職工福利費、各種社會保險費、住房公積金、工會經費和職工教育經費等職工薪酬時,應進行如下帳務處理:

借:基本生產成本(人工)	7,000,000
製造費用(人工)	1,400,000
管理費用(人工)	2,520,000
銷售費用(人工)	700,000
在建工程(人工)	1,540,000
研發支出——資本化支出(人工)	840,000
貸:應付職工薪酬——工資	10,000,000
——職工福利	200,000
——社會保險費	2,400,000
——住房公積金	1,050,000

| ——工會經費 | 200,000 |
| ——職工教育經費 | 150,000 |

在實際工作中,工資費用及其計提的福利費是同步進行核算的,而工資費用已按地點和用途進行歸集分配,因此可將表 3-17 合併一起編製一張工資及福利費分配匯總表。

第五節 折舊費用的核算

固定資產雖然能夠連續在若干個生產經營週期內發揮作用並保持著原有的實物形態,但其價值會在使用過程中因損耗而逐漸減少,轉作產品成本或費用。這部分轉移到產品成本或費用的固定資產價值就是固定資產折舊。折舊作為產品成本、費用的一部分,亦稱折舊費用。

折舊費用(Depreciation Expense)一般不單獨作為一個成本項目。因為一種產品往往需要使用多種機器設備,而一種設備、一個車間往往又可能生產多種產品,分配工作比較困難複雜,因此通常把各類的固定資產按其使用的車間、部門分別計入「製造費用」「管理費用」等總帳及其所屬明細帳,而不直接計入「基本生產成本」帳戶。

折舊費用可根據固定資產折舊費用分配表歸集分配。編製分配表前,應分車間、部門編製固定資產折舊計算表,如表 3-18 所示。

表 3-18 中,本月固定資產應提折舊額=上月固定資產應提折舊額+上月增加固定資產應提折舊額-上月減少固定資產應提折舊額。上月增加(或減少)固定資產應提折舊額=上月增加(或減少)固定資產的原值×規定的分類折舊率。

表 3-18　　　　　　　　　固定資產折舊計算表
一車間　　　　　　　　　　2016 年 5 月　　　　　　　　　　單位:元

固定資產類別 \ 項目	上月固定資產應提折舊額	上月增加固定資產應提折舊額	上月減少固定資產應提折舊額	本月固定資產應提折舊額
房　　屋	6,300	700	500	6,500
機器設備	3,600	500	100	4,000
合　　計	9,900	1,200	600	10,500

為了簡化折舊計算,月份內開始使用的固定資產,當月不計提折舊,從下月開始計提;月份內減少或停用的固定資產,當月計提折舊,於下月起不計提。表 3-19 的計算,正是以上月計提的折舊為基礎,加上上月增加但沒計提折舊只從本月開始計提的折舊,減去上月仍計提折舊但從本月起不計提的折舊,就得到本月該計提的折舊額(實際上是上月月末即本月月初固定資產的折舊)。

根據各車間、部門的固定資產折舊計算表編製固定資產折舊費用分配表,如表 3-19 所示。

表 3-19　　　　　　　　　　固定資產折舊費用分配表

2016 年 5 月　　　　　　　　　　　　　單位:元

應借科目	車間、部門	折舊額
製造費用	一車間	10,500
	二車間	7,500
	小　計	18,000
管理費用	行政管理部門	2,000
合　　計		20,000

根據固定資產折舊費用分配表編製會計分錄,登記有關帳戶。

借:製造費用——一車間　　　　　　　　　　　　　　　　　　10,500

　　　　　　——二車間　　　　　　　　　　　　　　　　　　7,500

　　管理費用　　　　　　　　　　　　　　　　　　　　　　　2,000

　貸:累計折舊　　　　　　　　　　　　　　　　　　　　　　20,000

第六節　其他費用的核算

一、利息費用

工業企業利息費用(Interest Expenses)這一要素費用,不是產品成本的組成部分,而是作為財務費用,列入當期損益。

利息一般是按季度結算支付的。如果利息數額不大,為簡化核算工作,可以在實際支付時根據支付憑證計入當期的財務費用,即:

借:財務費用　　　　　　　　　　　　　　　　　　　　　　×××

　貸:銀行存款　　　　　　　　　　　　　　　　　　　　　　×××

如果利息金額較大,則應按權責發生制正確劃分各月份的期間費用,採用預提方法處理。把季度利息費用分月計劃預提,季末實際支付時衝減預提費用,實際支付利息費用與預提的差額,調整計入季末月份的財務費用。

【例3-18】某企業的利息費用較大,採用預提方法,計劃第一季度的利息費用為 3,000元,則 1 月份、2 月份的會計分錄為:

借:財務費用　　　　　　　　　　　　　　　　　　　　　　1,000

　貸:應付利息　　　　　　　　　　　　　　　　　　　　　　1,000

季末實際支付的利息費用為 3,200 元,則該月編製的預提費用分配表,如表 3-20 所示。

表 3-20 預提費用分配表

2016 年 5 月　　　　　　　　　　　　單位:元

應借科目＼項目	利息費用	修理費用	……	合計
財務費用	1,200			1,200
製造費用		—		—
合計	1,200	—		1,200

根據預提費用分配表編製會計分錄,登記有關帳戶。

借:財務費用　　　　　　　　　　　　　　　　　　　　　　　　　1,200
　　貸:應付利息　　　　　　　　　　　　　　　　　　　　　　　　1,200

同時在該月還應根據付款憑證編製會計分錄:

借:應付利息　　　　　　　　　　　　　　　　　　　　　　　　　3,200
　　貸:銀行存款　　　　　　　　　　　　　　　　　　　　　　　　3,200

二、稅金

工業企業要素費用中的稅金(Tax)是指按規定計算的應交房產稅、車船使用稅、土地使用稅和印花稅。這些稅金也不是產品成本的組成部分,而是作為管理費用,列入當期損益。

在這些稅金中,房產稅、車船使用稅和土地使用稅都需按規定的稅率或徵稅定額先計算應交稅費,然後再繳納。這些稅金應通過「應交稅費」科目(Tax Payable Account)反應。而印花稅是由納稅人自行購買印花稅票並在應稅憑證上粘貼註銷的。一般企業都採用預先購買印花稅票,待發生應納稅行為時,將印花稅票粘貼並註銷,不存在應交未交稅金的情況。新的企業會計準則規定,印花稅通過「應交稅費——印花稅」帳戶核算,根據繳納的稅款借記「管理費用」科目,貸記「應交稅費——印花稅」科目。

【例 3-19】某企業根據有關憑證、資料編製稅金匯總表,如表 3-21 所示。

表 3-21 稅金匯總表

2016 年 5 月　　　　　　　　　　　　單位:元

應借科目＼項目	房產稅	車船使用稅	土地使用稅	印花稅	合計
管理費用	450	220	340	80	1,090

根據稅金匯總表編製會計分錄,並登記有關帳戶。

借:管理費用　　　　　　　　　　　　　　　　　　　　　　　　　1,090
　　貸:應交稅費——應交房產稅　　　　　　　　　　　　　　　　　450
　　　　　　　——應交車船使用稅　　　　　　　　　　　　　　　　220
　　　　　　　——應交土地使用稅　　　　　　　　　　　　　　　　340

　　　　　——印花稅　　　　　　　　　　　　　　　　　　　　　　　80

企業如數繳納房產稅、車船使用稅、土地使用稅、印花稅時：

借：應交稅費——應交房產稅　　　　　　　　　　　　　　　　 450

　　　　　　——應交車船使用稅　　　　　　　　　　　　　　　 220

　　　　　　——應交土地使用稅　　　　　　　　　　　　　　　 340

　　　　　　——印花稅　　　　　　　　　　　　　　　　　　　　80

　　貸：銀行存款　　　　　　　　　　　　　　　　　　　　　 1,090

三、其他費用

其他費用是指除上述各項要素費用之外的其他費用，如郵電費、差旅費、圖書報刊費、辦公用品費、外部加工費、租賃費、修理費、排污費等。這些費用都沒有單設成本項目，應在費用發生時，根據有關付款憑證，按其發生的車間、部門和用途歸集，分別借記「製造費用」「管理費用」「銷售費用」等科目。

【例3-20】某企業根據付款憑證將某月份的其他費用匯總，如表3-22所示。

表3-22　　　　　　　　　　　其他費用匯總表

　　　　　　　　　　　　　　　2016年5月　　　　　　　　　　　單位：元

應借科目			金額
總帳科目	明細帳科目	成本或費用項目	
製造費用	基本生產車間	辦公費用	700
		其他	150
		小計	850
管理費用	行政管理部門	辦公費	4,200
		差旅費	2,500
		其他	600
		小計	7,300
管理費用	保險費		9,000
	租金		4,200
		小計	13,200
管理費用	修理費		2,600
合　計			23,950

根據其他費用匯總表編製會計分錄，登記有關帳戶。

借：製造費用——基本生產車間　　　　　　　　　　　　　　　 850

　　管理費用　　　　　　　　　　　　　　　　　　　　　　 23,100

　　貸：銀行存款　　　　　　　　　　　　　　　　　　　　 23,950

思考題

1. 要素費用核算有什麼要求？
2. 材料費用核算的主要任務是什麼？材料費用由哪些項目組成？
3. 材料費用如何進行歸集與分配？材料費用的各種分配方法有何優缺點及適用性如何？
4. 各種動力費用如何歸集分配？
5. 工資總額由哪些內容構成？
6. 職工福利費用如何進行歸集分配？

練習題

1. 甲、乙兩種產品共同耗用A、B兩種原材料。甲、乙兩種產品實際消耗A材料2,800千克，B材料2,000千克，原材料計劃單價為A材料2元，B材料3元，原材料價格差異（成本差異）為-4%。已知甲產品投產100件，乙產品投產200件。

    甲、乙兩種產品單件消耗定額：A材料分別為4千克、5千克，B材料分別為5千克、7.5千克。根據定額消耗量比例法分配甲、乙兩種產品原材料費用。

2. 某企業有一基本生產車間生產A、B兩種產品，兩個輔助生產車間，即機修車間和供水車間，為基本生產車間和管理部門服務。某月A產品產量為50件，B產品產量為100件，根據領料單匯總各單位領料情況如表3-23所示。

表3-23　　　　　　　　　　　　　　　　　　　　　　　　　　　　　　　單位：元

領料部門	金額
A產品直接領料	7,000
B產品直接領料	9,600
A、B兩種產品共耗料	2,100
機修車間領料	500
供水車間領料	300
基本生產車間領用機物料	200
管理部門領料	400

該企業日常收發採用實際成本核算，A、B兩種產品共同領料以產量為標準分配。

要求：根據上述資料編製材料費用分配表並作有關的會計分錄。

3. 某企業於6月30日用銀行存款支付外購動力（電費）費用15,100元，月末查明各部門耗電數如表3-24所示。

表 3-24   單位:元

基本生產車間動力用電	7,938
基本生產車間照明用電	4,212
輔助生產車間動力用電	1,100
行政管理部門照明用電	1,850
合　　計	15,100

其中,基本生產車間生產甲、乙兩種產品,甲、乙兩種產品分別耗用機器工時為1,400小時和700小時,動力費用按機器工時分配。

要求:編製動力費用分配表,並作支付動力費用及分配動力費用的會計分錄。

4. 某企業工人的月工資標準941.40元,8月份31天,病假2日,事假1日,星期休假9日,實際出勤日19日。按該工人的工齡,其病假工資按工資標準的80%計算。該工人的病假和事假期間沒有節假日。要求:①按30日計算日工資率,按出勤日數計算月工資;②按30日計算日工資率,按缺勤日數扣工資計算月工資;③按20.83日計算日工資率,按出勤日計算月工資;④按20.83日計算日工資率,按缺勤日數扣工資計算月工資;⑤根據以上計算結果進行簡要分析。

5. 某企業基本生產車間5月份生產甲產品100件,每件實際工時為5,000小時;生產乙產品200件,每件實際工時為2,500小時。本月應付工資的資料如表3-25所示。

表 3-26   單位:元

部門及用途	金額
基本生產車間——生產工人工資	86,000
基本生產車間——管理人員工資	5,200
機修車間	10,000
企業福利部門	3,000
企業行政管理部門	4,000
企業產品銷售部門	2,000
合　　計	110,200

生產工人工資按生產工時比例分配,福利費按工資總額的14%計算。要求:根據上述資料編製工資及福利費用分配表,並編製有關的會計分錄。

第四章　輔助生產費用核算

輔助生產車間的主要任務是為基本生產和管理部門提供產品或勞務。輔助生產車間所提供的產品，如工具、模具等，其生產成本核算方法可參照基本生產成本核算。本章主要介紹輔助生產車間提供的勞務，如運輸、機修等，其發生的生產費用如何按合理的方法分配結轉至基本生產車間等受益部門。

第一節　輔助生產費用核算的意義

輔助生產是指企業內部為基本生產部門和管理部門服務而提供的勞務供應或產品生產。輔助生產有兩種類型：第一，單品種輔助生產。這類輔助生產只提供一種產品或一種勞務，如供電、供水、供氣、運輸等。第二，多品種輔助生產。這類輔助生產提供多種產品或多種勞務，如工具、模具、修理用備件的生產、機器設備維修等。

輔助生產車間為生產產品或提供勞務所發生的各項費用稱為輔助生產費用。這些費用構成輔助生產產品或勞務的成本。而輔助生產車間的產品或勞務雖然有時也對外銷售，但這不是其主要任務。其根本任務是服務於企業基本生產和管理工作。因此，輔助生產產品或勞務的成本將轉歸企業基本生產產品成本、管理費用等負擔。

可見，輔助生產產品或勞務成本的高低，直接影響基本生產產品成本及期間費用的水平。因此，加強輔助生產費用的控制，正確、及時地計算輔助生產產品或勞務的成本，對正確計算產品成本，控制和降低產品成本及期間費用具有十分重要的意義。

為此，正確組織輔助生產費用的核算，應做到：第一，合理安排輔助生產，滿足基本生產和管理工作需要。第二，正確歸集輔助生產費用，計算輔助生產產品或勞務的成本。第三，按一定程序、標準，合理地將輔助生產費用分配於各受益對象。第四，對輔助生產費用實施有效控制，降低輔助生產產品成本或勞務成本，從而最終降低基本生產產品成本和期間費用。

第二節　輔助生產費用的歸集

一、輔助生產費用的核算帳戶

輔助生產費用的歸集和分配，通過「輔助生產成本」帳戶進行。該帳戶的明細帳設置

與「基本生產成本」明細帳設置相似,一般應按車間及產品或勞務設置,帳內按照成本項目設置專欄,主要設原材料(或直接材料)、工資及福利費(或直接人工)、製造費用。對於專設成本項目的材料費用、工資及福利費可直接或分配歸集於「輔助生產成本」及其所屬明細帳借方,而輔助生產發生的製造費用,一般應先由「製造費用」及其所屬明細帳歸集,然後再從其貸方直接或分配轉入「輔助生產成本」。但是,如果輔助生產不對外供應產品,則不需按規定成本項目計算產品成本,編製產品成本報表,或者輔助生產車間規模小,製造費用較少,為簡化核算工作,製造費用可以不通過「製造費用」核算,而是直接記入「輔助生產成本」及其所屬明細帳借方,將成本項目與製造費用項目結合歸集輔助生產費用。

二、輔助生產費用歸集

輔助生產費用的歸集與輔助生產的類型密切相關。在單品種輔助生產車間,其生產費用都是直接費用,一般可按成本項目直接歸集計入所生產產品或勞務成本,而這些產品或勞務,通常都沒有在產品,因此歸集的生產費用總額就是產品或勞務的總成本。

在多品種輔助生產車間,其生產費用有直接計入費用,也有間接計入費用,因此需直接或分配歸集各種產品或勞務的費用。

此外,輔助生產車間之間相互服務,需按一定程序、方法分配計算各輔助生產車間耗用其他輔助生產車間的產品或勞務的費用。

歸集輔助生產費用是根據材料費用分配表、工資及福利費分配表、製造費用分配表(下一章介紹)等有關憑證登記「輔助生產成本」及其所屬明細帳。輔助生產成本明細帳的格式如表 4-1 所示。

表 4-1　　　　　　　　　　**輔助生產成本明細帳**　　　　　　　　單位:元

車間:機修車間　　　　　　勞務:機修作業　　　　　　產量:900 工時

20××年		憑證號數	摘　要	原材料	工資及福利費	製造費用	合計
月	日						
			歸集材料費用	2,400			2,400
			歸集工資及福利費		4,300		4,300
			待分配費用小計	2,400	4300		6,700
			分配轉入製造費用			7,100	7,100
			合計	2,400	4,300	7,100	13,800
			轉出	2,400	4,300	7,100	13,800

如果輔助生產車間的製造費用不通過「製造費用」歸集,直接記入「輔助生產成本」,則輔助生產費用的歸集可根據材料費用分配表、工資及福利費分配表、待攤費用分配表、預提費用分配表、其他費用匯總表等有關憑證登記「輔助生產成本」及其所屬明細帳。輔助生產明細帳的格式如表 4-2 所示。

表 4-2　　　　　　　　　　　**輔助生產明細帳**　　　　　　　單位:元

車間:機修車間　　　　　　　勞務:機修作業　　　　　　　產量:900工時

20××年		憑證號數	摘要	原材料	工資及福利費	折舊費	水電費	租賃費	保險費	運輸費	辦公費	其他	合計
月	日												
			歸集材料費用	2,400									2,400
			歸集工資及福利費		4,300								4,300
			歸集折舊費			2,000							2,000
			支付水電費				800						800
			保險、租賃費攤銷					400	600				1,000
			支付辦公費等								1,200	300	1,500
			待分配費用小計	2,400	4,300	2,000	800	400	600		1,200	300	12,000
			分配轉入運輸費							1,800			1,800
			合計	2,400	4,300	2,000	800	400	600	1,800	1,200	300	13,800
			轉出	2,400	4,300	2000	800	400	600	1,800	1,200	300	13,800

第三節　輔助生產費用的分配

一、輔助生產費用的分配原理

輔助生產費用的分配是指將「輔助生產成本」帳戶所歸集的費用,採用一定的方法計算出產品或勞務的總成本及單位成本,並按其受益對象和耗用數量分配應負擔的輔助生產費用。在分配輔助生產費用時,應遵循誰受益誰負擔,分配方法力求合理、簡便易行的原則。

由於輔助生產車間所提供的產品或勞務的性質不同,在再生產過程中的作用不同,其分配轉入產品成本及期間費用的程序、方法也不一樣。輔助生產車間提供的產品用做勞動資料,如修理用備件和工具、模具等,應在產品完工入庫時,從「輔助生產成本」及其明細帳轉入「原材料」或「低值易耗品」帳戶的借方,在基本生產車間或其他部門領用時,再從「原材料」「週轉材料——低值易耗品」轉入「製造費用」「管理費用」「銷售費用」等科目。但是,輔助生產車間提供的勞務直接為生產和管理工作所消耗的,如供電、供水、供氣、機修、運輸等,則應將輔助生產車間發生的費用,直接在各受益單位按耗用量分配。

輔助生產車間提供的勞務,其受益對象主要是基本生產車間和管理部門,但各輔助生產車間之間也有相互提供服務和受益的,如供水車間向機修車間供水,而機修車間為供水車間提供修理服務。這樣,要計算供水的成本,就要確定修理成本。同理,要計算修理成

本,需確定供水成本。兩個車間的成本計算互為條件,相互制約。因此,輔助生產費用的分配,除分配給基本生產車間、管理部門(即輔助生產以外的車間、部門)外,還需在各輔助生產車間之間交互分配費用。這是輔助生產費用分配的一個重要特點。

二、輔助生產費用的分配方法

對於輔助生產車間提供的直接為生產和管理部門所消耗的勞務,企業可根據其輔助生產情況及輔助生產費用分配的特點,採用不同的方法進行分配,在實際工作中,該工作通過編製輔助生產費用分配表進行。輔助生產費用分配的主要方法有直接分配法、順序分配法、一次交互分配法、計劃成本分配法和代數分配法。

(一)直接分配法(Direct Distribution Method)

直接分配法是一種不考慮輔助生產車間相互耗用勞務,不進行交互分配費用,而將輔助生產車間所發生的費用直接分配給輔助生產車間以外的各受益部門的方法。其計算公式為:

$$某輔助生產車間費用分配率 = \frac{該輔助生產車間直接發生費用}{輔助生產車間以外的受益單位耗用量}$$

某受益單位應負擔該輔助生產費用＝該受益單位耗用量×分配率

其中,分配率公式中的「直接發生費用」是指輔助生產未交互分配前歸集的費用,下同。

【例4-1】某企業有機修和運輸兩個輔助生產車間,某月份各輔助生產車間直接發生的費用和提供勞務情況如表4-3所示。假設該企業輔助生產不設「製造費用」,則表4-3中的「本月直接發生費用」直接根據輔助生產成本明細帳歸集所得。機修車間可參見表4-2,運輸車間略。

表4-3　　　　　　　　　　　勞務供應及費用資料

2016年5月

受益單位	機修工時數(小時)	運輸里程數(千米)
機修車間	—	3,000
運輸車間	100	—
小計	100	3,000
基本生產車間	600	3,000
企業管理部門	200	6,000
小計	800	9,000
勞務供應量合計	900	12,000
本月直接發生費用	12,000	7,200

根據以上資料,用直接分配法編製輔助生產費用分配表,如表4-4所示。

表 4-4 　　　　　　　　　　**輔助生產費用分配表**

（直接分配法）

2016 年 5 月

應借科目 \ 輔助生產車間	機修 供應量（小時）	機修 分配率（元/小時）	機修 金額（元）	運輸 供應量（千米）	運輸 分配率（元/千米）	運輸 金額（元）	金額合計（元）
製造費用	600		9,000	3,000		2,400	11,400
管理費用	200		3,000	6,000		4,800	7,800
合　　計	800	15	12,000	9,000	0.8	7,200	19,200

表 4-4 中各輔助生產車間的費用分配率計算如下：

機修費用分配率 $=\dfrac{12,000}{800}=15$（元/小時）

運輸費用分配率 $=\dfrac{7,200}{9,000}=0.8$（元/千米）

根據輔助生產費用分配表編製會計分錄，登記有關帳戶。

借：製造費用　　　　　　　　　　　　　　　　　　　　　　　11,400
　　管理費用　　　　　　　　　　　　　　　　　　　　　　　　7,800
　貸：輔助生產成本——機修車間　　　　　　　　　　　　　　12,000
　　　　　　　　——運輸車間　　　　　　　　　　　　　　　　7,200

採用直接分配法，各輔助生產車間的費用只對輔助生產車間以外的受益部門一次分配，簡便易行；但未進行輔助生產車間之間費用的交互分配，分配結果不夠準確。該方法適用於輔助生產車間相互提供勞務較少或交互分配費用相差不大，不進行交互分配對成本影響不大的企業。

（二）順序分配法（Sequence Distribution Method）

順序分配法亦稱階梯形分配法，是指一種按照輔助生產車間前後順序，將輔助生產費用依次分配給次序在后的輔助生產車間及輔助生產車間以外的受益部門的方法。

這一方法的特點是在分配輔助生產費用時，首先要將各輔助生產車間按受益的多少依次排列順序，即受益少的排在前面先分配，受益多的排在後面後分配。排在前面的輔助生產車間將費用分配給排在其後面的輔助生產車間而不負擔排在其后面的輔助生產車間的勞務費用，排在後面的輔助生產車間應負擔排在其前面輔助生產車間的勞務費用。

其計算公式為：

排第一位的輔助生產車間費用分配率 $=\dfrac{該輔助生產車間直接發生費用}{該輔助生產車間提供的勞務總量}$

某受益單位應負擔該輔助生產費用 = 該受益單位耗用量 × 分配率

排第二位及以後的輔助生產車間費用分配率 $=\dfrac{該輔助車間直接發生費用+前面輔助車間分配來的費用}{排后面的輔助車間及其以外的受益部門耗用量之和}$

某受益單位應負擔該輔助生產費用 = 該受益單位耗用量 × 分配率

【例4-2】仍用例4-1的資料。假定根據受益多少,兩個輔助生產車間依次排列為運輸車間、機修車間。

根據以上資料,採用順序分配法編製輔助生產費用分配表,如表4-5所示。

表4-5 　　　　　　　　　　　　輔助生產費用分配表

(順序分配法)

2016年5月　　　　　　　　　　　　　　　金額單位:元

輔助生產車間	分配率	輔助生產成本				製造費用		管理費用	
		運輸車間		機修車間					
		供應量	金額	耗用量或供應量	金額	耗用量	金額	耗用量	金額
直接發生費用			7,200		12,000				
運輸車間	0.6	12,000	7,200	3,000	1,800	3,000	1,800	6,000	3,600
機修車間	17.25			800	13,800	600	10,350	200	3,450
金額合計							12,150		7,050

表4-5中各輔助生產車間的費用分配率計算如下:

運輸費用分配率 $= \dfrac{7,200}{12,000} = 0.6$(元/千米)

機修費用分配率 $= \dfrac{12,000+3,000 \times 0.6}{800(或900-100)} = 17.25$(元/小時)

根據輔助生產費用分配表編製會計分錄,登記有關帳戶。

借:輔助生產成本——機修車間　　　　　　　　　　　　　1,800
　　製造費用　　　　　　　　　　　　　　　　　　　　　12,150
　　管理費用　　　　　　　　　　　　　　　　　　　　　 7,050
　貸:輔助生產成本——運輸車間　　　　　　　　　　　　 7,200
　　　　　　　　——機修車間　　　　　　　　　　　　　13,800

在實際工作中,輔助生產之間的交互分配,也可不編製會計分錄,直接在明細帳中登記,即只編製對外分配的分錄(下述各方法同理)。

借:製造費用　　　　　　　　　　　　　　　　　　　　　12,150
　　管理費用　　　　　　　　　　　　　　　　　　　　　 7,050
　貸:輔助生產成本——運輸車間　　　　　　　　　　　　 7,200
　　　　　　　　——機修車間　　　　　　　　　　　　　12,000

採用順序分配法,比直接分配法前進了一步。因為該方法一定程度上考慮了輔助生產車間之間的交互分配,也只分配一次,計算較簡便。但交互分配僅是排前面的輔助生產車間分配給後面的,是不全面的交互分配,分配結果的準確性仍受到影響。該方法適用於輔助生產車間相互受益的程度有明顯順序的企業。

(三)一次交互分配法(Mutual Distribution Method)

一次交互分配法是指按各個輔助生產車間相互耗用勞務進行一次相互分配費用,然后再向輔助生產車間以外的受益部門分配費用的方法。

該方法對輔助生產費用的分配分兩步進行:第一步是在各輔助生產車間之間分配,即交互分配,是根據輔助生產車間直接發生費用和相互提供的勞務量分配;第二步是向輔助生產車間以外的受益部門分配,即對外分配,是將輔助生產車間直接發生費用(分配前費用)加上交互分配分來的費用,減去交互分配分出去的費用,也即對外分配費用,按耗用量分配給輔助生產以外的受益部門。其計算公式為:

$$\text{某輔助生產車間費用交互分配率} = \frac{\text{該輔助生產車間直接發生費用}}{\text{該輔助生產車間提供的勞務總量}}$$

其他輔助車間應負擔該輔助生產費用 = 該受益單位耗用量 × 交互分配率

$$\text{某輔助生產車間費用對外分配率} = \frac{\text{直接發生費用 + 交互分配分來的費用 − 交互分配分出的費用}}{\text{輔助生產車間以外的受益部門耗用量之和}}$$

某受益部門應負擔該輔助生產費用 = 該受益部門耗用量 × 對外分配率

【例4-3】仍用例4-1的資料。採用一次交互分配法編製輔助生產費用分配表,如表4-6所示。

表 4-6   輔助生產費用分配表

(一次交互分配法)

2016年5月   金額單位:元

項目	直接發生費用	對外分配費用	分配數量	分配率	輔助生產成本 機修 耗用量	輔助生產成本 機修 金額	輔助生產成本 運輸 耗用量	輔助生產成本 運輸 金額	製造費用 耗用量	製造費用 金額	管理費用 耗用量	管理費用 金額
交互分配 機修車間	12,000		900	13.33			100	1,333				
運輸車間	7,200		12,000	0.6	3,000	1,800						
金額小計	19,200					1,800		1,333				
對外分配 機修車間		12,467	800	15.58					600	9,348	200	3,119*
運輸車間		6,733	9,000	0.748					3,000	2,244	6,000	4,489*
合計	19,200	19,200	—		—	1,800	—	1,333	—	11,592	—	7,608

*均需作誤差調整。

表4-6中交互分配率及對外分配率計算如下:

$$\text{機修費用交互分配率} = \frac{12,000}{900} = 13.33(\text{元}/\text{小時})$$

運輸費用交互分配率 = $\dfrac{7,200}{12,000}$ = 0.6(元/千米)

機修費用對外分配率 = $\dfrac{12,000+3,000\times 0.6-100\times 13.33}{800}$ = 15.58(元/小時)

運輸費用對外分配率 = $\dfrac{7,200+100\times 13.33-3,000\times 0.6}{9,000}$ = 0.748(元/千米)

根據輔助生產費用分配表編製會計分錄,登記有關帳戶。

交互分配分錄(可不編製會計分錄直接在明細帳中登記)如下:

借:輔助生產成本——機修車間	1,800
貸:輔助生產成本——運輸車間	1,800
借:輔助生產成本——運輸車間	1,333
貸:輔助生產成本——機修車間	1,333

對外分配分錄如下:

借:製造費用	11,592
管理費用	7,608
貸:輔助生產成本——機修車間	12,467
——運輸車間	6,733

　　一次交互分配法克服了直接分配法和順序分配法兩種方法的不足,即考慮了各輔助生產車間之間相互提供勞務,並按受益多少交互分配,分配結果比前兩種方法合理、準確。但是,一次交互分配是按照各輔助生產車間直接發生費用而非實際費用進行,因此分配結果也不很準確。如果用於廠部、車間兩級核算的企業中,車間要等財務部門轉來其他車間分配的費用,才能算出實際費用,影響成本核算的及時性。這一分配方法適用於各輔助生產車間相互提供勞務量大,但無一定順序的企業。

　　(四)計劃成本分配法(Planed Cost Distribution Method)

　　計劃成本分配法是指先按輔助生產車間提供勞務的計劃單位成本和受益單位的實際耗用量分配輔助生產費用,然後將計劃分配額與「實際費用」進行調整的方法。

　　可見,按計劃成本分配方法對輔助生產費用進行分配要分兩步進行:

　　第一步:按產品或勞務的計劃單位成本和各受益單位的實際耗用量進行分配,包括分配給其他輔助生產車間(交互分配)和輔助生產車間以外的受益部門(對外分配)。

　　第二步:求出輔助生產車間直接發生費用和第一步交互分配來的費用之和(即「實際費用」),與按計劃成本分配轉出費用的差額,將此差額全部計入「管理費用」或按耗用量分配給輔助生產車間以外的受益部門(對外追加分配)。

　　其計算公式為:

某受益單位應負擔輔助生產費用 = 該受益單位耗用量 × 輔助生產車間的勞務計劃單位成本

「實際費用」與計劃成本的差額 = 直接費用 + 交互分配分入費用 − 按計劃成本分出費用

如果將差額分配給輔助生產車間以外的受益部門，則：

$$某輔助生產費用差異分配率 = \frac{「實際費用」與計劃成本的差額}{輔助生產車間以外的受益部門耗用量之和}$$

$$輔助車間以外的受益單位應負擔輔助生產費用差額 = 該受益單位耗用量 \times 差額分配率$$

【例 4-4】仍以例 4-1 為例。假設機修車間計劃單位成本為 14 元，運輸車間計劃單位成本為 0.75 元，差額全部計入「管理費用」。

根據上述資料，採用計劃成本分配法編製輔助生產費用分配表，如表 4-7 所示（此時只需要編製至「實際費用與計劃轉出數差額」一欄）。

表 4-7　　　　　　　　　　　輔助生產費用分配表

（計劃成本分配法）

2016 年 5 月　　　　　　　　　　　　　　金額單位：元

項目	分配數量	分配率	應借科目								合計
			輔助生產成本				製造費用		管理費用		
			機修車間		運輸車間						
			耗用量	金額	耗用量	金額	耗用量	金額	耗用量	金額	
直接費用				12,000		7,200					
按計劃成本分配		計劃單價									
機修車間	900	14			100	1,400	600	8,400	200	2,800	12,600
運輸車間	12,000	0.75	3,000	2,250			3,000	2,250	6,000	4,500	9,000
金額小計				2,250		1,400		10,650		7,300	21,600
「實際費用」				14,250		8,600					
實際費用與計劃轉出數差額				1,650（貸）		-400（貸）					
差額分配											
機修車間	800	2.062,5					600	1,237.5	200	412.5	1,650
運輸車間	9,000	-0.044,4					3,000	-133.2	6,000	-266.8	-400
金額小計								1,104.3		145.7	1,250
合計				2,250		1,400		11,754.3		7,445.7	22,850

根據輔助生產費用分配表編製會計分錄，登記有關帳戶。

(1) 按計劃成本分配。

借：輔助生產成本——機修車間　　　　　　　　　　　　　　2,250
　　　　　　　　——運輸車間　　　　　　　　　　　　　　1,400
　　製造費用　　　　　　　　　　　　　　　　　　　　　10,650
　　管理費用　　　　　　　　　　　　　　　　　　　　　　7,300
　貸：輔助生產成本——機修車間　　　　　　　　　　　　12,600

　　　　　——運輸車間　　　　　　　　　　　　　　　　　　　　9,000

(2)差額分配。如果計算差額結果為負數,則為節約;結果為正數,則是超支。為了簡化工作量,無論節約或超支,編製會計分錄時都記入「管理費用」,以紅字表示節約,藍字表示超支。

借:管理費用　　　　　　　　　　　　　　　　　　　　1,650
　貸:輔助生產成本——機修車間　　　　　　　　　　　　1,650
借:管理費用　　　　　　　　　　　　　　　　　　　　400
　貸:輔助生產成本——運輸車間　　　　　　　　　　　　400

如果將差額按耗用量分配給輔助生產車間以外的受益部門(見表4-7的差額分配),則:

表4-7中的差額分配率計算如下:

$$機修費用差額分配率 = \frac{12,000+3,000\times0.75-900\times14}{800} = 2.062,5(元/小時)$$

$$運輸費用差額分配率 = \frac{7,200+100\times14-12,000\times0.75}{9,000} = -0.044,4(元/千米)$$

借:製造費用　　　　　　　　　　　　　　　　　　　1,237.50
　管理費用　　　　　　　　　　　　　　　　　　　　412.50
　貸:輔助生產成本——機修車間　　　　　　　　　　　　1,650
借:製造費用　　　　　　　　　　　　　　　　　　　133.20
　管理費用　　　　　　　　　　　　　　　　　　　　266.80
　貸:輔助生產成本——運輸車間　　　　　　　　　　　　400.00

計劃成本分配法按事先制定的計劃單位成本進行分配,既能簡化計算工作,又能彌補一次交互分配法不夠及時的不足,加快分配速度。同時,其還有利於劃清各車間部門的經濟責任,便於成本考核和分析。但是,其分配結果會受計劃成本準確與否的影響。因此,該方法適用於計劃成本資料比較健全準確、成本核算基礎工作較好的企業。

(五)代數分配法(Algebra Distribution Method)

代數分配法是指運用初等數學中多元一次聯立方程組求解的原理,計算出各輔助生產車間勞務的單位成本,再根據受益單位實際耗用量分配輔助生產費用的方法。其基本程序為:第一,設未知數,即輔助生產車間勞務的單位成本,並根據輔助生產車間之間相互提供勞務的關係建立多元一次聯立方程組。第二,解聯立方程,求出各輔助生產車間勞務的單位成本。第三,以求出的單位成本和受益單位的耗用量分配輔助生產費用。

【例4-5】仍用例4-1的資料。假設機修車間每修理工時成本為x,運輸車間每千米成本為y。

根據兩個輔助生產車間相互提供服務的關係建立聯立方程組為:

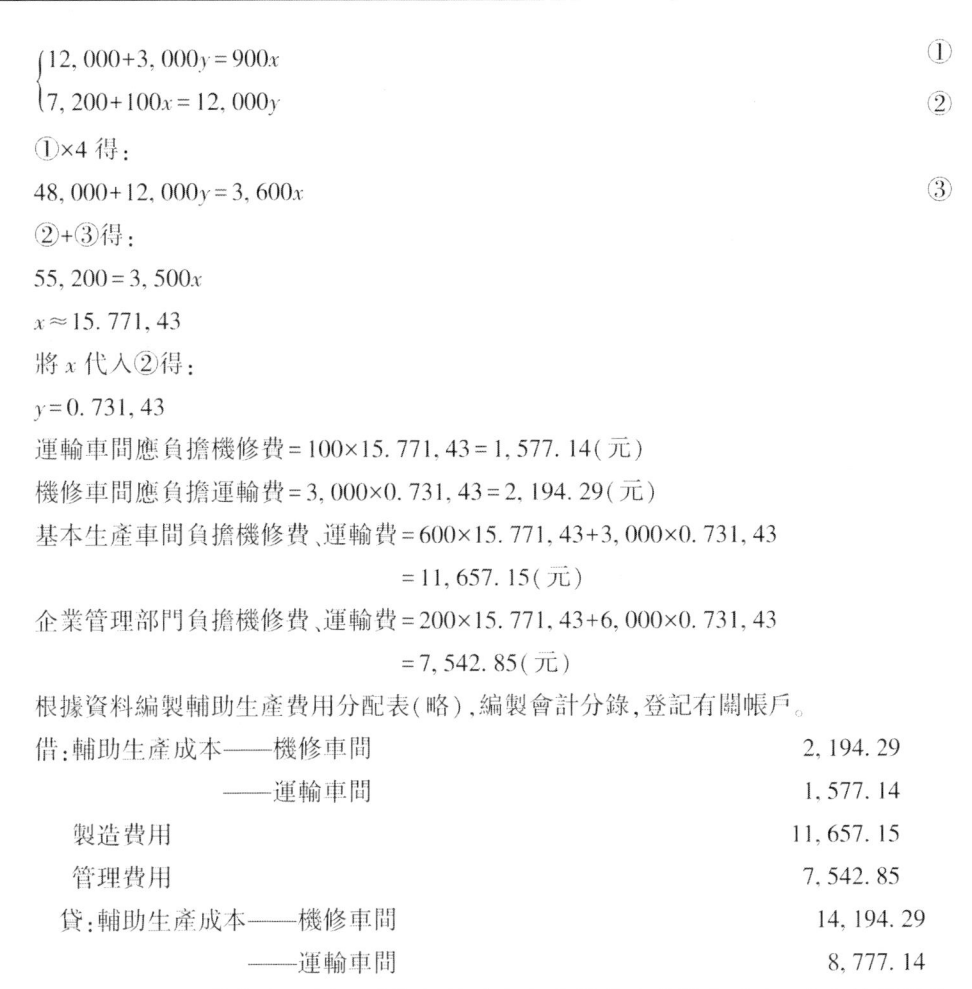

$$\begin{cases} 12,000+3,000y=900x & ① \\ 7,200+100x=12,000y & ② \end{cases}$$

①×4 得：

$$48,000+12,000y=3,600x \qquad ③$$

②+③得：

$$55,200=3,500x$$

$$x\approx15.771,43$$

將 x 代入②得：

$$y=0.731,43$$

運輸車間應負擔機修費＝100×15.771,43＝1,577.14(元)

機修車間應負擔運輸費＝3,000×0.731,43＝2,194.29(元)

基本生產車間負擔機修費、運輸費＝600×15.771,43+3,000×0.731,43

＝11,657.15(元)

企業管理部門負擔機修費、運輸費＝200×15.771,43+6,000×0.731,43

＝7,542.85(元)

根據資料編製輔助生產費用分配表(略)，編製會計分錄，登記有關帳戶。

借：輔助生產成本——機修車間	2,194.29
——運輸車間	1,577.14
製造費用	11,657.15
管理費用	7,542.85
貸：輔助生產成本——機修車間	14,194.29
——運輸車間	8,777.14

代數分配法運用數學方法同時計算各輔助生產車間勞務的單位成本，分配結果最準確。但若部門多，未知數多，計算較為複雜，工作量較大。該方法適用於輔助生產車間不多或採用計算機進行成本核算的企業。

思考題

1. 正確、及時地核算輔助生產費用有何意義？如何正確組織輔助生產費用核算？
2. 輔助生產費用的歸集程序是什麼？
3. 輔助生產費用分配的方法有哪幾種？各自有何優缺點？適用範圍如何？

練習題

1. 某企業設有修理、運輸兩個輔助生產車間。本月發生的輔助生產費用及提供的勞務量如表4-8所示。

表4-8　　　修理車間和運輸車間本月發生的輔助生產費用及提供的勞務量

輔助車間名稱		修理車間	運輸車間
待分配費用		3,000元	6,000元
提供勞務數量		9,000小時	12,000噸/千米
計劃單位成本		0.3元	0.52元
耗用勞務數量	修理車間	—	750噸/千米
	運輸車間	1,500小時	—
	基本一車間	4,500小時	6,000噸/千米
	基本二車間	3,000小時	5,250噸/千米

要求：用直接分配法分配輔助生產費用並編製有關會計分錄。

2. 某企業設修理、運輸兩個輔助生產車間，修理車間本月發生費用為9,500元，運輸車間本月發生費用為10,000元。其提供勞務數量如表4-9所示。

表4-9　　　修理車間和運輸車間提供勞務數量表

受益單位	修理工時(小時)	運輸里程數(千米)
修理車間	—	750
運輸車間	500	—
基本生產車間	8,000	15,000
行政管理部門	1,500	4,250
合　　計	10,000	20,000

要求：採用交互分配法計算分配兩個輔助生產車間費用，並編製會計分錄。

3. 利用第一題的資料，用計劃成本法編製輔助生產費用分配表（差額全部計入「管理費用」），並編製有關會計分錄。

第五章 製造費用核算

企業直接用於產品生產,但是沒有專設成本項目,或是間接用於產品生產的費用,應先通過「製造費用」帳戶歸集,然后再採用適當的方法分配計入各成本計算對象。

第一節 製造費用核算的意義

一、製造費用及其核算的意義

製造費用(Manufacturing Expenses)是指企業各生產單位(分廠、車間)為組織和管理生產所發生的、不能直接計入各成本計算對象的間接生產費用(Overhead Expenses)。

製造費用是產品成本的組成部分並佔有一定比重,企業計入產品成本的費用除直接材料、直接人工之外,一般還包括製造費用,其核算準確與否,直接影響產品成本的可靠性。因此,加強製造費用的控制和管理,組織好製造費用的核算對正確核算產品成本具有重要意義。

二、製造費用的內容

製造費用的構成比較複雜,大部分是間接用於產品生產的費用,如機物料消耗、車間照明費等,也包括直接用於產品生產,但較難辨認其產品歸屬或金額較小、管理上不要求單獨專設成本項目的費用,如設備折舊費、設計制圖費等。按現行的財務制度的規定,製造費用包括各生產單位(分廠、車間)的管理人員工資、職工福利費,生產單位房屋、建築物、機器設備等固定資產的折舊費、租賃費、修理費、機物料消耗、低值易耗品攤銷、取暖費、水電費、辦公費、差旅費、運輸費、保險費、設計制圖費、試驗檢驗費、勞動保護費、季節性、修理期間的停工損失以及其他製造費用。

(一)工資

工資是指生產單位(分廠、車間,下同)除生產工人之外的管理人員、工程技術人員和其他生產人員的工資。

(二)職工福利費

職工福利費是指按生產單位上述人員工資的一定比例計提的福利費,包括「五險一金」。

(三)折舊費

折舊費是指生產單位的房屋、建築物、機器設備等固定資產按規定的折舊方法計算的

折舊費用。

(四)租賃費

租賃費是指生產單位租入固定資產和專用工具而發生的租金,但不包括融資租賃費。

(五)修理費

修理費是指生產單位使用的固定資產發生的各種大修理和日常修理費用。

(六)機物料消耗

機物料消耗是指生產單位為維護生產設備等管理上所消耗的各種材料,但不包括專門進行固定資產修理和勞動保護用的材料。

(七)低值易耗品攤銷

低值易耗品攤銷是指生產單位使用的各種低值易耗品的攤銷費。

(八)取暖費

取暖費是指生產單位用於職工防寒取暖而發生的費用,但不包括支付給職工的取暖津貼。

(九)水電費

水電費是指生產單位管理上耗用水電而發生的費用,但不包括生產工藝耗用的水電費用。

(十)辦公費

辦公費是指生產單位耗用的文具、印刷、郵電、辦公用品等費用,但不包括圖紙和制圖用品費。

(十一)差旅費

差旅費是指生產單位職工因公出差而發生的交通、住宿、出差補助等費用。

(十二)運輸費

運輸費是指生產單位耗用的廠內、廠外的運輸勞務費用。

(十三)保險費

保險費是指生產單位應負擔的財產物資保險費。從保險公司取得的賠償應從本項目扣除。

(十四)設計制圖費

設計制圖費是指生產單位應負擔的圖紙費、制圖用品費和委託設計部門設計圖紙而發生的費用,但不包括企業設計部門發生的費用。

(十五)試驗檢驗費

試驗檢驗費是指生產單位應負擔的對材料、半成品、產品進行試驗或進行檢查、化驗、分析的費用,包括企業中心實驗室、檢驗部門為生產單位進行試驗或檢驗所耗用的材料、破壞性實驗的樣品以及委託外單位進行檢查試驗所發生的費用。

(十六)勞動保護費

勞動保護費是指生產單位為保護職工勞動安全所發生的勞動用品費,如勞保眼鏡、工作服、工作鞋、工作帽、手套等,但不包括構成固定資產價值的安全裝置、衛生設備、通風設置等發生的費用。

(十七)季節性、修理期間的停工損失

季節性、修理期間的停工損失不包括單獨組織生產單位生產損失核算的停工損失。

(十八)其他

其他是指以上各項以外的應計入產品成本的其他製造費用,如在產品盤虧、毀損損失。

第二節　製造費用的歸集

一、製造費用核算帳戶的設置

製造費用的歸集和分配應通過「製造費用」帳戶進行。對於基本生產車間,為了管理控制該項費用發生,不管是生產多種產品還是一種產品,都應對製造費用單獨核算。而對於輔助生產車間,若生產產品或勞務單一且製造費用金額少,則可不需對製造費用單獨設帳,而直接計入「輔助生產成本」。因此,製造費用的明細帳應根據管理需要,按車間、部門設置,帳內按費用項目設置專欄。

製造費用的組成內容較多,企業在設置明細帳專欄時,亦可以根據費用比重的大小和管理要求,將費用項目合併,以簡化核算工作。一般可設置專欄:工資、職工福利費、折舊費、修理費、低值易耗品攤銷、保險費、租金、機物料消耗、水電費以及其他。

二、製造費用的歸集

企業發生的製造費用,按其發生地點和用途歸集於「製造費用」帳戶借方及其所屬明細帳的有關費用項目,即根據材料費用分配表、工資費用分配表、動力費用分配表、折舊費用分配表、待攤費用分配表、預提費用分配表、其他費用分配表等有關憑證,登記「製造費用」及其所屬明細帳。製造費用明細帳如表 5-1 和表 5-2 所示。

表 5-1　　　　　　　　　　　製造費用明細帳

車間名稱:一車間　　　　　　　　　　　　　　　　　　　　　單位:元

年		憑證號數	摘　要	費用項目								合計
月	日			工資	職工福利費	折舊費	修理費	水電費	機物料消耗	保險費	辦公費	其他	
			歸集工資及福利費	2,000	280								2,280
			歸集折舊費			2,500							2,500
			歸集修理費				1,800						1,800
			低值易耗品等攤銷						400	400			800
			歸集機物料消耗						700				700
			歸集水電費等					1,600			170	150	1,920
			本月合計	2,000	280	2,500	1,800	1,600	1,100	400	170	150	10,000

表 5-2　　　　　　　　　　　　製造費用明細帳

車間名稱：二車間　　　　　　　　　　　　　　　　　　　　單位：元

年		憑證號數	摘要	費用項目									合計
月	日			工資	職工福利費	折舊費	修理費	水電費	機物料消耗	保險費	辦公費	其他	
			歸集工資及福利費	1,000	140								1,140
			歸集折舊費			2,000							2,000
			歸集修理費				2,500						2,500
			低值易耗品等攤銷						200	500			700
			歸集機物料消耗						600				600
			歸集水電費等					400			600	100	1,100
			本月合計	1,000	140	2,000	2,500	400	800	500	600	100	8,040

　　歸集在「製造費用」帳戶借方的各車間、部門當月發生的製造費用，月末應同製造費用預算比較、分析、考核製造費用計劃的執行情況，更重要的是將製造費用直接或分配轉入「基本生產成本」及「輔助生產成本」。

第三節　製造費用的分配

一、製造費用分配程序及分配標準選擇

　　企業按車間、部門設置「製造費用」並按費用項目設專欄歸集製造費用，這些費用應由各車間、部門的全部產品或勞務來承擔。如果生產車間、部門只生產一種產品或勞務，歸集的製造費用可直接轉入該種產品或勞務的成本，即「基本生產成本」或「輔助生產成本」及其所屬明細帳；如果生產車間、部門生產多種產品或提供多種勞務，歸集的製造費用就應採用適當的方法分配轉入該車間、部門的各種產品或勞務的成本。

　　製造費用分配的關鍵在於選擇合適的分配標準。一般情況下，選擇製造費用的分配標準，需考慮製造費用與產品的關係和製造費用與生產量的關係，應遵循相關性、易操作及相對穩定的原則。所謂相關性，是指分配標準與製造費用的發生具有密切聯繫，一般呈正相關。所謂易操作，是指作為分配標準的資料應比較容易取得，而且容易正確計量，避免繁瑣複雜。所謂相對穩定，是指製造費用分配標準、分配方法一經選定，便不能隨意變動。

　　製造費用的分配標準一般有機器工時、生產工人工時、生產工人工資等。

二、製造費用的分配方法

　　製造費用的分配方法，一般分為實際分配率法和計劃分配率法兩類。

(一) 實際分配率法

實際分配率法是指在會計期末,根據「製造費用」本月歸集的實際發生額,按一定分配標準分配計入產品(勞務)成本的方法。其基本計算公式為:

$$製造費用實際分配率 = \frac{本期實際製造費用總額}{各產品分配標準總和}$$

某產品應負擔製造費用 = 該產品分配標準 × 製造費用實際分配率

實際分配率法具體分為以下幾種方法:

(1) 按生產工人工時比例分配,即以各種產品生產工人工時作為分配標準分配製造費用。如果產品工時定額比較準確,製造費用也可以按生產工人定額工時比例分配。其計算公式為:

$$製造費用分配率 = \frac{本期製造費用總額}{各產品生產工人工時(或定額工時)之和}$$

某產品應負擔製造費用 = 該產品生產工人工時(或定額工時) × 製造費用分配率

【例5-1】某企業某月一車間製造費用為10,000元,二車間製造費用為8,040元(見表5-1、表5-2)。假設一車間生產C、D兩種產品,C產品生產工人工時為5,500小時,D產品生產工人工時為4,500小時;二車間只生產一種產品E產品。

$$一車間製造費用分配率 = \frac{10,000}{5,500+4,500} = 1(元/小時)$$

C產品應負擔製造費用 = 5,500 × 1 = 5,500(元)

D產品應負擔製造費用 = 4,500 × 1 = 4,500(元)

在實際工作中,製造費用的分配可通過編製製造費用分配表進行。

根據以上資料編製一車間製造費用分配表,如表5-3所示。

表5-3　　　　　　　　　　製造費用分配表
車間名稱:一車間　　　　　　2016年5月

項目 應借科目	生產工人工時 (小時)	分配率 (元/小時)	製造費用 (元)
基本生產成本——C產品	5,500		5,500
——D產品	4,500		4,500
合　　計	10,000	1	10,000

根據製造費用分配表編製會計分錄,登記有關帳戶。

借:基本生產成本——C產品　　　　　　　　　　　　　　　　5,500
　　　　　　　　——D產品　　　　　　　　　　　　　　　　4,500
　貸:製造費用——一車間　　　　　　　　　　　　　　　　10,000

至於二車間的製造費用,由於該車間只生產一種產品,因此製造費用全部由E產品承擔,不存在分配問題,直接轉入「基本生產成本」。

借：基本生產成本——E產品　　　　　　　　　　　　　　　8,040
　　貸：製造費用——二車間　　　　　　　　　　　　　　　　　8,040

製造費用分配結轉后，「製造費用」總帳及其明細帳均無余額[下述(2)(3)方法同理]。

按生產工人工時比例分配製造費用，將勞動生產率同產品負擔的費用水平聯繫起來，分配結果比較合理，而且分配標準所需的工時資料較易取得，因此實際工作經常採用這種方法。但是，如果生產車間、部門內生產的各種產品機械化程度相差懸殊，則不宜採用此方法。因為這樣會使機械化程度較低的產品由於工時多而負擔較多的製造費用，顯然結果不甚合理，所以按生產工人工時比例分配一般適用於機械化程度較低，並且各種產品機械化水平大致相同的車間、部門。

(2)按生產工人工資比例分配，即以各種產品生產工人工資作為分配標準分配製造費用。其計算公式為：

$$製造費用分配率 = \frac{本期製造費用總額}{各產品生產工人工資之和}$$

某產品應負擔製造費用＝該產品生產工人工資×製造費用分配率

【例5-2】仍以例5-1的某企業一車間為例，其製造費用為10,000元。假設本月一車間工人的計件工資共8,000元。其中，C產品工人工資為4,500元，D產品工人工資為3,500元。

$$製造費用分配率 = \frac{10,000}{4,500+3,500} = 1.25$$

根據上述資料編製製造費用分配表，如表5-4所示。

表5-4　　　　　　　　　　　製造費用分配表
車間名稱：一車間　　　　　　　　2016年5月

項目 應借科目	生產工人工資 (元)	分配率	製造費用 (元)
基本生產成本——C產品	4,500		5,625
——D產品	3,500		4,375
合　　計	8,000	1.25	10,000

本例設工人工資為計件工資，故分配結果與按生產工人工時比例的結果不一致。但若工人工資是計時工資，並且按生產工時分配計入各產品成本的，則按生產工人工資比例分配製造費用，實質是按生產工人工時比例分配製造費用，兩者分配結果相同。

按生產工人工資比例分配製造費用，其優越性是工資資料極易取得，比較簡便。但一般情況下，製造費用的多少與生產工人工資的多少無太大的直接聯繫，而且在車間、部門內各種產品機械化程度相差懸殊的情況下，會出現機械化程度高的產品，由於工資費用少而負擔的製造費用少的不合理現象。因此，這種方法適用於各產品機械化程度或需要工人操

作的技能大致相同的車間、部門。

(3)按機器工時比例分配,即以各種產品生產工時所用機器設備運轉的時間為分配標準分配製造費用。其計算公式為:

$$\text{製造費用分配率} = \frac{\text{本期製造費用總額}}{\text{各產品機器工時之和}}$$

某產品應負擔的製造費用=該產品機器工時×製造費用分配率

【例5-3】仍以例5-1的某企業一車間為例,其製造費用為10,000元。假設C產品機器工時為3,000小時,D產品機器工時為2,000小時。

$$\text{製造費用分配率} = \frac{10,000}{3,000+2,000} = 2(元/小時)$$

根據上述資料編製製造費用分配表,如表5-5所示。

表5-5　　　　　　　　　　製造費用分配表
車間:一車間　　　　　　　　　2016年5月

應借科目 項目	機器工時（小時）	分配率（元/小時）	製造費用（元）
基本生產成本——C產品	3,000		6,000
——D產品	2,000		4,000
合　計	5,000	2	10,000

按機器工時比例分配製造費用,適用於機械化程度較高,特別是自動化生產的車間、部門。因為在這樣的車間、部門,製造費用中折舊費占大部分,製造費用往往與機器工時有直接聯繫,而與人工時間沒必然聯繫,按機器工時比例分配較準確、合理,同時能為管理者提供機器設備的利用及閒置情況。不過,採用此方法必須具備各種產品所耗機器工時的原始記錄,這需花費一定時間和成本。

(二)計劃分配率法

計劃分配率法亦稱預定分配率法,是指按照年度製造費用預算數和年度預計產量的定額標準,計算計劃分配率分配製造費用的方法。各月按計劃分配率計算分配的製造費用與實際歸集的製造費用的差額,年末一次按已分配數的比例進行調整。其計算公式為:

$$\text{製造費用計劃分配率} = \frac{\text{年度製造費用預算額}}{\text{年度各產品計劃產量的定額標準之和}}$$

某產品某月應分配製造費用=該產品該月實際產量定額標準×製造費用計劃分配率

上面兩個公式中的「定額標準」可以是生產工人定額工時、生產工人定額工資或機器定額工時。

$$\text{年末差額分配率} = \frac{\text{全年實際製造費用-全年按計劃分配率分配製造費用}}{\text{全年各產品按計劃分配率分配製造費用之和}}$$

某產品應負擔的差額=該產品全年按計劃分配率分配製造費用×差額分配率

若差額結果為正數,即製造費用實際發生額大於計劃分配額,應用藍字補足分配額;若差額結果為負數,即製造費用實際發生額小於計劃分配額,則用紅字衝減分配額。

【例5-4】某企業某車間年度製造費用的預算額為48,000元。全年各種產品計劃產量為:丙產品800件,丁產品1,400件。單位產品工時定額為:丙產品4小時,丁產品2小時。假設2月份產品實際產量為:丙產品60件,丁產品100件。實際製造費用為3,420元。

丙產品計劃產量定額工時＝800×4＝3,200(小時)

丁產品計劃產量定額工時＝1,400×2＝2,800(小時)

$$製造費用計劃分配率 = \frac{48,000}{3,200+2,800} = 8(元/小時)$$

根據以上資料,編製2月份製造費用分配表,如表5-6所示。

表5-6　　　　　　　　　　製造費用分配表
2016年2月

項目 應借科目	實際產量 (件)	單位產品工時 定額(小時)	實際產量定額 工時(小時)	計劃分配率 (元/小時)	製造費用 (元)
基本生產成本——丙產品	60	4	240		1,920
——丁產品	100	2	200		1,600
合　　計	—		440	8	3,520

根據製造費用分配表編製會計分錄,登記有關帳戶。

借:基本生產成本——丙產品　　　　　　　　　1,920
　　　　　　　　　——丁產品　　　　　　　　　1,600
　貸:製造費用　　　　　　　　　　　　　　　　3,520

如果「製造費用」1月末有借方餘額40元,則本月「製造費用」的記錄(丁字帳)為:

製造費用

2月初餘額	40		
2月份歸集	3,420	2月份分配:	3,520
本月發生額	3,420	本月發生額	3,520
		2月末餘額	60

1月末的借方餘額(少分配的)或2月末的貸方餘額(多分配的),當月都不進行調整,年終一次調整計入12月份。

假設該車間全年實際發生的製造費用為45,752元。而按計劃分配率分配,全年丙產品分配製造費用25,696元,丁產品分配製造費用22,464元,共分配製造費用48,160元。

$$年末差額分配率 = \frac{45,752-48,160}{25,696+22,464} = -0.05$$

丙產品應負擔差額＝25,696×(-0.05)＝-1,284.80(元)

丁產品應負擔差額 = 22,464×(-0.05) = -1,123.20(元)

借：基本生產成本——丙產品　　　　　　　　　　1,284.80
　　　　　　　　——丁產品　　　　　　　　　　1,123.20
　貸：製造費用　　　　　　　　　　　　　　　　2,408.00

年末差額調整后，「製造費用」總帳及其所屬明細帳均無余額。

按計劃分配率分配製造費用，不管各月實際發生的製造費用是多少，都按年度計劃分配率分配，不必每月等到實際製造費用資料出來再計算分配率分配，能及時分配，簡化計算工作，而且能及時反應製造費用預算數與實際數的差異，有利於分析預算執行情況。不過，運用此方法，必須要有較好的計劃工作水平；否則，年度製造費用預算脫離實際太大，會影響成本計算的準確性。如果出現這種情況，應及時調整計劃分配率。計劃分配率法特別適用於季節性生產的車間、部門。

思考題

1. 製造費用核算有什麼意義？
2. 什麼是製造費用？按照現行財務制度的規定，製造費用包括哪些內容？
3. 如何歸集製造費用？其帳戶如何設置？
4. 製造費用有哪些分配方法？各有何優缺點？適用範圍如何？
5. 試驗證：如果工人的計時工資按生產工時分配，則製造費用按生產工時比例和按工人工資比例分配，其結果是一樣的。

練習題

1. 某企業基本生產車間生產A、B兩種產品，A產品生產工時為2,500小時，B產品生產工時為3,500小時。某月生產工人工資為9,000元，是按生產工時分配的，該月製造費用為18,000元。

要求：根據以上資料分別按生產工時比例和工人工資比例分配製造費用。

2. 某企業基本生產車間全年計劃製造費用為170,000元。全年各種產品計劃產量為：甲產品20,000件，乙產品18,000件。單件產品工時定額為：甲產品4小時，乙產品5小時。1月份實際產量分別為甲產品1,200件，乙產品1,000件，1月份實際製造費用為10,000元，本年度實際製造費用為160,000元。假定年末已分配製造費用為165,000元，其中甲產品負擔80,000元，乙產品負擔85,000元。

要求：根據以上資料採用計劃分配率法分配製造費用，年終對計劃製造費用與實際製造費用差異進行調整，並編製有關分錄。

第六章 生產損失核算

企業在生產經營過程中難免會發生各種各樣的損失,從理論上說,這些損失不形成價值,不應計入產品成本。但在實際應用時,為了促進企業加強經濟核算,減少損失,有些損失也計入產品成本。本章主要介紹計入產品成本的廢品損失和停工損失的核算。

第一節 生產損失核算的意義

生產損失(Production Losses)是指因生產原因造成的損失,即企業因生產組織管理不合理或未執行技術操作規程而造成的各種生產性損失。從嚴格意義上說,生產損失包括的內容很多。例如,因產品短缺和毀損造成的損失,因材料、工時消耗大於正常消耗造成的損失,因工人技術不熟練或操作不慎造成的廢品損失,由於機器故障、季節性、修理期間的停工損失。

企業發生生產損失會降低企業的經濟效益,給企業帶來以下不利的影響:
第一,生產損失會浪費企業的人力、物力和財力。
第二,生產損失會影響企業生產計劃的完成,妨礙企業正常生產秩序。
第三,生產損失還影響產品質量,使企業產品成本增加,削弱企業的競爭能力。

因此,加強生產責任(Production Responsibility)和產品質量管理(Product Quality Management),正確反應和控制廢品損失,防止停工發生,對降低產品成本、減少損失,對增強企業競爭力,提高經濟效益和社會效益都具有重要意義。

第二節 廢品損失的核算

一、廢品損失的內容

(一)廢品(Spoiled Goods)

廢品是指不符合規定的質量、技術標準,不能按其原定用途加以利用,或者需要加工修復后才能使用的產成品、在製品、半成品和零部件等。

廢品按其修復的技術可能性和修復費用的經濟合理性,分為可修復(Rework)廢品和

不可修復(Unrework)廢品兩種。

可修復廢品是指在技術上可以修復,而且所耗修復費用在經濟上合算的廢品(兩個條件必須同時具備)。不可修復廢品是指在技術上不能修復,或者可修復但所耗修復費用在經濟上不合算的廢品(兩個條件只需具備其一)。經濟上合算是指修復費用低於重新製造同一產品的支出。

(二)廢品損失及其內容

廢品損失(Spoiled Goods Losses)是指因生產原因造成的廢品而發生的損失,包括在生產過程中發現的以及入庫或銷售后(實行「三包」的產品例外)發現的可修復廢品的修復費用和不可修復廢品的淨損失。

對產品實行「三包」(包修、包換、包退)的企業,如果銷售后發現廢品,從理論上來說,其修理費、退回調換產品的運雜費、退回廢品的成本減殘值后的淨損失等「三包」損失,都應屬於廢品損失。但在實際工作中,為了簡化核算,「三包」損失發生時,直接計入「管理費用」。

除「三包」損失外,下列情況的損失也不包括在廢品損失內:因保管不善、運輸不當或其他原因使合格品損壞變質所帶來的損失;經質檢部門檢驗鑒定不需要返修,即行降級出售或使用的次品、等外品等不合格品,因降價帶來的損失。

二、廢品損失的核算方法

廢品損失的核算是指對發生的廢品損失,進行歸集、結轉和分配的核算,包括可修復廢品損失的核算和不可修復廢品損失的核算。

(一)廢品損失核算的憑證和帳戶

1. 廢品損失核算的憑證

為了便於分清責任,實行有效控制,組織廢品核算都應遵循一定的憑證手續。這些憑證主要包括廢品通知單、廢品交庫單、返修用料的領料單、工作通知單等。

當質檢部門發現廢品后,應由質檢人員或由產生廢品的車間、班組填製一式三聯的廢品通知單(見表6-1)。廢品通知單內列明廢品的名稱、數量、發生廢品的原因和過失人等(見表6-1)。廢品通知單一聯由生產車間保存;另外兩聯交質檢部門和財務部門,財務人員和質檢人員會同審核單上所列的各項目。只有經審核無誤的廢品通知單才可以作為廢品損失核算的依據。

表6-1　　　　　　　　　　　廢品通知單

班組:　　　　　　　　　　2016年5月　　　　　　　　　字第　　號

工號		圖號		工序
廢品名稱	單位	數量	單位工時	總工時
A產品				
合　計				
廢品原因			檢查決定	

質量檢驗員:　　　　　組長:　　　　　生產工人(責任者):

對於送交倉庫的不可修復廢品,應另填廢品交庫單。廢品交庫單上註明廢品的殘料價值,作為核算殘料入庫的依據。

而對於可修復廢品,在返修中所領用的各種材料及所耗工時等,應另填領料單、工作通知單及其他有關憑證。單上註明「返修廢品用」,作為核算修復費用的依據。

2. 廢品損失核算的帳戶設置

為了反應基本生產車間廢品損失的情況,一般應設置「廢品損失」帳戶,而「基本生產成本」明細帳則設「廢品損失」成本項目。設置的「廢品損失」帳戶可作為一級(總分類)帳戶,也可將其作為「基本生產成本」的二級帳戶,應按車間分產品設立明細帳,帳內按成本項目設專欄進行核算。不可修復廢品的生產成本和可修復廢品的修復費用在「廢品損失」帳戶借方歸集,而廢品殘料回收的價值和應收的賠償款記入「廢品損失」帳戶貸方。上述借方發生額大於貸方發生額的廢品淨損失,從「廢品損失」帳戶貸方直接或分配轉入「基本生產成本」及其所屬明細帳。「廢品損失」帳戶月末無餘額。

廢品損失的核算,也可不設「廢品損失」帳戶,而將廢品損失直接在「基本生產成本」總帳及其所屬明細帳的「廢品損失」成本項目核算。這樣,對不可修復廢品,是將其成本從「基本生產成本」的各成本項目分別轉入「基本生產成本」的廢品損失成本項目,而收回的殘料價值和應收賠償款則貸記「基本生產成本」,從廢品損失成本項目中減除;對於可修復廢品的修復費用,則直接歸集於「基本生產成本」的廢品損失成本項目。

(二)廢品損失核算的帳務處理

廢品損失的核算即廢品損失的歸集和分配,其帳務處理程序如圖 6-1 所示。

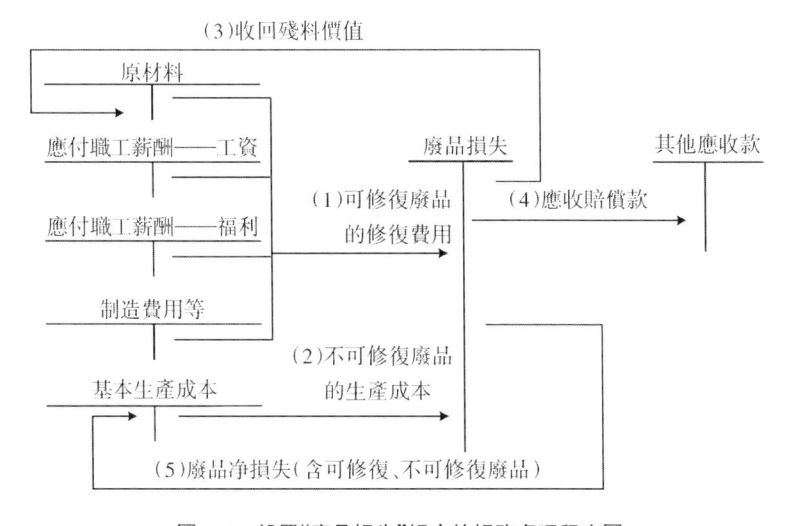

圖 6-1 設置"廢品損失"帳戶的帳務處理程序圖

可修復廢品損失和不可修復廢品損失,其涵義不同,計算、歸集等方法亦有所區別。

1. 可修復廢品損失的核算

可修復廢品損失是指廢品在修復過程中所發生的修復費用,包括修復廢品所耗用的原

材料、燃料及動力、工資及福利費和應負擔的製造費用等。

可修復廢品返修以前發生的生產費用,不是廢品損失,不必計算其生產成本轉出,仍保留在「基本生產成本」及其所屬明細帳中(生產過程中發現)或保留在「產成品」中(入庫以後發現)。

企業單獨設置「廢品損失」一級科目或二級科目的,可修復廢品在返修中發生的各種修復費用,應根據註明「返修廢品用」的領料單、工作通知單等憑證,編製各種費用分配表(格式可參看第三章內容,只是在分配表應借科目下加「廢品損失」一行則可)。然後,根據各種費用分配表將修復費用歸集於「廢品損失」及其所屬明細帳的各成本項目。如果有殘料收回和應收賠償款,則根據廢料交庫單和結算憑證將殘料價值和應收賠償款從「廢品損失」分別轉入「原材料」和「其他應收款」帳戶。最後,歸集在「廢品損失」帳戶借方的修理費用減去帳戶貸方的收回殘料價值和應收賠償款後的淨損失,應從「廢品損失」帳戶貸方轉入「基本生產成本」及其所屬明細帳的廢品損失成本項目。

【例6-1】某企業在生產過程中發現3件甲產品為可修復廢品。發生的修復費用為原材料600元,工資400元,計提的福利費56元,應由過失人賠償100元。

(1)根據各種憑證編製費用分配表(略),編製歸集修復費用的會計分錄:

借:廢品損失——甲產品　　　　　　　　　　　　　　　　　　1,056
　貸:原材料　　　　　　　　　　　　　　　　　　　　　　　　600
　　　應付職工薪酬——工資　　　　　　　　　　　　　　　　　400
　　　　　　　　　——職工福利　　　　　　　　　　　　　　　 56

(2)應收過失人賠償:

借:其他應收款　　　　　　　　　　　　　　　　　　　　　　　100
　貸:廢品損失——甲產品　　　　　　　　　　　　　　　　　　 100

(3)結轉廢品淨損失,計入產品成本:

借:基本生產成本——甲產品(廢品損失)　　　　　　　　　　　 956
　貸:廢品損失　　　　　　　　　　　　　　　　　　　　　　　 956

如果企業不設「廢品損失」帳戶,僅在「基本生產成本」專設廢品損失成本項目,那麼,對修復費用的歸集、殘料價值收回和應收賠償款的核算,應是借記和貸記「基本生產成本」及其所屬明細帳廢品損失成本項目,而不是「廢品損失」帳戶。而最後一步淨損失的結轉則不需要做,因其已直接在廢品損失成本項目中反應了出來。

【例6-2】仍用例6-1的資料,編製會計分錄如下:

(1)歸集修復費用:

借:基本生產成本——甲產品(廢品損失)　　　　　　　　　　　1,056
　貸:原材料　　　　　　　　　　　　　　　　　　　　　　　　600
　　　應付職工薪酬——工資　　　　　　　　　　　　　　　　　400
　　　　　　　　　——職工福利　　　　　　　　　　　　　　　 56

(2)應收過失人賠償：

借：其他應收款　　　　　　　　　　　　　　　　　　　　　　　　100
　貸：基本生產成本——甲產品(廢品損失)　　　　　　　　　　　　　100

經過以上處理,「基本生產成本」甲產品明細帳中廢品損失成本項目為956元(1,056-100),正是計入產品成本的淨損失。

2. 不可修復廢品損失的核算

不可修復廢品損失是指不可修復廢品的生產成本和扣除廢品殘值以及賠償款後的淨損失。

進行不可修復廢品損失的核算,首先應計算截至報廢時已經發生的不可修復廢品的生產成本,然後扣除廢品收回殘料價值和應收賠償款,算出廢品淨損失,再計入合格產品的成本。

不可修復廢品的生產成本,可按廢品所耗實際費用計算,也可按廢品所耗定額費用計算。

第一,不可修復廢品成本按所耗實際費用計算。

在採用按廢品所耗實際費用計算的方法時,由於廢品報廢以前發生的各項費用是與合格品一起歸集在「基本生產成本」帳戶,因此不能直接從「基本生產成本」帳戶確定該廢品損失。需要將「基本生產成本」及其明細帳歸集的各項費用,採用適當的分配方法,在廢品與合格品之間進行分配,計算出不可修復廢品的實際成本,從「基本生產成本」及其所屬明細帳轉入「廢品損失」及其明細帳,或直接轉入「基本生產成本」及其明細帳的廢品損失成本項目。

在生產過程中發生廢品,可以按廢品所耗的原材料費用和合格品所耗的原材料費用比例分配歸集在「基本生產成本」及其明細帳的原材料費用,按廢品所耗的生產工時和合格品所耗的生產工時比例分配歸集在「基本生產成本」及其明細帳的工資及福利費、製造費用等加工費。

【例6-3】某企業二車間本月生產乙產品400件,其中合格品395件,生產過程中發現不可修復廢品5件。乙產品「基本生產成本」明細帳所列生產費用合計為原材料32,000元,直接人工15,650元,製造費用18,780元,合計66,430元。原材料系生產開工時一次投入,故按合格品數量和廢品數量比例分配,其他費用按生產工時比例分配。生產工時為合格品3,100小時,廢品30小時,合計3,130小時。廢品回收的殘料計價140元,應收賠償款120元。

原材料分配率 $= \dfrac{32,000}{395+5} = 80$(元/小時)

廢品應負擔的原材料費用 $= 5 \times 80 = 400$（元）

直接人工分配率 $= \dfrac{15,650}{3,100+30} = 5$(元/小時)

廢品應負擔的直接人工 $= 30 \times 5 = 150$(元)

製造費用分配率 $= \dfrac{18,780}{3,100+30} = 6$(元/小時)

廢品應負擔的製造費用 $= 30 \times 6 = 180$(元)

根據以上資料編製不可修復廢品損失計算表,如表 6-2 所示。

表 6-2 　　　　　　　　　　　**不可修復廢品損失計算表**　　　　　　　金額單位:元

車間:二車間　　　　　　　　　　　　　2016 年 5 月　　　　　　　　　　　　　產品:乙

項　目	數量(件)	原材料	生產工時(小時)	直接人工	製造費用	合　計
生產費用合計	400	32,000	3,130	15,650	18,780	66,430
費用分配率		80		5	6	—
廢品實際成本	5	400	30	150	180	730
減:殘料價值		140				
廢品報廢損失		260		150	180	590
減:應收賠償						120
廢品淨損失		—				470

根據不可修復廢品損失計算表編製會計分錄,登記有關帳戶。
(1)結轉不可修復廢品成本:
借:廢品損失——乙產品　　　　　　　　　　　　　　　　　　　　　　730
　　貸:基本生產成本——乙產品(原材料)　　　　　　　　　　　　　　400
　　　　　　　　　　——乙產品(直接人工)　　　　　　　　　　　　　150
　　　　　　　　　　——乙產品(製造費用)　　　　　　　　　　　　　180
(2)回收廢品殘料價值:
借:原材料　　　　　　　　　　　　　　　　　　　　　　　　　　　　140
　　貸:廢品損失——乙產品　　　　　　　　　　　　　　　　　　　　140
(3)登記應收賠償款:
借:其他應收款　　　　　　　　　　　　　　　　　　　　　　　　　　120
　　貸:廢品損失——乙產品　　　　　　　　　　　　　　　　　　　　120
(4)將廢品淨損失計入產品成本:
借:基本生產成本——乙產品(廢品損失)　　　　　　　　　　　　　　470
　　貸:廢品損失——乙產品　　　　　　　　　　　　　　　　　　　　470
如果企業不設「廢品損失」帳戶,只在「基本生產成本」專設廢品損失成本項目,則:
(1)結轉不可修復廢品成本:
借:基本生產成本——乙產品(廢品損失)　　　　　　　　　　　　　　730
　　貸:基本生產成本——乙產品(原材料)　　　　　　　　　　　　　400
　　　　　　　　　　——乙產品(直接人工)　　　　　　　　　　　　150
　　　　　　　　　　——乙產品(製造費用)　　　　　　　　　　　　180

實際工作中,這一結轉不可修復廢品成本的分錄可不編製,而直接在「基本生產成本」明細帳上原材料、工資及福利費、製造費用成本項目減除,並記入廢品損失成本項目。

(2)回收廢品殘料價值：
借：原材料　　　　　　　　　　　　　　　　　　　　　　　140
　　貸：基本生產成本——乙產品（廢品損失）　　　　　　　140
(3)登記應收賠償款：
借：其他應收款　　　　　　　　　　　　　　　　　　　　　120
　　貸：基本生產成本——乙產品（廢品損失）　　　　　　　120

不需編製結轉廢品淨損失的分錄。

本例中，原材料是生產開始時一次投入，因此可直接按廢品數量和合格品數量比例分配原材料費用。但如果原材料是陸續投入，廢品的原材料費用則不能按100%計算，需要按其投料程度，將廢品數量折算為約當產量分配，加工費也可按約當產量（按加工進度折算）分配；如果廢品是在完工後發現的，這時每一廢品所應負擔的費用與每一完工合格品所應負擔的費用是等同的，分配所有成本項目的費用都不需將廢品數量折算，直接以廢品數量和合格品產量比例分配。此外，如果產品生產費用中原材料費用占的比重很大，為簡化核算，廢品也可只計算應負擔的原材料費用。這些不同情況的分配計算方法，可參見第七章第二節的「約當產量法」等相關內容。

不可修復廢品成本按實際費用計算和分配廢品損失符合實際，但核算的工作量較大，並且必須等「基本生產成本」實際生產費用匯總完以后才能計算、結轉廢品實際成本。

第二，不可修復廢品按所耗定額費用計算。

在採用按廢品所耗定額費用計算的方法時，廢品的生產成本是按廢品的數量、工時定額和各項費用定額計算，而不考慮廢品實際發生的生產費用。其計算公式為：

廢品定額成本＝Σ廢品數量×各成本項目費用定額

廢品淨損失＝廢品定額成本－收回殘料價值－應收賠償款之和

【例6-4】某企業二車間在生產B產品過程中，發現不可修復廢品6件，其原材料費用定額為100元，廢品已完成定額工時45小時。每小時費用定額（即費用定額分配率）為直接人工3元，製造費用4元。廢品回收的殘料計價210元。

廢品定額成本＝6×100+45×3+45×4＝915（元）

根據以上資料編製不可修復廢品損失計算表，如表6-3所示。

表6-3　　　　　　　　　　　不可修復廢品損失計算表　　　　　　　　金額單位：元
車間：二車間　　　　　　　　　　　2016年5月　　　　　　　　　　產品：B產品

項目	數量	原材料	工時	直接人工	製造費用	合計
費用定額		100		3	4	—
廢品定額成本	6件	600	45小時	135	180	915
減：廢品殘料價值		210				
廢品損失 （廢品報廢損失）	—	390	—	135	180	705

根據不可修復廢品損失計算表編製會計分錄，登記有關帳戶。其方法與按實際成本計算的相同，此處略。

不可修復廢品成本按定額費用計算，因為費用定額事先確定，所以計算工作比較簡便、及時，而且可使計入產品成本的廢品損失不受實際費用水平高低的影響，有利於廢品損失的分析和考核。但是，採用這一方法必須具備齊全而較準確的消耗定額和費用定額資料，凡符合此條件的企業，都可按定額費用計算廢品成本。

通過上述介紹，廢品損失已歸集至「基本生產成本」及其明細帳中的「廢品損失」成本項目。這些廢品損失通常只計入本月完工產品成本，而在產品、自制半成品一般不負擔。這樣可集中將本月的廢品損失反應於本月完工產品，引起管理者重視。但若是單件小批生產，則廢品損失屬於該批(或訂單)產品成本。

第三節　停工損失的核算

一、停工損失的內容

停工損失(Stop Work Losses)是指生產車間因停工而發生的各種損失，包括停工期間支付的生產工人工資和計提的福利費、耗用的燃料和動力費以及應負擔的製造費用。

企業停工的原因很多，有計劃內停工，如因計劃減產、季節性和固定資產計劃性大修理造成的停工；而計劃外停工是因各種事故，如材料供應不足、停電、機器設備故障和自然災害等造成的停工。

會計核算上，停工只在超過一定時間和範圍時，才單獨組織作為「停工損失」項目計入產品成本；否則，不單獨作為產品成本的項目。如輔助生產車間發生的停工損失，可直接計入輔助生產成本；季節性、修理期間的停工損失以及全車間或一個班組停工不滿一個工作日的損失，可計入製造費用；計劃減產造成全廠連續停產10天以上或主要生產車間連續停產1個月以上所發生的停工損失以及自然災害造成的停工損失，計入營業外支出。可見，作為生產成本「停工損失」項目的是基本生產車間由於計劃減產(計入營業外支出的除外)，或由於材料、停電、機器設備故障而停工所發生的停工損失。

二、停工損失的核算方法

停工損失的核算是指對發生的停工損失進行歸集、結轉和分配的核算。

(一)停工損失核算的憑證和帳戶

1. 停工損失核算的憑證

停工損失核算的主要原始憑證是停工報告單。發生停工，應由車間填製停工報告單。停工報告單內列明停工地點、停工時間、停工原因及過失人、停工期間應計的工人工資等。

其格式如表 6-4 所示。

表 6-4　　　　　　　　　　　　　停工報告單

填製日期：　　　　　　　　　　　　　　　　　　　　　　　　　字第　號

車間			工段			班組			設備	
工人			停工時間			工資結算			責任者：	
姓名	工號	級別	開始	終結	延續	工資率	支付(%)	金額		
									停工原因：	
工人從事其他工作記錄： 　備註：										

負責人：　　　　　　　　　　　　　　　　　　　　　　　　　　製表：

停工報告單的工資支付率由勞動工資部門核定，會計部門應對停工報告單所列各項內容進行審核，計算停工工資。只有經審核后的停工報告單，方可作為停工損失核算的依據。

2. 停工損失核算的帳戶設置

為反應停工損失的情況，應設置「停工損失」總帳帳戶，而「基本生產成本」明細帳則設「停工損失」成本項目。「停工損失」總帳應按車間設明細帳，帳內按成本項目設專欄。該帳戶借方歸集停工期間發生應計入停工損失的各種費用，而貸方登記應收過失責任人(或單位)賠償款以及結轉計入產品成本、支出等的停工淨損失。結轉后該帳戶一般無余額。但如果是跨月繼續停工，則停工損失本月可不結轉，待下月停工結束后再結轉，這樣「停工損失」帳戶就會有借方余額。

停工損失的核算，也可不設「停工損失」總帳，而在「基本生產成本」總帳下設「停工損失」明細帳，明細帳內仍按成本項目設專欄。

(二)停工損失核算的帳務處理

停工損失的核算即停工損失的歸集和分配，其帳務處理程序如圖 6-2 所示。

圖 6-2 中計入「製造費用」的停工損失可不通過「停工損失」帳戶，而直接由「燃料」「應付職工薪酬」等帳戶與「製造費用」對應。

停工期間發生應計入停工損失的各項費用，應根據停工報告單等憑證編製各種費用分配表(其格式可參看第三章內容，並在應借科目下加上「停工損失」一行)。如果這些費用要在生產和停工之間分配，則可按生產工時和停工工時分配。然后，根據各種費用分配表將計入停工損失的各種費用歸集於「停工損失」及其相應的成本項目。如果有應收賠償款，應根據結算憑證將其從「停工損失」轉入「其他應收款」。最后，根據停工原因，將「停工損失」借方歸集的費用減去貸方登記的應收賠償款后的淨損失，直接轉入「營業外支出」

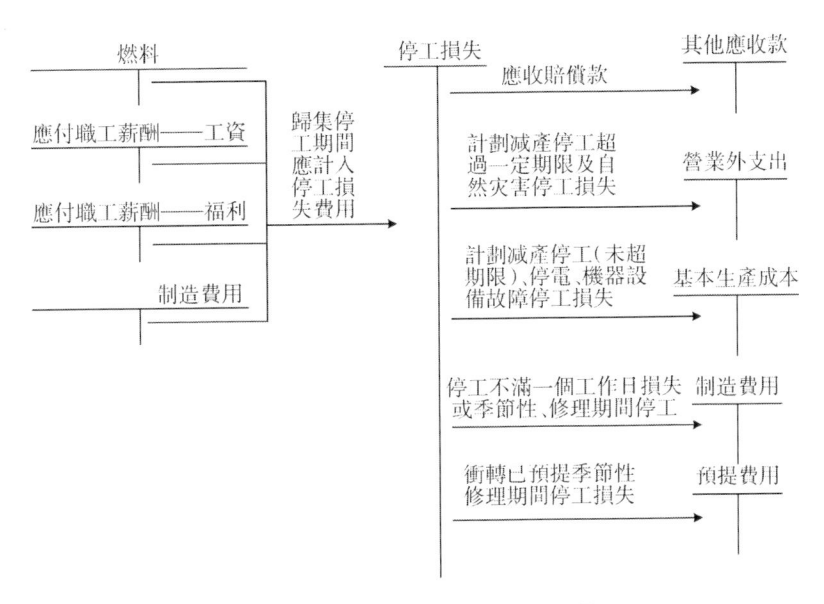

圖 6-2　停工損失核算帳務處理程序圖

「製造費用」或直接、分配轉入「基本生產成本」及其所屬明細帳的「停工損失」成本項目。分配轉入是指一個車間如果同時生產多種產品，則停工損失需按生產工時或產品產量等標準分配計入各種產品成本。

企業發生停工損失，應根據不同情況進行如下處理：

1. 企業設置「停工損失」總帳的會計處理

(1) 根據停工報告單、各種費用分配表歸集計入停工損失的費用：

借：停工損失——××車間	×××
貸：原材料——燃料	×××
應付職工薪酬——工資	×××
——職工福利	×××
製造費用等	×××

(2) 對停工損失的處理：

借：其他應收款	×××
營業外支出	×××
製造費用	×××
基本生產成本	×××
貸：停工損失——××車間	×××

2. 企業不設置「停工損失」總帳的會計處理

(1) 借：基本生產成本——××產品(停工損失)	×××
貸：應付職工薪酬	×××

    製造費用等   ×××
  (2)借:其他應收款   ×××
    營業外支出等   ×××
    貸:基本生產成本——××產品(停工損失)   ×××

思考題

1. 什麼是生產損失？為什麼要進行生產損失的核算？
2. 什麼是廢品？廢品分為哪幾類？
3. 廢品損失包括哪些內容？
4. 可修復廢品損失與不可修復廢品損失的涵義有何不同？其核算方法又有何不同？
5. 如何歸集分配停工損失？

練習題

  1. 某企業生產 A 產品，本月完工產品 200 件，完工入庫時發現其中 20 件為不可修復性廢品。本月完工產品應分配費用如下:原材料費用為 35,000 元，工資及福利費為 15,960 元，製造費用為 44,000 元。原材料在生產時一次性投入。生產工時合格品為 3,500 小時，廢品為 500 小時；廢品回收殘料計價為 400 元，應收過失單位或個人賠款為 650 元。

  要求:按廢品所耗實際費用計算不可修復廢品生產成本及淨損失，編製有關會計分錄。

  2. 某企業某車間停工若干天，停工期間發生的費用為領用原材料 1,500 元，應付生產工人工資 1,000 元，計提福利費 140 元，應分配製造費用為 2,500 元。經查明，停工系責任事故造成的，應由責任單位賠償 4,000 元，其餘在該車間生產的 A、B 兩種產品按生產工時比例分配負擔。其生產工時分別為 A 產品耗用 2,500 小時、B 產品耗用 1,500 小時。

  要求:
  (1)計算該車間停工淨損失。
  (2)在 A、B 兩種產品之間分配停工淨損失。
  (3)編製歸集分配停工損失的會計分錄。

第七章 生產費用在完工產品和在產品之間的分配

完成了將本月發生的生產費用在不同產品之間分配(屬橫向分配)后,則要將各產品的月初在產品成本加上本月生產費用之和,即各產品的本月生產費用合計,採用適當的方法,在完工產品(Finished Goods)和在產品(Work in Process)之間進行分配(Distributing),以計算出本月完工產品成本和在產品成本。

第一節 在產品盤存的核算

一、完工產品成本與在產品成本的關係

應計入本月各種產品成本的生產費用,在按成本項目歸集在「基本生產成本」總帳及其所屬明細帳的借方后,本月發生的生產費用加上月初在產品成本(如果有月初在產品)為生產費用合計。如果本月產品全部完工,生產費用合計就是該種產品的完工產品成本;如果本月產品全部未完工,生產費用合計就是該種產品的月末在產品成本;如果既有完工產品又有在產品,則需要採用適當的分配方法將生產費用合計在完工產品和在產品之間進行縱向分配。

本月生產費用、月初在產品成本、本月完工產品成本和月末在產品成本的關係,可用下列公式表示:

月初在產品成本+本月生產費用=本月完工產品成本+月末在產品成本　　　　①

月初在產品成本+本月生產費用=月末在產品成本+本月完工產品成本　　　　②

上述兩個計算公式的前兩項為已知的。可見,在完工產品和月末在產品之間分配費用有兩種方法:第一種是將公式前兩項,即月初在產品成本和本月發生的生產費用之和,按一定比例在后兩項,即本月完工產品和月末在產品之間分配(如公式①);第二種是先設法確定月末在產品成本,然后再計算出完工產品成本(如公式②)。但是,無論採用哪一種方法,都必須正確組織和加強在產品收發存的核算,取得期末在產品結存數量的資料。

二、在產品收發存的核算

企業的在產品是指沒有完成全部生產過程,不能作為商品銷售的未完工產品。在產品

有廣義的在產品和狹義的在產品之分。廣義的在產品是指各車間正在加工中的在產品（含返修中的廢品）和已經完成一個或幾個生產步驟，但還需繼續加工的半成品（含未經驗收入庫的產品和等待返修的廢品）。已驗收入庫準備對外銷售的自製半成品，屬於商品產品，不應列入在產品之內。廣義的在產品是從整個企業角度來說的在產品，而狹義的在產品是就某一車間或某一生產步驟而言的。狹義的在產品是指某車間或某一生產步驟正在加工中的在產品（含返修中的廢品），該車間或生產步驟完工的半成品不包括在內。

和其他財產物資盤存的數量一樣，在產品盤存的數量，應該具備帳面核算資料和實際盤存資料。也就是說，企業一方面要做好在產品收發存的日常核算工作，另一方面要做好在產品的清查工作。

在產品收發存的日常核算，通常是通過設置「在產品收發結存帳」（實際工作中稱「在產品臺帳」）進行。「在產品臺帳」應分車間、按產品品種和在產品名稱設置，用以登記車間各種在產品的轉入、轉出和結存的數量。「在產品臺帳」還可以根據生產特點和管理需要，進一步按在產品加工工序設置，以便反應在產品在各工序間的轉移和數量變動的情況。

各車間或工序應認真做好在產品的計量工作，並在此基礎上，根據領料憑證、在產品內部轉移憑證、產成品檢驗憑證和產品交庫憑證，及時登記在「在產品臺帳」。「在產品臺帳」一般由車間核算人員登記，也可由各班組核算員登記，再由車間核算人員審核匯總。其格式如表7-1所示。

表 7-1　　　　　　　　　在產品臺帳（收發結存帳）

在產品名稱：丁產品　　　　　車間名稱：C車間　　　　　　　單位：件

日期		摘要	收入		轉出			結存		備註
月	日		憑證號	數量	憑證號	合格品	廢品	完工	未完工	
5	1		5101	90							
5	3				5201	67	2	6	15	
5	12		5102	120	5202	119		12	10	
～	～	～	～	～	～	～	～	～	～	～
		合計		450		375	6	25	44	

三、在產品清查的核算

為了核實在產品的數量，保護在產品的安全、完整，企業必須做好在產品的清查工作。在產品應定期或不定期進行清查，以取得在產品的實際盤存資料。清查後，應根據清查盤存結果與「在產品臺帳」帳面資料核對，編製在產品盤存表，填列在產品的帳面數、實有數和盤盈盤虧數以及盈虧的原因和處理意見等。對於報廢和毀損的在產品，還要登記殘值。如果車間沒有設立「在產品臺帳」對在產品進行收發存日常核算，則應每月末對在產品進行清查，按此實際盤存資料作為編製在產品盤存表和計算在產品成本的依據。

成本核算人員應對在產品盤存表進行認真審核，分析原因，並根據審核結果進行帳務

處理。

（1）在產品發生盤盈時，按盤盈在產品成本：

借：基本生產成本 　　　　　　　　　　　　　　　　　　　　　　　×××
　　貸：待處理財產損溢——待處理流動資產損溢　　　　　　　　　　×××

經批准核銷時：

借：待處理財產損溢——待處理流動資產損溢　　　　　　　　　　　　×××
　　貸：製造費用　　　　　　　　　　　　　　　　　　　　　　　　×××

（2）在產品發生盤虧和毀損時，按在產品盤虧損失計算憑證：

借：待處理財產損溢——待處理流動資產損溢　　　　　　　　　　　　×××
　　貸：基本生產成本　　　　　　　　　　　　　　　　　　　　　　×××

經批准轉銷時，應視不同原因進行不同處理：

借：原材料（收回殘值）　　　　　　　　　　　　　　　　　　　　　×××
　　其他應收款(由過失人和保險公司賠償)　　　　　　　　　　　　　×××
　　製造費用(車間管理不善)　　　　　　　　　　　　　　　　　　　×××
　　營業外支出(非常損失)　　　　　　　　　　　　　　　　　　　　×××
　　貸：待處理財產損溢——待處理流動資產損溢　　　　　　　　　　×××

第二節　在產品與完工產品成本計算

　　成本計算工作中一個重要而又複雜的問題是如何合理、簡便地在完工產品和在產品之間分配生產費用。企業可根據月末結存在產品數量的多少、各月月末在產品結存數量變化程度、月末結存在產品價值的大小、各成本項目在總成本占的比重以及企業定額管理水平的好壞等具體條件，選擇簡便、適當的分配方法。

　　由前面介紹的公式①及公式②可以看出，生產費用在完工產品和在產品之間分配有兩種基本方法：

　　第一，生產費用按一定比例在完工產品和在產品之間分配，即完工產品成本與在產品成本同時確定，包括定額比例法、約當產量法、在產品成本按完工產品成本計算法等。

　　第二，先確定月末在產品成本，然后再確定完工產品成本，包括在產品不計算成本法、在產品按年初(固定)成本計算法、在產品按所耗原材料費用計算法、在產品按定額成本計算法等。

一、在產品不計算成本法

　　在產品不計算成本法是指雖然月末有在產品，但在產品數量很少，價值很低，並且各月月末在產品數量相差不大，因此忽略不計月末在產品成本的方法。如果月初、月末在產品

成本很少,那麼月初在產品成本與月末在產品成本的差額就更小。根據公式②(即月初在產品成本+本月生產費用-月末在產品成本=完工產品成本,下同)可知,計算各月在產品成本與否對完工產品成本影響都不大。因此,為了簡化成本計算工作,可不計算月末在產品成本,完工產品成本就是該產品本月發生的生產費用數額。例如,自來水生產企業、採煤企業、發電企業可以採用這一方法,因為其在產品數量少且穩定。

二、在產品按年初(固定)成本計算法

在產品按年初(固定)成本計算法是指年內各月(12月份除外)月末在產品成本都按年初在產品成本計算,即按固定不變成本計算的方法。這種方法適用於各月月末在產品數量較少,價值較大,或者在產品數量雖然較多,但各月月末在產品數量穩定,變化不大的產品。在月末在產品數量較少,價值較大,或月末在產品數量較多的情況下,如果不計算月末在產品成本,會使成本計算不準確,反應在產品資金占用不實,並且造成較大的帳外財產,影響會計監督。但由於在產品數量較少,或者在產品數量較多,而各月月末在產品數量穩定,根據公式②,月初在產品成本與月末在產品成本的差額仍很小,計算此差額與否對完工產品成本影響不大。因此,為了簡化核算工作,對各月月末在產品可以按固定(即年初)在產品成本計算,月初在產品成本與月末在產品成本之差為零,完工產品成本就是該產品本月發生的生產費用數額。

採用在產品按年初(固定)成本計算法,對年終12月份的月末在產品則不按年初(固定)成本計算,而需根據實際盤存的資料,採用其他方法具體計算年末在產品成本。這樣,一是可以進行下一年度年初在產品成本為各月計算在產品成本所用;二是可以避免在產品固定不變的成本延續時間過長,使在產品成本與實際出入太大,影響產品成本計算的準確性和存貨反應失實。例如,利用容積固定的高爐、化學反應裝置、管道生產的冶煉、化工企業可採用這一方法,但要注意,若物價波動較大,年初(固定)在產品成本可能失實,應慎用此方法。

三、在產品按所耗原材料費用計算法

在產品按所耗原材料費用計算法是指月末在產品只計算其所耗用的原材料費用,不負擔工資及福利費、製造費用等加工費用的方法。這種方法適用於各月月末在產品數量較多,或各月月末在產品數量不穩定,而原材料費用在產品成本中占的比重較大的產品。如果各月月末在產品數量大,各月月末在產品數量也不穩定,既不可以不計算月末在產品成本,也不可以按固定的成本計算,必須具體計算月末在產品成本。但是,若產品的原材料費用比重較大,加工費的比重小,月初在產品中的加工費與月末在產品中的加工費的差額不大,為了簡化核算工作,在產品可不計算加工費用,加工費用全部由完工產品成本負擔。這樣,完工產品成本就是全部生產費用(包括月初在產品成本和本月生產費用)減去月末在產品所耗用的原材料費用。例如,紡織、釀酒、造紙等企業,因其原材料費用比重較大,可採

用這一方法。

【例 7-1】某企業生產某產品,其原材料費用占產品成本的比重較大,在產品只計算所耗原材料費用。某月初在產品成本及本月發生的生產費用如下:

月初在產品成本 10,926 元,也就是月初在產品原材料費用。本月生產費用 110,912 元。其中,原材料費用 97,432 元,直接人工 6,408 元,製造費用 7,072 元。

原材料是生產開始時一次投入,本月完工產品 440 件,月末在產品 60 件。

由於原材料是生產開始時一次投入,因此單位完工產品和單位在產品所耗原材料費用是一樣的。原材料費用可以直接用完工產品和在產品數量分配:

原材料費用分配率 = $\dfrac{10,926+110,912}{440+60}$ = 24.367,6(元/件)

在產品負擔原材料費用 = 60×24.367,6 = 1,462.06(元)

完工產品成本 = 10,926+110,912−1,462.06 = 120,375.94(元)

月末在產品所耗用的原材料費用還可以按消耗量和單價等計算,如果是耗用上一步驟的半成品,也可按上一步驟半成品費用計算。如果在產品分佈在幾道不同的工序,而經過每道工序加工,原材料都有一定損耗,則應將每道工序在產品的原材料數量還原為原始(未加工)的原材料數量後,再乘以單價計算各工序在產品原材料費用,各工序在產品原材料費用之和為月末在產品成本。還原公式為:

$\dfrac{\text{某工序在產品}}{\text{原材料消耗量}} = \dfrac{\text{該工序在產品數量}}{1-\text{損耗率}}$

四、在產品按定額成本計算法

在產品按定額成本計算法是指根據月末在產品數量、投料和加工程度以及單位材料消耗定額、工時定額、加工費用定額等定額成本資料計算月末在產品成本的方法。其計算公式為:

在產品材料定額成本 = 在產品數量×在產品單位材料定額成本
　　　　　　　　　 = 在產品數量×單位材料消耗定額×材料計劃單價

在產品工資定額成本 = 在產品數量×單位工時定額×單位工時定額工資
　　　　　　　　　 = 在產品定額工時×單位工時定額工資

在產品製造費用定額成本的計算與在產品工資定額成本的計算相同。

在產品定額成本 = 在產品材料定額成本 + 在產品工資定額成本 + 在產品製造費用定額成本

完工產品成本 = 月初在產品定額成本 + 本月生產費用 − 月末在產品定額成本

這一方法適用於定額管理基礎較好,各項消耗定額或費用定額比較準確、穩定,各月月末在產品數量變動不大的企業。因為月末在產品按定額成本確定后,全部生產費用(含月初及本月發生費用)減去月末在產品定額成本就是完工產品成本,即將實際生產費用脫離

定額的差異全部由完工產品成本負擔,如果定額不夠準確,實際費用脫離定額的差異就較大,就會影響成本計算的準確性。如果各項定額不夠穩定,亦會影響成本的核算和分析。因為在修改定額的月份,不僅將實際費用與新定額之間的差異計入了完工產品成本,而且將月末在產品的新定額與舊定額之間的差異也計入了完工產品成本。如果定額較客觀、準確、穩定,則單位在產品成本脫離定額的差異就很小,而且各月月末在產品數量變動不大,月初在產品成本脫離定額的差異總額與月末在產品脫離定額差異總額的差額也不會大,對完工產品成本計算的準確性影響就很小。因此,為了簡化產品成本計算工作,月末在產品可按定額成本計算。

【例7-2】某企業生產乙產品,某月生產費用合計為22,590元。其中,原材料為10,920元,燃料和動力為3,030元,直接人工為3,650元,製造費用為4,990元。該月生產完工產品100件,月末在產品30件,其定額工時為400小時。乙產品原材料一次投入,產品材料費用定額即在產品原材料費用定額為85元。每工時費用定額為燃料和動力1.20元,直接人工1.60元,製造費用2.20元。

根據以上資料編製產品成本計算單,如表7-2所示。

表7-2　　　　　　　　　　　產品成本計算單　　　　　　　　金額單位:元
產品名稱:乙產品　　　　　　　　2016年5月　　　　　　　　　產量:100件

成本項目	原材料	定額工時（小時）	燃料及動力	直接人工	製造費用	合計
生產費用合計	10,920		3,030	3,650	4,990	22,590
在產品費用定額	85		1.2	1.6	2.2	——
在產品成本	2,550	400	480	640	880	4,550
完工產品成本	8,370		2,550	3,010	4,110	18,040
完工產品單位成本	83.70		25.50	30.10	41.10	180.40

採用這種方法計算在產品成本時,還可視情況進一步簡化成本計算工作,即可根據各項費用在產品成本中占的比重,月末在產品或只計算原材料定額成本,或只計算原材料與直接人工定額成本,或只計算直接人工等加工費用的定額成本,其他未計入在產品成本的費用,全部由完工產品負擔。

上面介紹的四種方法,都是用公式②,即先確定月末在產品成本,再計算完工產品成本的方法。下面介紹完工產品成本與月末在產品成本同時確定(即公式①)的方法。

五、約當產量法

約當產量法(Equivalent Unit Method)是指將月末結存在產品數量按其完工程度折算為相當於完工產品的數量,即約當產量,然後按照完工產品產量(也就是完工程度為100%的約當產量)與月末在產品約當產量的比例分配生產費用,計算完工產品成本和在產品成本的方法。這種方法適用範圍較廣,尤其適用於月末在產品數量較大,各月月末在產品數

量不穩定、變化較大,產品成本中各項費用占的比重相差不大的產品。

採用約當產量法,月末在產品需按完工程度折算為約當產量。由於月末在產品的投料程度與加工程度可能不相同,各項費用的投入程度也就可能不同,因此應分別計算用於分配原材料、直接人工、製造費用等成本項目的在產品約當產量。

(一)月末在產品約當產量的計算

在產品約當產量的計算公式為:

在產品約當產量＝在產品數量×完工程度

要計算在產品約當產量,除統計、記錄好在產品數量外,關鍵是完工百分比,即完工程度的測定。如果各道工序在產品數量和在產品加工程度都相差不多,后面工序多加工的可彌補前面少加工的,這樣全部在產品的完工程度可平均為50%。同理,每道工序在產品的完工程度也可按50%計算(僅指完成本工序的50%。前面工序已完成的,要以100%計算)。除此之外,還需視具體情況分別計算。

1. 分配「直接人工」「製造費用」等成本項目的月末在產品約當產量計算

這類成本項目是根據月末在產品的加工程度計算約當產量,加工程度按加工時間計算確定。

第一,如果產品生產是單工序的,則可直接根據單位月末在產品已加工時間占單位完工產品時間比例計算(或可用工時定額)。

【例7-3】某產品月末在產品有150件,已加工時間占完工產品時間的60%,即完工程度60%。

在產品約當產量＝150×60%＝90(件)

第二,如果產品生產是多工序的,則應分工序計算各工序完工程度及在產品約當產量。

$$某道工序在產品完工率 = \frac{前面各道工序累計工時定額＋本工序工時定額×50\%}{完工產品工時定額} \times 100\%$$

某道工序在產品約當產量＝該道工序在產品數量×該道工序完工率

月末在產品約當產量＝∑(每一工序在產品數量×該道工序完工率)

【例7-4】某企業生產某產品經三道工序制成,該產品的工時定額為20小時。其中,第一道工序8小時,第二道工序7小時,第三道工序5小時。該產品月末在產品30件。其中,第一道工序14件,第二道工序10件,第三道工序6件。

$$第一道工序在產品完工率 = \frac{8 \times 50\%}{20} \times 100\% = 20\%$$

$$第二道工序在產品完工率 = \frac{8＋7 \times 50\%}{20} \times 100\% = 57.5\%$$

$$第三道工序在產品完工率 = \frac{8＋7＋5 \times 50\%}{20} \times 100\% = 87.5\%$$

月末在產品約當產量＝20%×14＋57.5%×10＋87.5%×6＝13.8(件)

2. 分配「原材料」成本項目的月末在產品約當產量計算

原材料成本項目是根據月末在產品的投料程度計算約當產量的。

第一，如果原材料在生產開始時一次投入，不管產品生產是單工序還是多工序，月末在產品的單位原材料費用與完工產品單位原材料費用都是相同的。因此，月末在產品不需要折算約當產量，即相當於完工率為100%，直接按完工產品產量與在產品數量分配。

第二，如果原材料陸續投入，投料程度與加工程度一致或基本一致，用於分配原材料的月末在產品約當產量與用於分配直接人工、製造費用等成本項目的月末在產品約當產量相同。

第三，如果原材料陸續投入，投料程度與加工程度不一致，則原材料費用分配較複雜。

當產品生產是單工序時，按照實際的投料程度來計算約當產量。

例如，某企業生產某產品，生產開始時投料60%，第二次投料是在產品加工達50%時投入20%，第三次投料是在產品加工達70%時再投入20%。月末在產品為200件，加工程度為60%。這時實際上已投料兩次，投料程度為80%（60%+20%）。

月末在產品約當產量=200×80%=160（件）

當產品生產是多工序時，應根據各工序累計原材料費用定額占完工產品費用定額的比率計算各工序完工率，再計算各工序在產品約當產量。

$$\text{某道工序在產品完工率}=\frac{\text{前各道工序累計材料費用定額}+\text{本工序材料費用定額}\times 50\%}{\text{完工產品材料費用定額}}$$

某道工序在產品約當產量=該工序在產品數量×該工序完工率

月末在產品約當產量=Σ（各工序在產品數量×各工序完工率）

【例7-5】某企業生產某產品要經兩道工序制成，各工序原材料費用定額、在產品數量以及完工率和約當產量計算如表7-3所示。

表7-3　　　　　　　　　　月末在產品約當產量計算表　　　　　　　　　　單位：件

工序	本工序原材料費用定額	完工率計算	月末在產品數量	月末在產品約當產量
1	40	$\frac{40\times 50\%}{50}\times 100\%=40\%$	50	20
2	10	$\frac{40+10\times 50\%}{50}\times 100\%=90\%$	30	27
合計	50	—	80	47

第四，如果原材料隨加工程度在每道工序開始時一次投入，則計算在產品約當產量，實質上是一次投入與陸續投入的計算方法結合運用。

【例7-6】仍用例7-5中的原材料費用定額和在產品數量資料，計算在這種情況下的完工率和約當產量，如表7-4所示。

表 7-4　　　　　　　　　　月末在產品約當產量計算表　　　　　　　單位:件

工序	本工序原材料費用定額	完工率計算	月末在產品數量	月末在產品約當產量
1	40	$\frac{40}{50} \times 100\% = 80\%$	50	40
2	10	$\frac{40+10}{50} \times 100\% = 100\%$	20	20
合計	50	—	70	60

表 7-4 中的完工率計算與例 7-5 不同，原因是原材料在各工序開始時一次投入，故不需以 50% 計算在本工序的完工率。

(二) 約當產量法分配費用

確定月末在產品的約當產量後，就可以分配本月生產費用合計，計算完工產品和在產品成本。其計算公式為:

$$\text{某成本項目費用分配} = \frac{\text{月初在產品該項費用} + \text{本月該項生產費用}}{\text{完工產品產量} + \text{月末在產品約當產量}}$$

完工產品某成本項目費用 = 完工產品產量 × 該成本項目費用分配率

月末在產品某成本項目費用 = 月末在產品約當產量 × 該成本項目費用分配率

【例 7-7】某企業生產 A 產品，2016 年 3 月，月初在產品數量 20 件，加工程度 50%；本月投產數量 120 件，本月完工產量 100 件；月末在產品數量 40 件，加工程度 40%。原材料投入情況:開始生產時，投入全部的 60%；當產品加工達 45%，再投入 20%；當加工達 80%，再投入 20%。

月初在產品成本和本月發生生產費用的資料如表 7-5 所示。

表 7-5　　　　　　月初在產品成本和本月發生生產費用　　　　　　單位:元

成本項目	原材料	直接人工	製造費用
月初在產品	1,194	278.20	372.40
本月生產費用	8,478	3,317.80	3,455.60

用於分配原材料的月末在產品約當產量 = 40 × 60% = 24(件)

原材料分配率 = $\frac{1,194 + 8,478}{100 + 24}$ = 78(元/件)

完工產品原材料費用 = 100 × 78 = 7,800(元)

月末在產品原材料費用 = 24 × 78 = 1,872(元)

用於分配直接人工、製造費用的月末在產品約當產量 = 40 × 40% = 16(件)

直接人工分配率 = $\frac{278.20 + 3,317.80}{100 + 16}$ = 31(元/件)

完工產品直接人工=100×31=3,100(元)

月末在產品直接人工=16×31=496(元)

製造費用分配率=$\frac{372.40+3,455.60}{100+16}$=33(元/件)

完工產品製造費用=100×33=3,300(元)

月末在產品製造費用=16×33=528(元)

根據以上計算編製產品成本計算單,如表 7-6 所示。

表 7-6　　　　　　　　　　　　　產品成本計算單

產品名稱:A 產品　　　　　　　　2016 年 3 月　　　　　　　　金額單位:元

成本項目		原材料	直接人工	製造費用	合計
月初在產品成本		1,194	278.20	372.40	1,844.60
本月生產費用		8,478	3,317.80	3,455.60	15,251.40
生產費用合計		9,672	3,596	3,828	17,096
約當產量分配率(%)		78	31	33	
完工產品	產量(件)	100	100	100	
	成本	7,800	3,100	3,300	14,200
月末在產品	約當產量(件)	24	16	16	
	成本	1,872	496	528	2,896

【例 7-8】某企業生產甲產品,經兩道工序完成。原材料在生產開始時一次投入,第一工序工時定額為 30 小時,第二工序工時定額為 20 小時。本月完工甲產品 300 件,月末在產品 90 件。其中,第一工序 50 件,第二工序 40 件。月初在產品和本月生產費用合計為 51,203 元。其中,原材料 23,790 元,直接人工 13,186 元,製造費用 14,227 元。

原材料生產開始時一次投入,因此用於分配原材料費用的月末在產品約當產量就是在產品數量。

材料費用分配率=$\frac{23,790}{300+90}$=61(元/件)

完工產品原材料費用=300×61=18,300(元)

月末在產品原材料費用=90×61=5,490(元)

用於分配直接人工、製造費用的月末在產品約當產量:

第一工序在產品約當產量=$\frac{30×50\%}{50}$×50=15(件)

第二工序在產品約當產量=$\frac{30+20×50\%}{50}$×40=32(件)

月末在產品約當產量=15+32=47(件)

直接人工分配率=$\frac{13,186}{300+47}$=38(元/件)

完工產品直接人工=300×38=11,400(元)

月末在產品直接人工=47×38=1,786(元)

製造費用分配率=$\frac{14,227}{300+47}$=41(元/件)

完工產品製造費用=300×41=12,300(元)

月末在產品製造費用=47×41=1,927(元)

根據以上計算編製產品成本計算單,如表7-7所示。

表7-7　　　　　　　　　　　產品成本計算單　　　　　　　　　　金額單位:元

產品名稱:甲產品　　　　　　　　　2016年5月　　　　　　　　　　產量:300件

成本項目	原材料	直接人工	製造費用	合計
生產費用合計	23,790	13,186	14,227	51,203
約當總產量	390	347	347	—
分配率	61	38	41	—
完工產品成本	18,300	11,400	12,300	42,000
完工產品單位成本	61	38	41	140
月末在產品成本	5,490	1,786	1,927	9,203

上面介紹的兩個例子(例7-7和例7-8),都是對月初在產品成本和本月生產費用的合計,以月初在產品數量和本月投入數量為權數,求出約當產量的加權平均成本計算完工產品和月末在產品成本的。如果上月成本水平與本月成本水平差別較大時,按加權平均成本計算的本月月末在產品就要受到上月成本水平的影響,從而又繼續影響下一個月。為了客觀、恰當地反應本月月末在產品成本(以本月成本水平反應),約當產量法還可以有另一種計算方法,即對在產品成本不用加權平均法計算,而採用先進先出法計算(讀者可以參看本章的附錄)。

六、定額比例法

前面介紹的在產品按定額成本計算的方法,要求企業定額管理基礎較好,各項消耗定額或費用定額比較準確、穩定,各月月末在產品數量變動不大的產品可採用。但如果各月月末在產品數量變化較大的產品,則不宜採用。因為雖然單位在產品脫離定額的差異不大,但是月初在產品脫離定額的差異總額與月末在產品脫離定額的差異總額之間的差額會較大,將這差額全部由完工產品成本負擔,就會影響完工產品成本的準確性,甚至會使完工產品成本出現負數的不合理現象。為了避免在產品按定額成本計算將脫離定額差異全部計入完工產品的不足,尤其是在各月月末在產品數量波動較大的情況下,可以採用定額比例法。

定額比例法(Quota Percentage Method)是指以完工產品與在產品的定額耗用量(或定

額成本)作為分配標準,將實際生產費用在完工產品和在產品之間分配的方法。由於原材料與工資、製造費用的定額耗用量標準不同,因此需按成本項目分別計算分配。通常「原材料」項目可按原材料定額消耗量或原材料定額費用為標準進行分配;「工資及福利費」「製造費用」等成本項目既可按定額工時(即工時的定額消耗量),也可按定額費用為標準進行分配。由於計劃工資分配率和計劃製造費用分配率只有一個,因此按兩種分配標準分配的結果是一樣的。

(一)按定額消耗量比例分配

$$消耗量分配率 = \frac{月初在產品實際消耗量 + 本月實際消耗量}{完工產品定額消耗量 + 月末在產品定額消耗量}$$

完工產品實際消耗量 = 完工產品定額消耗量 × 消耗量分配率

月末在產品實際消耗量 = 月末在產品定額消耗量 × 消耗量分配率

完工產品實際成本 = 完工產品實際消耗量 × 材料單價(或單位工時工資、費用)

$$\frac{月末在產品}{實際成本} = \frac{月末在產品}{實際消耗量} \times \frac{材料單價(或單位}{工時工資、費用)}$$

按上述公式,應先計算實際消耗量再計算實際成本,這樣既能提供完工產品和在產品的實際成本資料,又能提供其實際消耗量資料,便於分析考核各項消耗定額執行情況。但如果產品所耗原材料品種多,必須分別計算各種原材料的消耗量、單價,核算工作量較大,為簡化核算,可按定額費用比例分配。

(二)按定額費用比例分配

$$材料費用分配率 = \frac{月初在產品材料費用 + 本月材料費用}{完工產品定額材料費用 + 月末在產品定額材料費用}$$

完工產品原材料費用 = 完工產品定額材料費用 × 材料費用分配率

月末在產品材料費用 = 月末在產品定額材料費用 × 材料費用分配率

或 月末在產品材料費用 = 月初在產品材料費用 + 本月材料費用 − 完工產品材料費用

$$工資及福利費分配率 = \frac{月初在產品工資及福利費 + 本月工資及福利費}{完工產品定額工時 + 月末在產品定額工時}$$

完工產品工資及福利費 = 完工產品定額工時 × 工資及福利費分配率

$$\frac{月末在產品}{工資及福利費} = \frac{月末在產品}{定額工時} \times 分配率$$

或 $\frac{月末在產品}{工資及福利費} = \frac{月初在產品}{工資及福利費} + \frac{本月工資}{及福利費} - \frac{完工產品工}{資及福利費}$

計算分配製造費用的方法與計算分配工資的方法一樣。

計算工資等費用沒有用定額費用,原因是用定額工時與其結果一樣,而定額工時資料便於取得。

【例7-9】某企業生產 C 產品,某月完工 C 產品 200 件,月末在產品 50 件。生產該產品原材料於生產開始時一次性投入。該月月初在產品成本和本月發生的生產費用以及該產品的定額資料如表7-8 所示。

表 7-8　　　　　　　在產品成本和本月發生的生產費用及定額資料　　　　金額單位:元

成本項目	原材料	直接人工	製造費用	合計
月初在產品成本	9,606	3,013	3,427	16,046
本月生產費用	11,994	9,752	10,948	32,694
單位完工產品定額	90	10 小時		
單位月末在產品定額	90	6 小時		

根據以上資料,按定額比例法計算如下:

$$原材料費用分配率 = \frac{9,606+11,994}{200 \times 90 + 50 \times 90} = 0.96$$

完工產品原材料費用 = 18,000×0.96 = 17,280(元)

月末在產品原材料費用 = 4,500×0.96 = 4,320(元)

完工產品定額工時 = 200×10 = 2,000(小時)

月末在產品定額工時 = 50×6 = 300(小時)

$$工資及福利費分配率 = \frac{3,013+9,752}{2,000+300} = 5.55(元/小時)$$

完工產品工資及福利費 = 2,000×5.55 = 11,100(元)

月末在產品工資及福利費 = 300×5.55 = 1,665(元)

$$製造費用分配率 = \frac{3,427+10,948}{2,000+300} = 6.25(元/小時)$$

完工產品製造費用 = 2,000×6.25 = 12,500(元)

月末在產品製造費用 = 300×6.25 = 1,875(元)

以上計算可直接在產品成本計算單或產品成本明細帳中進行,如表 7-9 所示。

表 7-9　　　　　　　　　　產品成本計算單　　　　　　　　　金額單位:元

產品名稱:C 產品　　　　　　　2016 年 5 月　　　　　　　　產量:200 件

成本項目	原材料	直接人工	製造費用	合計
月初在產品成本	9,606	3,013	3,427	16,046
本月生產費用	11,994	9,752	10,948	32,694
生產費用合計	21,600	12,765	14,375	48,740
完工產品定額	18,000	2,000 小時	2,000 小時	—
月末在產品定額	4,500	300 小時	300 小時	—
小計	22,500	2,300 小時	2,300 小時	
分配率	0.96	5.55 元/小時	6.25 元/小時	
完工產品成本	17,280	11,100	12,500	40,880
月末在產品成本	4,320	1,665	1,875	7,860

採用定額比例分配法,不僅分配結果較合理,而且還便於比較分析實際費用與定額費用,考核定額費用執行情況。原材料項目以定額費用為分配標準計算的分配率直接表示了實際成本是超支還是節約(大於 1 為超支,小於 1 為節約),直接人工、製造費用項目以定額工時計算的分配率可與計劃工資率、計劃製造費用分配率進行比較,分析超支或節約情況。

不過採用上述定額比例分配方法,需要取得完工產品和在產品的定額資料,若在產品的種類和生產工序繁多,則月末在產品的定額消耗量或定額成本確定的工作量很大。為了計算方便,月末在產品的定額可採用倒擠的方法計算。其計算公式為:

$$\frac{月末在產品}{定額成本} = \frac{月初在產品}{定額成本} + \frac{本月投入產品}{定額成本} - \frac{本月完工產品}{定額成本}$$

該辦法雖簡單,但如果在產品有盤盈盤虧,則不能如實反應產品成本水平,故應定期清查在產品,按在產品實際存量計算定額成本。

附　錄

一、約當產量法下的先進先出法

所謂約當產量法下的先進先出法,是假定先投產的先完工,即假定月初在產品先於本月投產的產品完工。如果在產品生產週期小於 1 個月的話,月初在產品會在本月全部完工,那麼月初在產品成本應全部計入本月完工產品成本,而本月發生的生產費用按本月完工產品約當產量和月末在產品約當產量比例分配。因為本月發生的生產費用用於上月未完工由本月繼續生產的月初在產品及本月投產的產品,所以按先進先出法,本月完工產品約當產量應是月初在產品本月生產的約當產量加上本月投產本月完工的產品數量。具體的計算公式為:

本月完工產品約當產量=月初在產品本月生產的約當產量+本月投產本月完工的產品數量

月初在產品本月生產的約當產量=月初在產品數量×(1-上月完工百分比)

本月投產本月完工的產品數量=本月投產數量-月末在產品數量

或　本月投產本月完工的產品數量=本月完工產品數量-月初在產品數量

月末在產品約當產量=月末在產品數量×月末在產品完工百分比

以上約當產量的計算,同樣應分別按成本項目進行。

$$某成本項目本月費用分配率 = \frac{該成本項目本月生產費用}{本月完工產品約當產量+月末在產品約當產量}$$

月末在產品某成本項目費用=月末在產品約當產量×該成本項目本月費用分配率

$$\frac{完工產品}{某成本項目費用} = \frac{月初在產品}{該項費用} + \frac{本月該項}{生產費用} - \frac{月末在產品}{該項費用}$$

或　$$\frac{完工產品}{某成本項目費用} = \frac{月初在產品}{該項費用} + \frac{本月完工產}{品約當產量} \times \frac{該項費用本月}{費用分配率}$$

【例7-10】某企業生產 A 產品,2016 年 3 月,月初在產品數量 20 件,加工程度 50%;本月投產數量 120 件,本月完工產量 100 件;月末在產品數量 40 件,加工程度 40%。本月原材料投入:開始生產時,投入全部的 60%;當產品加工達 45%,再投入 20%;當加工達 80%,再投入 20%。

月初在產品成本和本月發生生產費用資料如表 7-10 所示。

表 7-10　　　　　　　月初在產品成本和本月發生生產費用　　　　　　　單位:元

成本項目	原材料	直接人工	製造費用
月初在產品	1,194	278.20	372.40
本月生產費用	8,478	3,317.80	3,455.61

(例 7-10 與第七章的例 7-7 的資料相同)

(1)用於分配原材料成本項目的約當產量計算為:

本月完工產品約當產量 = 20×(1-80%)+(100-20) = 84(件)

月末在產品約當產量 = 40×60% = 24(件)

因為月初在產品在上月已投料 80%(60%+20%),本月實際投料 20%(1-80%),所以在本月的約當產量為 4 件(20×20%)。

$$原材料費用分配率 = \frac{8,478}{80+4+24} = 78.50(元/件)$$

月末在產品原材料費用 = 24×78.50 = 1,884(元)

完工產品原材料費用 = 9,672-1,884 = 7,788(元)

或　完工產品原材料費用 = 1,194+84×78.50 = 7,788(元)

(2)用於分配直接人工、製造費用項目的約當產量計算為:

本月完工產品約當產量 = 20×(1-50%)+(100-20) = 90(件)

月末在產品約當產量 = 40×40% = 16(件)

由於月初在產品上月已加工 50%,本月實際加工 50%,故在本月的約當產量為 10 件(20×50%)。

$$直接人工分配率 = \frac{3,317.8}{80+10+16} = 31.3(元/件)$$

月末在產品直接人工 = 16×31.30 = 500.80(元)

完工產品直接人工 = 3,596-500.8 = 3,095.20(元)

或　完工產品直接人工 = 278.20+90×31.30 = 3,095.20(元)

$$製造費用分配率 = \frac{3,455.6}{80+10+16} = 32.60(元/件)$$

月末產品製造費用 = 16×32.60 = 521.60(元)

完工產品的製造費用 = 3,828-521.60 = 3,306.40(元)

或　完工產品的製造費用 = 372.40+90×32.60 = 3,306.40(元)

完工產品總成本 = 7,788+3,095.20+3,306.40 = 14,189.60(元)

月末在產品成本 = 1,884+500.80+521.60 = 2,906.40(元)

根據以上資料編製 A 產品的產品成本計算單，如表 7-11 所示。

表 7-11　　　　　　　　　　　　**產品成本計算單**　　　　　　　　　金額單位:元

產品名稱:A 產品　　　　　　　　　　2016 年 3 月　　　　　　　　　　　產量:100 件

成本項目		原材料	直接人工	製造費用	合計
月初在產品成本		1,194	278.20	372.40	1,844.60
本月生產費用		8,478	3,317.80	3,455.60	15,251.40
生產費用合計		9,672	3,596	3,828	17,096
約當產量分配率(%)		78.50	31.30	32.60	
完工產品	約當產量(件)	84	90	90	
	成本	7,788	3,095.20	3,306.40	14,189.60
月末在產品	約當產量(件)	24	16	16	—
	成本	1,884	500.80	521.60	2,906.40

顯然結果與第七章的例 7-7 有差別。這裡的月末在產品成本僅以本月生產費用分配計算，反應本月成本水平，不受上月成本影響。

上述計算是在產品生產週期小於 1 個月的情況下，即月初在產品成本全部由本月完工產品負擔；若產品生產週期大於 1 個月，那麼月初在產品在本月不能全部完工，部分成為本月月末在產品。這樣採用約當產量法下的先進先出法計算就較為麻煩，需將月初在產品成本在本月完工月初在產品和本月尚未完工月初在產品之間分配，本月生產費用仍需按本月約當產量分配，月末在產品成本包括了本月未完工的月初在產品成本以及本月對其繼續生產的費用和本月投產未完工產品本月的費用。而完工產品成本則包括本月已完工部分的月初在產品成本以及本月對其繼續生產至完工的費用。

二、約當產量法在產品投入、產出數量不一致情況下的應用

企業在生產產品過程中，常常會由於發生不可修復廢品、在產品盤虧毀損，或在生產工藝過程中的膨脹、去雜、蒸發等消耗，使產品投入數量與產出數量不一致。一般對於生產工藝過程客觀的合理損耗量(如蒸發)和自然升溢的數量，在計算完工產品成本和月末在產品成本時，不須單獨計算損益。合理損耗使產品產出減少，單位成本增加；相反，升溢使產出增加，而單位成本減少。但是，對於發生的不可修復廢品、在產品盤虧毀損的短缺數量，在計算完工產品成本和在產品成本時要將其考慮進去，單獨計算這些損失。此外，如果產品在各工序加工時訂有計劃的損耗率，則應將損耗率考慮計算。也就是說，運用約當產量法，在計算約當產量時要考慮上述短缺數量和計劃損耗率。

(一)發生不可修復廢品和在產品盤虧、毀損

發生不可修復廢品和在產品盤虧、毀損時，以完工產量和約當產量為標準分配生產費用，不可修復廢品、在產品盤虧毀損的數量都必須計算約當產量。

【例7-11】某企業某月生產的M產品有關投入產出、生產費用等資料如下：

投入產出：

月初在產品數量	80臺
本月生產投入數量	300臺
本月完工產品數量	280臺
本月發生不可修復廢品數量	5臺（加工程度40%）
本月在產品盤虧數量	3臺（加工程度60%）
本月在產品毀損數量	2臺（加工程度60%）
月末在產品結存數量	90臺（加工程度50%）

原材料陸續投入，與加工程度一致，不可修復廢品收回殘料價值32元，毀損在產品收回殘料價值16.60元。廢品損失全部由完工產品負擔，盤虧毀損在產品由責任人賠償。

月初在產品和本月生產費用資料如表7-12所示。

表7-12　　　　　　　月初在產品和本月生產費用　　　　　　　單位：元

成本項目	原材料	直接人工	製造費用	合　計
月初在產品	1,390	420	580	2,390
本月生產費用	9,170	3,540	4,040	16,750

由於原材料陸續投入，投入程度與加工程度一致，所以，用於分配原材料項目和用於分配直接人工、製造費用成本項目的約當產量是相同的。計算如下：

不可修復廢品約當產量	5×40% = 2（臺）
盤虧在產品約當產量	3×60% = 1.8（臺）
毀損在產品約當產量	2×60% = 1.2（臺）
月末在產品約當產量	90×50% = 45（臺）
合　計	50（臺）

根據上述資料及計算編製M產品的產品成本計算單，如表7-13所示。

表7-13　　　　　　　　產品成本計算單　　　　　　　金額單位：元

產品名稱：M產品　　　　　　2016年5月　　　　　　產量：280臺

成本項目	原材料	直接人工	製造費用	廢品損失	合計
月初在產品成本	1,390	420	580	—	2,390
本月生產費用	9,170	3,540	4,040	—	16,750
生產費用合計	10,560	3,960	4,620	—	19,140
約當總產量（臺）	330	330	330	—	—
分配率（%）	32	12	14	—	—
不可修復廢品成本	-64	-24	-28	116	—
減：廢品殘值				-32	-32
結轉盤虧在產品	-57.60	-21.60	-25.20		-104.40
結轉毀損在產品	-38.40	-14.40	-16.80		-69.60
本月完工產品總成本	8,960	3,360	3,920	84	16,324
完工產品單位成本	32	12	14	0.3	58.30
月末在產品成本	1,440	540	630	—	2,610

「廢品損失」項目由完工產品負擔,盤虧和毀損的在產品成本應結轉到「待處理財產損溢」帳戶的借方,而毀損在產品收回的殘值應記入「待處理財產損溢」帳戶的貸方。

(二)產品在各工序加工訂有計劃損耗率

產品在各工序加工訂有計劃損耗率時,用於「原材料」成本項目分配的月末在產品約當產量的計算必須考慮計劃損耗率。因為各工序月末在產品原材料的損耗程度與完工產品的損耗程度不一致,只按投料程度計算的約當產量尚不可與完工產量直接相加,應將各工序原材料損耗程度與完工產品損耗程度調整一致。

如果假設各工序月末在產品在本工序的損耗已發生,則:

$$\text{第 } n \text{ 工序月末在產品約當產量} = \text{該工序月末在產品數量} \times \text{該工序完工率} \times (1 - \text{第 } n+1 \text{ 工序損耗率})(1 - \text{第 } n+2 \text{ 工序損耗率}) \cdots$$

式中,計算 $n+1$、$n+2$……工序損耗率,直至最后完工工序止。

如果各工序月末在產品在本工序損耗全部未發生,則計算時還應該將(1-第 n 工序損耗率)乘上。

【例7-12】某企業生產丁產品需經過兩道工序,第一道工序計劃損耗率20%,第二道工序計劃損耗率10%,原材料在第一道工序開始加工時一次投入。假設各工序月末在產品在本工序的損耗已發生。本月完工產品、月末在產品數量資料和生產費用資料如下(見表7-14):

本月完工產品　　　　　　　　　　　　　　950千克
第一道工序月末在產品　　　　　　　　　　200千克　(加工程度40%)
第二道工序月末在產品　　　　　　　　　　270千克　(加工程度70%)

表7-14　　　　　　　　月初在產品和本月生產費用　　　　　　　　單位:元

成本項目	原材料	直接人工	製造費用
月初在產品	8,645	1,236	882
本月生產費用	23,555	7,297	5,213

根據上述資料,月末在產品約當產量計算如表7-15所示。

表7-15

	用於分配「原材料」項目、月末在產品約當產量	用於分配「直接人工」和「製造費用」在產品約當產量
第一工序	200(1-10%)=180(千克)	200×40%=80(千克)
第二工序	270×100%=270(千克)	270×70%=189(千克)
合　　計	450千克	269千克

分配「直接人工」「製造費用」的月末在產品約當產量根據加工程度直接計算。

根據以上資料編製丁產品的產品成本計算單,如表7-16所示。

表 7-16　　　　　　　　　　**產品成本計算單**　　　　　　　金額單位:元

產品名稱:丁產品　　　　　　　2016 年 5 月　　　　　　　　產量:950 千克

成本項目	原材料	直接人工	製造費用	合計
月初在產品成本	8,645	1,236	882	10,763
本月生產費用	23,555	7,297	5,213	36,065
生產費用合計	32,200	8,533	6,095	46,828
約當總產量	1,400	1,219	1,219	—
分配率	23	7	5	—
完工產品總成本	21,850	6,650	4,750	33,250
完工產品單位成本	23	7	5	35
月末在產品成本	10,350	1,883	1,345	13,578

本例若已知本月所耗原材料單位實際成本為 16.40 元,還可將各工序的在產品數量按該工序的損耗率還原為原始(未損耗前)的原材料實際耗用數量,再乘以單價,則可計算每工序月末在產品的原材料成本,從而求得月末在產品原材料成本;完工產品原材料成本可用月初在產品原材料成本加上本月原材料生產費用減去月末在產品原材料成本計算出。

按這種方法計算,月末在產品原材料成本為:

第一工序月末在產品原材料耗用量 $= \dfrac{200}{1-20\%} = 250$(千克)

第二工序月末在產品原材料耗用量 $= \dfrac{270}{(1-20\%)(1-10\%)} = 375$(千克)

合　　計　　　　　　　　625 千克

月末在產品原材料成本 $= 625 \times 16.40 = 10,250$(元)

完工產品原材料成本 $= 32,200 - 10,250 = 21,950$(元)

結果與用約當產量法計算的有差別。主要原因是這一方法月末在產品原材料成本是以本月材料實際單位成本計算,而約當產量法是用加權平均單價計算的。

思考題

1. 生產費用在完工產品與在產品之間分配有哪些方法?
2. 什麼是在產品?廣義的在產品與狹義的在產品之間有什麼區別與聯繫?
3. 什麼是約當產量法?如何利用約當產量分配原材料費用?
4. 如何利用約當產量法分配其他費用?
5. 約當產量法與定額比例法有什麼區別與聯繫?

練習題

1. 某企業 A 產品原材料在生產開始時一次投入,產品成本中原材料費用所占比重較大,月末在產品按所耗原料材料費用計價。6 月初在產品費用為原材料費用 500 元。6 月份投入生產費用為:原材料費用 15,000 元,燃料和動力費 800 元,直接人工 912 元,製造費用 1,000 元。本月完工 A 產品 100 件,月末在產品 20 件。

要求:計算完工產品成本與在產品成本。

2. 某產品經由兩道工序制成,各工序的原材料消耗定額為:第一道工序 400 千克,第二道工序 200 千克。

要求:

(1)如果該產品原材料在每工序開始時一次投入,計算各工序完工率;

(2)如果該產品原材料隨生產進度陸續投入,計算各工序完工率。

3. 某企業生產 A、B 兩種產品,A 產品耗用的原材料是生產開始時一次投入的,而 B 產品是隨著加工進度逐步投入的。其余資料見表 7-17。

表 7-17　　　　　　　　　　A、B 兩種產品相關資料

產品名稱	完工產品件數(件)	在產品件數(件)	完工百分比(%)	月初加本月生產費用合計(元)		
				原材料	直接人工	製造費用
A	120	40	37.5	64,640	26,460	21,060
B	300	100	50	175,000	79,800	63,000

要求:用約當產量法計算完工產品與在產品成本,並編製產品入庫的會計分錄。

4. 某企業生產 A 產品的月初在產品費用及本月發生的費用如表 7-18 所示。

表 7-18　　　　某企業生產 A 產品的月初在產品費用及本月發生的費用　　　　單位:元

成本項目	原材料	直接人工	製造費用	合計
月初在產品費用	2,000	1,150	1,000	4,150
本月生產費用	5,008	2,555	2,458	10,021
合　　計	7,008	3,705	3,458	14,171

A 產品單位原材料費用定額為 20 元,原材料在投產時一次投入。A 產品本月完工 200 臺,月末在產品 120 臺。A 產品的工時定額為 4 小時,單位在產品平均工時為 2 小時,單位工時的計劃工資和製造費用單價分別為 3.8 元和 3.6 元。

要求:根據上述資料,用在產品按定額成本法和定額比例法分配 A 產品的完工產品成本與在產品成本。

第八章　成本計算方法的選擇

儘管所有工業企業在計算產品成本時，都要劃分幾條界限，進行橫向和縱向的分配。但是，由於各企業的生產工藝、生產組織特點、管理要求不同，則成本計算對象(分配對象)不同，明細帳設置等也不同，由此形成多種各具特點的成本計算方法。本章介紹企業應如何選擇適用的成本計算方法。

第一節　產品成本計算的方法

一、產品成本計算的方法的概念和內容

產品成本計算方法(Costing Method)是指根據成本核算的要求，按照一定的對象和一定的程序，歸集構成產品成本的生產費用，並按期計算產品總成本和單位成本的方法。構成一種產品成本計算的方法，一般包括下列內容：成本計算對象的確定；成本明細帳及其成本項目的設置；生產費用的歸集及其計入產品成本的程序；間接費用的分配標準；成本計算期的確定；完工產品成本與在產品成本的劃分；產品總成本和單位成本計算。

成本計算對象(Costing Object)是指在成本計算過程中，為歸集和分配生產費用而確定的承受對象，即成本的承擔者。確定成本計算對象是設置成本明細帳、歸集生產費用、計算產品成本的前提。

生產費用計入產品成本的程序是指生產過程中所耗用的原材料、燃料、動力、工資、福利費、固定資產折舊等要素費用，通過一系列歸集和分配手續，最后匯總計入產品成本的方法和步驟。

成本計算期是指每次計算完工產品(產成品)成本的期間，即歸集生產費用、計算產成品成本的起訖日期。成本計算期一般分定期和不定期兩種。

完工產品成本與在產品成本的劃分是指構成產成品成本的生產費用(包括月初在產品成本和本月生產費用)在當期完工產品與在產品之間進行分配，以計算完工產品成本和在產品成本。

不同的成本計算對象，不同的生產費用歸集及其計入產品成本的程序，不同的成本計算期，不同的完工產品成本與在產品成本的劃分相結合，就構成了各種不同的產品成本計算方法。

二、產品成本計算的基本方法

上述成本計算方法的幾個構成因素的不同結合,可以構成不同的成本計算方法,其中起決定作用的因素是成本計算對象。它不僅是設置明細帳的依據,而且影響其他幾個因素。成本計算的基本方法正是以產品成本計算對象為標誌劃分的,包括以下三種方法:

(一) 品種法(Variety Costing)

品種法是指以產品的品種為成本計算對象,歸集生產費用,計算產品成本的產品成本計算方法。

(二) 分批法(Job Order Costing)

分批法是指以產品的批別為成本計算對象,歸集生產費用,計算產品成本的產品成本計算方法。

(三) 分步法(Process Costing)

分步法是指以產品的生產步驟為成本計算對象,歸集生產費用,計算產品成本的產品成本計算方法。

三、產品成本計算的輔助方法

除了上述三種成本計算的基本方法外,還有一些是在三種基本方法的基礎上延伸或與三種基本方法結合的輔助方法。產品成本計算的輔助方法主要如下:

(一) 分類法(Group Costing)

分類法是從品種法延伸出來的一種方法。在產品品種、規格繁多的企業,可將相近的歸類,把類別作為品種,用品種法計算類別成本後,再將類別成本在類內各產品間分配。

此方法還可與其他成本計算基本方法結合使用。

(二) 定額法(Quota Costing)

定額法是指通過對定額成本和脫離定額的差異分別核算,從而求得實際成本的產品成本計算方法。這種方法不僅可以計算產品成本,而且還可以對成本進行定額管理、控制成本。

此方法可以與其他任何成本計算方法結合運用。

此外,還有從分批法延伸出來的分批零件法,從分步法延伸出來的零件工序法等成本計算輔助方法。

第二節　影響成本計算方法選擇的因素

產品成本計算的基本方法有三種,企業應該選用哪一種合適是受企業的生產類型及成本管理要求所影響的。這些影響主要表現在:成本計算對象的確定,生產費用歸集及其計

入產品成本的程序，成本計算期的確定以及完工產品成本與在產品成本的劃分等幾個方面。

一、工藝過程特點和管理要求對產品成本計算方法的影響

生產按產品的工藝過程(Technological Process)特點分類，可分為簡單(Simple)單步驟(Single)生產和複雜(Complex)多步驟(Multiple)生產。

簡單生產是指產品生產工藝不能間斷，或者不便於分散在不同地點進行的單步驟生產，如採掘、發電、鑄造、某些化學工業的生產等。

複雜生產是指產品生產工藝可以間斷，或者可以分散在不同地點進行的多步驟生產。複雜生產按其加工方式和各步驟的內在聯繫，可分為裝配式(平行加工)多步驟生產和連續式(順序加工)多步驟生產。

裝配式多步驟生產是指各生產步驟可以在不同時間和地點平行加工原材料，制成產品的各種零部件，然后將零部件裝配成產成品，如汽車、自行車、縫紉機、家用電器、造船等工業的生產。

連續式多步驟生產是指原材料要經過若干個具有先后順序的連續加工步驟，才能制成產成品的生產。這一類生產上一步驟完工的半成品要轉入下一步驟作為加工對象，如紡織、鋼鐵、水泥、造紙等工業的生產。

簡單(單步驟)生產，由於工藝不間斷，不需要按生產步驟計算成本，因此要求以每一種產品作為成本計算對象。如果只生產一種產品，生產費用直接歸集於該種產品，生產週期很短的，一般很少或沒有在產品，不需計算在產品成本。

複雜(多步驟)生產，由於工藝可間斷，各個步驟往往生產自制半成品，因此要求分步驟計算產品成本，以產品生產步驟為成本計算對象，歸集生產費用應按步驟，再匯總計算產成品成本。如果企業管理上不要求掌握各步驟生產耗費，也可不按步驟計算成本，只按品種或批別計算。

二、生產組織特點和管理要求對產品成本計算方法的影響

生產組織(Production Organization)是指企業生產的專業化程度，即在較長時間內生產產品品種的多少、同種產品產量的大小及其重複程度。按生產組織的特點分類，生產可分為大量生產(Mass Production)、成批生產(Job Production)和單件生產(Order Production)。

大量生產是指不斷重複製造品種相同的產品的生產。其主要特點是產品品種少而產量大，重複性強，專業化水平高，如採掘、紡織、鋼鐵、造紙、發電等工業生產。

成批生產是指按照規定的規格和數量(通常稱為「批」)，每隔一定時期成批重複製造某種產品的生產。其主要特點是產品品種較多，各種產品產量多少不等，有一定重複性，專業化程度較高，如機床、服裝等工業的生產。

成批生產按每種產品批量的多少，可分為大批生產、中批生產和小批生產。大批生產

與大量生產相接近,實際工作中常統稱「大量大批生產」;而小批生產與單件生產相接近,實際工作中常統稱「單件小批生產」;中批生產則是最具典型意義的成批生產。

單件生產是指按照購買單位訂單所特定的規格和數量製造少量或個別性質特殊的產品的生產。其主要特點是產品品種多而產量少(一件或幾件),一般不重複或不定期重複生產,專業化程度不高,如造船、重型機器、專用設備等工業的生產以及新產品試製等。

一般來說,簡單生產(單步驟生產)和連續式複雜生產(多步驟生產)是大量大批生產;而裝配式複雜生產(多步驟生產),可能是大量生產,也可能是成批生產或單件生產。

大量大批生產由於連續不斷地重複生產一種或幾種產品,管理上要求按品種計算成本;生產多種產品的,若共同發生生產費用,需分配計入各種產品;每月都有一定的產品完工,需定期按月計算產成品成本,按一定標準劃分完工產品成本與在產品成本。

成批、單件生產由於生產按訂單或批別組織,要求按訂單或每批產品計算成本,就是以批別(件別)為成本計算對象,按批(件)別歸集生產費用。如果幾批(件)產品共同發生生產費用,就需要分配計入不同批(件)別的產品。單件小批生產一般等一批完工才計算該批成本,因此通常以生產週期為成本計算期,而不要求定期按月計算完工產品成本。月末一批產品未完工則全部為在產品,當該批產品完工則全部為完工產品,一般不存在生產費用在完工產品與在產品之間分配。

上述生產類型和管理要求對成本計算方法的影響可以歸納如表8-1所示。

表 8-1　　　　　　不同生產類型和管理要求對成本計算方法的影響

生產類型		成本管理要求	成本計算方法	一般適用企業
工藝過程特點	生產組織特點			
簡單(單步驟)生產	大量大批	按產品品種計算成本	品種法	採掘、發電等
連續式多步驟生產(複雜生產)	大量大批	不分步,只按產品品種計算成本	品種法	水泥等
		既按產品品種,又要分步驟計算成本	分步法(逐步結轉)	紡織、鋼鐵等
裝配式多步驟生產(複雜生產)	大量大批	只按產品品種計算成本	品種法	鐘表、收音機等
		按產品品種,並計算各步驟份額	分步法(平行結轉)	汽車、自行車、機床等
	單件小批	按產品的批別或件別計算成本	分批法	造船、重型機器、專用設備等

第三節　　各種成本計算方法的靈活運用

從表8-1可見,各種成本計算方法適用於不同特點的生產類型,滿足不同的成本管理要求。在實際工作中,由於同一企業的各個車間,同一車間的各種產品的生產特點及成本

管理要求不同,有可能同時應用幾種不同的成本計算方法;而即使是同一種產品,由於該產品各生產步驟、各半成品和各成本項目之間的生產特點和成本管理要求也不一定相同,因此有可能把幾種成本計算方法結合起來應用。

一、同時應用幾種成本計算方法

(一)同一企業的各個車間同時採用幾種成本計算方法

在同一企業的不同生產車間,由於生產特點和成本管理要求不同,不同車間採用不同的成本計算方法,這種情況在企業非常普遍。

同一企業設的基本生產車間和輔助生產車間往往應用不同的成本計算方法。例如,紡織廠的紡紗和織布基本生產車間,屬大量多步驟生產,要求計算各步驟半成品成本,因此採用分步法;而供電輔助生產車間,屬大量單步驟生產,適宜採用品種法。

不同基本生產車間、不同輔助生產車間也可採用不同的成本計算方法。例如,機床製造廠屬大量大批多步驟生產,宜採用分步法,但鑄工基本生產車間屬大量大批單步驟生產,可採用品種法;而廠內的供水、供電輔助生產車間採用品種法,但工具輔助生產車間由於生產工具品種繁多,則可應用分類法。

如果同一企業的基本生產車間和輔助生產車間的生產類型相同,但由於管理要求不同,也可採用不同的成本計算方法。例如,發電廠的基本生產車間——發電車間和輔助生產車間——供水車間,同屬大量單步驟生產,均可採用品種法計算成本。但由於供水車間不是該廠的主要生產車間,如果企業規模較小,管理上不要求單獨計算供水成本,則企業供水車間可不單獨運用品種法,只需在供電車間應用品種法計算成本。

(二)同一企業或同一車間的各種產品同時採用幾種成本計算方法

在同一企業或同一生產車間,由於所生產的各種產品的生產類型不同,因此不同產品採用不同的成本計算方法。

同一企業或同一車間生產的老產品和新產品,由於生產組織不同,成本計算方法也不同。例如,木器廠的木器、自行車廠的舊式自行車和變速自行車,老產品已定型且為大量大批多步驟生產,採用分步法;而新產品正在試製或剛試製成功未投入大量生產,只是單件小批生產,應採用分批法。

同一企業或同一車間生產的各種產品,雖已定型並且生產組織相同,但生產工藝過程不同,也應採用不同的成本計算方法。例如,玻璃製品廠生產的日用玻璃杯和玻璃儀器,兩個產品均已定型,都屬大量大批生產,但生產日用玻璃杯是利用原料直接熔制而成,是單步驟生產,而玻璃儀器生產是先將原料熔制成各種毛坯,然后再加工、裝配而成,是多步驟生產,因此日用玻璃杯採用品種法計算成本,而玻璃儀器則宜用分步法計算成本。

二、結合應用幾種成本計算方法

(一)同一種產品結合採用幾種成本計算方法

在實際工作中,同一企業或同一車間生產的同一種產品,由於該產品各個生產步驟、各

半成品和各成本項目的生產特點和成本管理要求不同,在計算該種產品成本時,可結合採用幾種成本計算方法。

同一種產品的不同生產步驟,如果生產特點和成本管理要求不同,在計算該產品成本時,可以一種成本計算方法為基礎,結合應用幾種不同成本計算方法。例如,單件小批生產的機器廠,是以分批法為基本方法計算機器成本,但同時可在鑄工車間結合採用品種法計算鑄件成本,在加工裝配車間採用分批法計算各批產品成本。在鑄工車間和加工車間之間,可採用逐步結轉分步法結轉鑄件成本。在加工車間和裝配車間之間,如果要求計算各步驟成本,但加工車間半成品種類多,不對外銷售,不需單獨計算半成品成本,則可採用平行結轉分步法。可見,該廠的機械成本計算是在分批法的基礎上,結合應用品種法和分步法(包括用了逐步結轉和平行結轉)。

在同一產品的不同零部件(半成品)之間,由於生產特點和成本管理要求不同,也可採用幾種不同的成本計算方法。例如,機械廠所生產的各種零部件,其中不外售的專用件,可不要求單獨計算成本;經常外售的標準件以及各種產品的通用件,則應按照這些零部件的生產類型和管理要求,採用分批法、分步法或分類法等適當的成本計算方法單獨計算成本。

同一產品的不同成本項目,由於成本管理要求不同,也可採用不同的成本計算方法。例如,鋼鐵廠生產的鋼材成本中,原材料費用占較大比重,又是直接費用,並經過若干連續生產步驟才形成最終產品,應採用分步法原理計算原材料成本。而其他成本項目,可以結合採用分類法原理計算。又如,機械製造生產的產品成本中,原材料費用占較大比重,如果原材料的定額資料齊全,定額較準確穩定,則原材料成本項目可在機械廠分批法或分步法的基礎上結合定額法計算。

(二)成本計算的輔助方法一般應與基本方法結合應用

成本計算的輔助方法——分類法和定額法,分別是為了解決成本計算的簡化和加強成本控制而採用的,同生產類型沒有直接聯繫,即各種生產類型都可採用,但一般都應與成本計算基本方法——品種法、分批法、分步法結合起來運用。例如,前面介紹的機械製造廠,定額法的運用需要結合該廠應用的分批法或分步法的基本方法。又如,食品廠所生產的麵包是大量大批單步驟生產,因此先用品種法計算麵包這一大類成本,而麵包品種繁多,需結合分類法將成本分配於大類內的各種產品。再如,燈泡廠所產的各類燈泡屬大量大批多步驟生產,先用分步法計算各類燈泡成本,然后結合分類法將各類成本於類內分配,計算各種產品成本。

綜上所述,成本計算方法多種多樣,在實際工作中,應結合企業不同的生產特點和管理要求,並考慮企業的規模和管理水平,從實際出發、靈活運用。此外,應用成本計算方法時,還應與整個成本會計工作保持銜接和協調。為了考核和分析產品成本計劃的執行情況,成本計算方法與成本計劃的計算方法口徑須一致;為了實現同行業的成本對比分析,同行業各企業的成本計算方法應盡可能一致;為了企業進行各期成本水平的對比分析以及防止人為調節成本和利潤,企業的成本計算方法一經確定,不應隨意改變,只有企業生產類型或成

本管理要求發生變化,成本計算方法才進行相應調整。

思考題

1. 構成一種產品成本計算方法,一般包括哪些內容?
2. 產品成本計算有哪些基本方法和輔助方法?
3. 生產工藝過程和管理要求對產品成本計算方法有何影響?
4. 如何靈活運用各種成本計算方法?
5. 生產組織形式有哪些?如何根據實際情況確定成本計算方法?

第九章 品種法

產品成本計算的品種法是成本計算的基本方法,其他成本計算方法都是建立在品種法的基礎之上的。因此,本章比較系統、完整地介紹了成本計算的詳細過程,為學習后面的其他成本計算方法奠定基礎。

第一節 品種法的適用範圍及特點

一、品種法的意義及適用範圍

產品成本計算的品種法(Product Costing Method)是指以產品品種作為成本計算對象計算產品成本的一種方法。

在工業企業進行成本計算時,為了適應產品生產工藝的特點和加強成本管理的要求,往往會採用不同的成本計算方法。但是,主管企業的上級機構一般都要求企業按照產品品種報送成本資料,而企業本身為了方便成本考核和商品定價等,客觀上也需要最終按產品品種來反應成本。因此,不論工業企業生產什麼類型的產品,其生產特點如何,也不論管理的要求如何,每個工業企業最終都必須按照產品品種計算出產品成本。這說明,按照產品品種計算成本是最起碼、最一般的要求,品種法是最基本的成本計算方法,品種法的計算程序也是產品成本計算的一般程序。

品種法適用於大量大批的單步驟生產,如發電、採掘等行業,以及大量大批的封閉式多步驟生產,如輔助生產的供電、供水、供汽等車間;或是按流水線組織的,管理上不要求按照生產步驟計算產品成本的多步驟生產,如小型水泥廠、玻璃製品廠等企業。

二、品種法的特點

(一)成本計算對象是產品品種

在採用品種法計算產品成本時,如果只生產一種產品,成本計算對象就是這種產品的產成品成本,成本明細帳和成本計算單就按該產品設置。企業發生的各項生產費用都是直接費用,可直接計入產品成本明細帳。如果企業生產的產品不止一種,成本計算對象則是每種產品的產成品成本,成本明細帳就按每種產品分別設置。這時,企業發生的生產費用要區分直接費用和間接費用,直接費用可直接計入各成本計算對象的產品成本明細帳,間

接費用則需採用一定的分配方法分配計入各產品的成本。

(二)成本計算期一般按月進行,與會計報告期一致,與產品的生產週期不一定一致

由於品種法主要適用於大量大批的單步驟生產以及不要求分步驟計算產品成本的大量大批的多步驟生產,而大量大批生產的情況下生產總是連續不斷地進行,如果按生產週期計算成本,會造成成本計算的混亂和影響各期損益的計算,因此品種法一般按月定期進行成本計算。

(三)品種法下月末應分別按不同情況處理在產品成本

在月末計算產品成本時,如果某種產品沒有在產品,或者雖有在產品,但數量很少,對成本影響不大,可不計算月末在產品成本。這樣,歸集和分配計入該種產品成本明細帳中的生產費用,即為該產品的總成本;總成本除以產品產量,就是該產品的單位成本。如果某種產品有在產品存在,而且數量較多,則需要將該產品成本明細帳中匯集的生產費用,採用適當的分配方法在完工產品和月末在產品之間進行分配,計算出完工產品成本和月末在產品成本。

在大量大批單步驟生產的企業或車間中,如果產品單一、沒有在產品,或者在產品很少,那麼可以不計算在產品成本。在這種情況下,其所採用的品種法也稱為單一法、簡單法或簡化的品種法。

第二節　品種法成本計算程序

一、品種法成本計算程序概述

採用品種法計算產品成本的一般程序如下:

(1)按產品品種開設生產成本明細帳和成本計算單,並分別按成本項目設置專欄。

(2)編製各種費用要素分配表。月末,根據審核無誤的各項生產費用的原始憑證、記帳憑證以及其他有關資料,編製各種費用要素分配表,將直接費用直接計入各種產品的成本明細帳中;對於間接費用,則要按其發生地點進行歸集,然後按一定比例分配計入有關明細帳。

(3)編製輔助生產成本明細帳。如果輔助生產的製造費用要求單獨核算,還要編製輔助生產製造費用明細帳,按照明細帳上匯集的輔助生產費用編製輔助生產費用分配表,採用一定方法將輔助生產費用分配至各受益對象。

(4)編製不可修復廢品成本計算單和廢品損失明細帳。

(5)編製基本生產成本明細帳,歸集各產品的生產費用。

(6)根據基本生產成本明細帳中匯集的累計生產費用,編製產品成本計算單,計算出完工產品總成本和單位成本,月末在產品成本。

二、品種法應用舉例

下面以某企業 2016 年 5 月的有關資料為例，說明品種法下產品成本計算程序和相應的帳務處理。

【例9-1】某工業企業設有一個基本生產車間和兩個輔助生產車間。基本生產車間大量生產 A、B 兩種單步驟生產的產品，採用品種法計算成本。兩種產品的原材料均在生產開始時一次投入，月末完工產品與在產品之間分配費用的方法，A 產品採用約當產量法，B 產品採用定額比例法。兩個輔助生產車間分別是供電車間和運輸車間，為基本生產提供供電和運輸服務。

輔助生產費用採用一次交互分配法分配。基本生產車間的製造費用採用實際工時進行分配。廢品損失單獨核算，月末全部由本月完工產品負擔。

(1) 5月份在產品成本資料如表 9-1 所示。

表 9-1　　　　　　　　　　　月初在產品成本

單位：元

產品名稱	直接材料	燃料及動力	直接人工	製造費用	廢品損失	合　計
A 產品	29,200	8,600	9,760	14,320	0	61,880
B 產品	14,590	3,780	4,500	9,610	0	32,480

(2) 5月份產量資料如表 9-2 所示。

表 9-2　　　　　　　　　　　產量資料

單位：件

項　目	A 產品	B 產品
月初在產品	80	25
本月投產量	220	365
本月完工合格品數量	260	340
月末在產品數量	40	50
月末在產品完工率	50%	50%

(3) 5月份輔助生產車間提供的勞務資料如表 9-3 所示。

表 9-3

受益部門	供電車間(度)	運輸車間(千米)
供電車間		680
運輸車間	540	
基本生產車間	1,840	2,400
行政管理部門	950	1,200
銷售部門	420	2,700
合　計	3,750	6,980

(4)5月份產品消耗定額資料。

產品名稱	材料單位消耗定額(千克/件)	工時定額(小時/件)
A 產品	24	5
B 產品	18	8

(5)5月份產品實際生產工時和機器工時資料。

產品名稱	生產工時(小時)	機器工時(小時)
A 產品	6,000	4,800
B 產品	4,000	1,600

(6)5月份不可修復廢品費用定額和定額工時資料。

產品名稱	定額工時(小時)	直接材料(元/件)	燃料及動力(元/小時)	直接人工(元/小時)	製造費用(元/小時)
B 產品	30	25	1.6	2.2	3.4

根據以上資料及5月份發生的有關費用資料(見下列分配表)，按照品種法計算 A、B 兩種產品的成本並進行相應的帳務處理。

(1)根據本月各項費用的原始憑證和其他有關資料，登記各項費用支出，編製各種費用分配表。

第一，根據本月付款憑證匯總的貨幣支出登記各項費用。匯總的貨幣支出如表9-4所示。

表9-4　　　　　　　　　　匯總的貨幣支出表

應借科目			金額
總帳科目	明細科目	費用項目	(元)
製造費用	基本生產車間	辦公費	858
		其他	184
輔助生產成本	供電車間	辦公費	1,500
		水電費	268
		其他	230
	運輸車間	辦公費	390
		水電費	180
		其他	270
	小　計		2,838
管理費用		辦公費	460
		差旅費	820
		水電費	580
	小　計		1,860
合　計			5,740

編製會計分錄,假設所有貨幣支出均用銀行存款支付(在實際工作中,支付貨幣資金的業務應是逐項編製會計分錄記帳的。這裡為了簡化舉例,匯總編製分錄)。

借:輔助生產成本——供電車間	1,998
——運輸車間	840
製造費用——基本生產車間	1,042
管理費用	1,860
貸:銀行存款	5,740

第二,根據領退料憑證編製材料費用分配表,登記和分配有關材料費用,如表9-5、表9-6所示。

表9-5　　　　　　　　　　A、B產品共同耗用材料分配表
2016年5月

產品名稱	投產量（件）	單位消耗定額（千克/件）	定額消耗量（千克）	分配率	分配金額（元）
A產品	220	24	5,280		993
B產品	380	18	6,840		1,287
合　計			12,120	0.188.1	2,280

表9-6　　　　　　　　　　材料費用分配表
2016年5月　　　　　　　　　　　　　　　　單位:元

應借科目		直接計入	分配計入	合計
基本生產成本	A產品	3,607	993	4,600
	B產品	4,683	1,287	5,970
	小　計	8,290	2,280	10,570
輔助生產成本	供電車間	1,400		1,400
	運輸車間	1,510		1,510
	小　計	2,910		2,910
製造費用	基本生產車間	1,640		1,640
管理費用		500		500
銷售費用		400		400
合　計		13,740	2,280	16,020

會計分錄:

借:基本生產成本——A產品	4,600
——B產品	5,970
輔助生產成本——供電車間	1,400
——運輸車間	1,510

製造費用——基本生產車間	1,640
管理費用	500
銷售費用	400
貸:原材料	16,020

第三,編製外購動力費用分配表,如表9-7所示。

表9-7　　　　　　　　　　外購動力費用分配表(分配電費)
2016年5月

應借科目		動力費用分配			電費分配		
		機器工時(小時)	分配率	分配金額(萬元)	用電度數(度)	分配率	分配金額(萬元)
基本生產成本	A產品	4,800		5,400			
	B產品	1,600		1,800			
	小計	6,400	1.125	7,200	9,000		7,200
輔助生產成本	供電車間				2,500		2,000
	運輸車間				2,500		2,000
	小計				5,000		4,000
製造費用	基本生產車間				2,800		2,240
管理費用					1,000		800
銷售費用					350		280
合　計					18,150	0.8	14,520

$$電費分配率 = \frac{14,560}{18,200} = 0.8$$

$$動力費用分配率 = \frac{7,200}{6,400} = 1.125$$

編製會計分錄如下:

借:基本生產成本——A產品	5,400
——B產品	1,800
輔助生產成本——供電車間	2,000
——運輸車間	2,000
製造費用——基本生產車間	2,240
管理費用	800
銷售費用	280
貸:應付帳款	14,520

第四,根據本月工資結算匯總表和規定的14%的職工福利費提取比例,編製工資及福利費分配表,如表9-8所示。

表 9-8　　　　　　　　　　　　工資及福利費分配表

2016 年 5 月　　　　　　　　　金額單位：元

應借科目		生產工人工資			工資費用	應付福利費（工資的14%）
		生產工時(小時)	分配率	分配金額		
基本生產成本	A 產品	6,000		7,200	7,200	1,008
	B 產品	4,000		4,800	4,800	672
	小　計	10,000	1.2	12,000	12,000	1,680
輔助生產成本	供電車間				2,500	350
	運輸車間				3,000	420
	小　計				5,500	770
製造費用	基本生產車間				1,700	238
管理費用					3,600	504
銷售費用					1,200	168
合　　計					24,000	3,360

$$\text{生產工人工資費用分配率} = \frac{12,000}{10,000} = 1.2$$

編製會計分錄如下：

① 分配工資費用：

借：基本生產成本——A 產品　　　　　　　　　　　　　　　　7,200
　　　　　　　　——B 產品　　　　　　　　　　　　　　　　4,800
　　輔助生產成本——供電車間　　　　　　　　　　　　　　　2,500
　　　　　　　　——運輸車間　　　　　　　　　　　　　　　3,000
　　製造費用——基本生產車間　　　　　　　　　　　　　　　1,700
　　管理費用　　　　　　　　　　　　　　　　　　　　　　　3,600
　　銷售費用　　　　　　　　　　　　　　　　　　　　　　　1,200
　　貸：應付職工薪酬——工資　　　　　　　　　　　　　　　24,000

② 分配職工福利費：

借：基本生產成本——A 產品　　　　　　　　　　　　　　　　1,008
　　　　　　　　——B 產品　　　　　　　　　　　　　　　　672
　　輔助生產成本——供電車間　　　　　　　　　　　　　　　350
　　　　　　　　——運輸車間　　　　　　　　　　　　　　　420
　　製造費用——基本生產車間　　　　　　　　　　　　　　　238
　　管理費用　　　　　　　　　　　　　　　　　　　　　　　504
　　銷售費用　　　　　　　　　　　　　　　　　　　　　　　168
　　貸：應付職工薪酬——職工福利　　　　　　　　　　　　　3,360

第五，根據各車間、部門 5 月份應提取的固定資產折舊額，編製折舊費用分配表，如表 9-9 所示。

表 9-9　　　　　　　　　　　　折舊費用分配表
2016 年 5 月　　　　　　　　　　　　　　單位：元

車間、部門	本月固定資產折舊額
基本生產車間	4,100
供電車間	3,300
運輸車間	2,500
行政管理部門	940
銷售部門	260
合　　計	11,100

編製會計分錄如下：

借：輔助生產成本——供電車間　　　　　　　　　　　　　　　　　3,300
　　　　　　　　——運輸車間　　　　　　　　　　　　　　　　　2,500
　　製造費用——基本生產車間　　　　　　　　　　　　　　　　　4,100
　　管理費用　　　　　　　　　　　　　　　　　　　　　　　　　940
　　銷售費用　　　　　　　　　　　　　　　　　　　　　　　　　260
　貸：累計折舊　　　　　　　　　　　　　　　　　　　　　　　　11,100

（2）根據待攤費用和預提費用明細帳記錄，編製待攤費用分配表和預提費用分配表，如表 9-10、表 9-11 所示。

表 9-10　　　　　　　　　　待攤費用分配表（分攤保險費）
2016 年 5 月

應借科目		成本或費用項目	金額（元）
製造費用	基本生產車間	保險費	800
輔助生產成本	供電車間	保險費	200
	運輸車間	保險費	300
	小　計		500
管理費用		保險費	500
銷售費用		保險費	100
合　　計			1,900

編製會計分錄如下：

借：輔助生產成本——供電車間　　　　　　　　　　　　　　　　　200
　　　　　　　　——運輸車間　　　　　　　　　　　　　　　　　300
　　製造費用——基本生產車間　　　　　　　　　　　　　　　　　800
　　管理費用　　　　　　　　　　　　　　　　　　　　　　　　　500

銷售費用		100
貸:待攤費用		1,900

表 9-11　　　　　　　　預提費用分配表(預提大修理費)

2016 年 5 月

應借科目		成本或費用項目	金額(元)
製造費用	基本生產車間	大修理費	400
輔助生產成本	供電車間	大修理費	150
	運輸車間	大修理費	250
	小　　　計		400
合　　　計			800

編製會計分錄如下：

借:輔助生產成本——供電車間		150
——運輸車間		250
製造費用——基本生產車間		400
貸:預提費用		800

(3)根據上列各費用分配表和會計分錄，登記輔助生產成本明細帳和輔助生產的製造費用明細帳，歸集和分配輔助生產費用。

第一，輔助生產成本明細帳和輔助生產的製造費用明細帳如表 9-12、表 9-13、表 9-14 所示。

表 9-12　　　　　　　　輔助生產成本明細帳

供電車間　　　　　　　　　　　　　　　單位:元

2016年		摘　要	辦公費	工資及福利費	折舊費	修理費	水電費	保險費	機物料消耗	其他	合計	轉出	餘額
月	日												
6	30	表9-4	1,768							230	1,998		
	30	表9-6							1,400		1,400		
	30	表9-7				2,000					2,000		
	30	表9-8		2,500							2,500		
	30	表9-8		350							350		
	30	表9-9			3,300						3,300		
	30	表9-10						200			200		
	30	表9-11				150					150		
		待分配費用小計	1,768	2,850	3,300	150	2,000	200	1,400	230	11,898		11,898
	30	表9-15分配轉入								1,054	12,952		12,952
	30	表9-15分配轉出										1,713	11,239
	30	表9-15分配轉出										11,239	0
		本月合計	1,768	2,850	3,300	150	2,000	200	1,400	1,284	12,952	12,952	0

表 9-13　　　　　　　　　　　輔助生產成本明細帳

運輸車間　　　　　　　　　　　　　　單位:元

2016年 月	日	摘要	辦公費	工資及福利費	折舊費	修理費	水電費	保險費	機物料消耗	其他	合計	轉出	餘額
6	30	表9-4	390				180			270	840		
	30	表9-6							1,510		1,510		
	30	表9-7					2,000				2,000		
	30	表9-8		3,000							3,000		
	30	表9-8		420							420		
	30	表9-9			2,500						2,500		
	30	表9-10						300			300		
	30	表9-11				250					250		
		待分配費用小計	390	3,420	2,500	250	2,180	300	1,510	270	10,820		10,820
	30	表9-15分配轉入								1,713	12,533		12,533
	30	表9-15分配轉出										1,054	11,479
	30	表9-15分配轉出										11,479	0
		本月合計	390	3,420	2,500	250	2,180	300	1,510	1,983	12,533	12,533	0

表 9-14　　　　　　　　　　　製造費用明細帳

基本生產車間　　　　　　　　　　　　單位:元

2016年 月	日	摘要	辦公費	水電費	工資	福利費	折舊費	保險費	修理費	運輸費	機物料消耗	其他	合計	轉出	餘額
6	30	表9-4	496	362								184	1,042		
	30	表9-6									1,640		1,640		
	30	表9-7		2,240									2,240		
	30	表9-8			1,700								1,700		
	30	表9-8				238							238		
	30	表9-9					4,100						4,100		
	30	表9-10						800					800		
	30	表9-11							400				400		
	30	表9-15 輔助生產費用轉入		6,442						4,373			10,815		22,975
	30	分配轉出												22,975	0
		本月合計	496	9,044	1,700	238	4,100	800	400	4,373	1,640	184	22,975	22,975	0

第二,根據輔助生產成本明細帳中的待分配費用小計數、供電車間的供電度數、運輸車間的運輸里程數,編製輔助生產費用分配表分配輔助生產費用。輔助生產費用採用一次交互分配法分配。分配表如表 9-15 所示。

表 9-15　　　　　　　　　　　　　　輔助生產費用分配表

2016 年 5 月　　　　　　　　　　　　金額單位:元

項　目			交互分配			對外分配		
輔助生產車間名稱			供電	運輸	合計	供電	運輸	合計
待分配費用			11,898	10,820	22,718	11,239	11,479	22,718
勞務供應量總額			3,750	6,980		3,210	6,300	
費用分配率			3.172,8	1.55		3.5012	1.8221	
輔助生產車間	供電車間	數量		680				
		金額		1,054	1,054			
	運輸車間	數量	540					
		金額	1,713		1,713			
基本生產車間		數量				1,840	2,400	
		金額				6,442	4,373	10,815
行政管理部門		數量				950	1,200	
		金額				3,326	2,187	5,513
銷售部門		數量				420	2,700	
		金額				1,471	4,919	6,390
分配金額合計						11,239	11,479	22,718

輔助生產費用交互分配時的分配率：

供電費用分配率 = $\dfrac{11,898}{3,750}$ = 3.172,8

運輸費用分配率 = $\dfrac{10,820}{6,980}$ = 1.55

輔助生產費用對外分配時的分配率：

供電費用分配率 = $\dfrac{11,898-1,713+1,054}{3,210}$ = 3.501,2

運輸費用分配率 = $\dfrac{10,820-1,054+1,713}{6,300}$ = 1.822,1

交互分配會計分錄如下：

借：輔助生產成本——運輸車間　　　　　　　　　　　　1,713
　　　　　　　　——供電車間　　　　　　　　　　　　1,054
　貸：輔助生產成本——運輸車間　　　　　　　　　　　　1,054
　　　　　　　　——供電車間　　　　　　　　　　　　1,713

對外分配會計分錄如下：

借：製造費用——基本生產車間　　　　　　　　　　　　10,815
　　管理費用　　　　　　　　　　　　　　　　　　　　5,513
　　銷售費用　　　　　　　　　　　　　　　　　　　　6,390

貸：輔助生產成本——供電車間　　　　　　　　　　　　　　　　　　　　　11,239
　　　　　　　　——運輸車間　　　　　　　　　　　　　　　　　　　　　11,479

(4)根據上列各種費用分配表和其他有關資料,登記基本生產的製造費用明細帳,歸集和分配基本生產車間的製造費用。

第一,基本生產的製造費用明細帳如表9-14所示。

第二,根據基本生產的製造費用明細帳上歸集的該車間製造費用以及A、B兩種合格產品,編製基本生產車間製造費用分配表分配該車間的製造費用,如表9-16所示。

表9-16　　　　　　　　　　　製造費用分配表
　　　　　　　　　　　　　　　2016年5月

應借科目		生產工時(小時)	分配率	分配金額(元)
基本生產車間	A產品	6,000		13,785
	B產品	4,000		9,190
合　　計		10,000	2.297.5	22,975

編製會計分錄如下：
　借：基本生產成本——A產品　　　　　　　　　　　　　　　　　　　　　13,785
　　　　　　　　——B產品　　　　　　　　　　　　　　　　　　　　　　9,190
　貸：製造費用　　　　　　　　　　　　　　　　　　　　　　　　　　　22,975

(5)根據上列各種費用分配表和其他有關資料,登記基本生產成本明細帳,分別歸集A、B兩種產品的成本,並採用規定的分配方法,分配計算A、B兩種產品的完工產品成本和月末在產品成本。

第一,根據各種費用分配表和其他有關資料,登記基本生產成本明細帳。兩種產品的生產成本明細帳如表9-17、表9-18所示。

表9-17　　　　　　　　　　　基本生產成本明細帳
　　　　　　　　　　　　　　產品名稱：A產品　　　　　　　　　　　　單位：元

2016年		摘　要	成本項目				成本合計
月	日		直接材料	燃料及動力	直接人工	製造費用	
4	30	在產品成本	29,200	8,600	9,760	14,320	61,880
5	31	表9-6	4,600				4,600
	31	表9-7		5,400			5,400
	31	表9-8			7,200		7,200
	31	表9-8			1,008		1,008
	31	表9-16製造費用分配轉入				13,785	13,785
		本月費用合計	4,600	5,400	8,208	13,785	31,993
	31	本月完工產品成本	29,294	13,000	16,684	26,097.50	85,075.50
	31	在產品成本	4,506	1,000	1,284	2,007.50	8,797.50

表 9-18　　　　　　　　　　　基本生產成本明細帳

產品名稱：B 產品　　　　　　　　　　　單位：元

2016年		摘　要	成本項目				成本合計
月	日		直接材料	燃料及動力	直接人工	製造費用	
4	30	在產品成本	14,590	3,780	4,500	9,610	32,480
5	31	表 9-6	5,970				5,970
	31	表 9-7		1,800			1,800
	31	表 9-8			4,800		4,800
	31	表 9-8			672		672
	31	表 9-16 製造費用分配轉入				9,190	9,190
		本月費用合計	5,970	1,800	5,472	9,190	22,432
	31	本月完工產品成本	17,924.10	5,197.80	9,289	17,512.33	49,923.23
	31	在產品成本	2,635.90	382.20	638	1,287.67	988.7

在上列產品成本明細帳中，月初在產品成本加上本月生產費用合計，即為生產費用累計數，應在本月完工產品與月末在產品之間進行分配。分配方法見後列產品成本計算表。

第二，根據基本生產成本明細帳所歸集的生產費用編製產品成本計算表，如表 9-19、表 9-20 所示。

表 9-19　　　　　　　　　　　產品成本計算表　　　　　　　　　金額單位：元

產品：A 產品　　　　　　　　　2016 年 5 月　　　　　　　　在產品完工率：50%

項　目	直接材料	燃料及動力	直接人工	製造費用	合　計
月初在產品成本	29,200	8,600	9,760	14,320	61,880
本月生產費用	4,600	5,400	8,208	13,785	31,993
合計	33,800	14,000	17,968	28,105	93,873
約當產量	300	280	280	280	
費用分配率	112.67	50	64.17	100.375	327.215
完工產品成本(260 件)	29,294	13,000	16,684	26,097.50	85,075.50
月末在產品成本(40 件)	4,506	1,000	1,284	2,007.50	8,797.50

表 9-20　　　　　　　　　　　　　**產品成本計算表**　　　　　　　　金額單位：元

產品：B 產品　　　　　　　　　　　　2016 年 5 月　　　　　　　　　在產品完工率：50%

項　目		直接材料	燃料及動力	直接人工	製造費用	合計
月初在產品成本(25 件)		14,590	3,780	4,500	9,610	32,480
本月生產費用		5,970	1,800	5,472	9,190	22,432
合計		20,560	5,580	9,972	18,800	54,912
費用分配率		2.929	1.911	3.39	6.34	
本月完工產品成本(340 件)	定額	6,120	2,720	2,720	2,720	
	實際	17,924.10	5,197.80	9,289	17,512.33	49,923.23
月末在產品成本(50 件)	定額	900	200	200	200	
	實際	2,635.90	382.20	683	1,287.67	4,988.77

A 產品本月完工 260 件，在產品 40 件，採用約當產量法分配完工產品成本和在產品成本。原材料在生產開始時一次投入，在產品完工率為 50%，在產品約當產量為 40×50% = 20 件。分配費用如下：

$$材料費用分配率 = \frac{33,800}{260+40} = 112.67$$

$$燃料及動力費用分配率 = \frac{14,000}{260+20} = 50$$

$$直接人工費用分配率 = \frac{17,968}{260+20} = 64.17$$

$$製造費用分配率 = \frac{28,105}{260+20} = 100.375$$

B 產品本月完工 340 件，在產品 50 件，採用定額比例法分配完工產品成本和在產品成本。

原材料在生產開始時一次投入，在產品完工率為 50%。分配費用如下：

完工產品直接材料定額消耗量 = 340×18 = 6,120（千克）

月末在產品直接材料定額消耗量 = 50×18 = 900（千克）

完工產品定額工時 = 340×8 = 2,720（小時）

月末在產品定額工時 = 50×8×50% = 200（小時）

$$材料費用分配率 = \frac{20,560}{6,120+900} = 2.929$$

$$燃料及動力費用分配率 = \frac{5,580}{2,720+200} = 1.911$$

$$直接人工費用分配率 = \frac{9,972}{2,720+200} = 3.415$$

製造費用分配率 = $\frac{18,800}{2,720+200}$ = 6.438

(7)根據 A、B 產品產品成本計算表中的產成品成本,編製「產成品成本匯總表」,結轉產成品成本。「產成品成本匯總表」如表 9-21 所示。

表 9-21　　　　　　　　　　　產成品成本匯總表
2016 年 5 月　　　　　　　　　　　　　　金額單位:元

產品名稱	產量(件)	成本	直接材料	燃料及動力	直接人工	製造費用	成本合計
A 產品	260	總成本	29,294	13,000	16,684	26,097.50	85,075.50
		單位成本	112.67	50	64.17	100.38	326.25
B 產品	340	總成本	17,924.10	5,197.80	9,289	17,512.33	49,923.23
		單位成本	52.72	15.29	27.32	51.51	146.83
總成本	—	—	47,218.10	18,197.80	25,973	43,609.83	134,998.73

結轉產成品成本:
　　借:產成品——A 產品　　　　　　　　　　　　　　85,075.50
　　　　　　——B 產品　　　　　　　　　　　　　　49,923.23
　　　貸:基本生產成本——A 產品　　　　　　　　　　85,075.50
　　　　　　　　　　——B 產品　　　　　　　　　　49,923.23

該例中,省略了總帳和部分明細帳(主要是期間費用明細帳)的登記工作。

思考題

1. 品種法的特點和適用範圍是什麼?
2. 為什麼說品種法是最基本的成本計算方法?
3. 簡述品種法計算產品成本的一般程序。

練習題

新華工廠生產 A、B、C 三種產品,2016 年 12 月生產量、生產資料如下:

(1)產品 A 完工 3,000 件,未完工 300 件,完工程度 60%;
　　產品 B 完工 2,000 件,未完工 400 件,完工程度 50%;
　　產品 C 完工 5,000 件,其中產生不可修復廢品 300 件,未完工 600 件,完工程度 80%;
　　A 產品原材料於生產開始時一次投入,B、C 兩種產品原材料隨加工進度逐步投入。

(2)該工廠本月初無在產品成本,A、B、C 三種產品均為當月投產,廢品損失均由完工產品成本負擔,月末完工產品與在產品之間費用分配採用約當產量法。

(3)C 產品不可修復廢品損失如下:廢品數量 300 件,原材料計劃成本 9,000 元,燃料及動力費 1,800

元,生產工人工資及福利費2,000元,製造費用2,000元。

(4)本月發生各種費用如表9-22所示。

表 9-22　　　　　　　　　　　　　　　　　　　　　　　　　　　　單位:元

品種	原材料計劃成本	燃料及動力	生產工人工資及福利費	製造費用
A	420,000	40,000	52,000	78,000
B	250,000	34,000	26,000	61,000
C	380,000	65,000	56,000	80,000
A 廢品損失(可修復費)	23,000	2,200	4,200	3,000

(5)本月材料成本差異為-2%。

要求:

(1)採用品種法計算各產品成本,並填入產品成本計算單。

(2)編製結轉完工產品成本的會計分錄。

第十章 分批法

企業有時需要根據客戶的要求,按訂單為客戶生產產品。在這種情況下,企業在確定成本計算對象時,一般應以每一個訂單或每一批產品為成本計算對象。本章介紹成本計算的分批法的概念、特點、適用範圍和計算程序。

第一節 分批法的適用範圍及特點

一、分批法的意義及適用範圍

分批法(Job Costing Method)是指以產品批別或訂單作為成本計算對象來歸集生產費用並計算產品成本的方法。分批法一般適用於小批單件的多步驟生產和某些按小批單件組織生產,而管理上又要求分批計算成本的單步驟生產。前者如重型機械、船舶、精密儀器和專用設備的製造,后者如某些特殊或精密鑄件的熔鑄。另外,某些主要產品生產之外的新產品試製、來料加工、輔助生產的工具模具製造、修理作業等,也可採用分批法。

在小批單件生產的情況下,企業的生產活動基本上是按照訂貨單位的訂單簽發生產通知單組織生產的。按照產品批別計算產品成本,往往也就是按照訂單計算產品成本,因此分批法也叫訂單法。

二、分批法的特點

(一)分批法不按產品的品種,也不按產品的生產步驟而只按產品的批別計算成本

採用分批法計算產品成本,要按訂單即批次作為成本計算對象,設置生產成本明細帳和成本計算單是分批法的典型特徵。如果一張訂單中規定的產品不止一種,為便於考核和分析各種產品成本計劃的完成情況,還要按照產品的品種劃分批別組織生產,分別計算各批產品成本。如果一張訂單中只規定一種產品,但這種產品數量多、價值大、生產週期長,不便於集中一次投產,或者訂貨單位要求分批交貨,可以分為數批組織生產並計算成本。如果在同一時期內,有幾張訂單需要的產品是相同的,為了經濟合理地組織生產,也可以將相同產品合為一批組織生產,計算成本。對於同一種產品也可能進行分批輪番生產,這也要求採用分批法計算產品成本。

(二)分批法的成本計算期與會計核算期不完全一致

分批法以產品的批別為對象計算成本,各批產品成本只有在該批產品完工時才能計算

出來,因此成本計算期通常與各批產品的生產週期相一致,而與會計核算期不一致。分批法的生產週期要視合同要求而定,因此其成本計算期是不定期的。

(三)分批法一般不存在完工產品和在產品之間分配費用的問題

在分批法下,一般是小批單件生產,如果是單件生產,在產品完工以前,成本計算單上所記費用為在產品成本,產品完工時,其所記費用則為完工產品成本。如果是小批生產,往往已全部完工,或者全部未完工,這時一般也不存在完工產品和在產品之間分配費用的問題。但在批量稍大,跨月陸續完工交貨時,為計算各批交貨的成本,則有必要計算完工產品成本和月末在產品成本。

為了方便核算,對於先完工部分,通常按計劃成本或定額單位成本,或最近一期相同產品的實際單位成本計價,從該批產品成本計算單中轉出,剩下的即為該批產品的在產品成本。當該批產品全部完工時,另行計算該批產品實際總成本和單位成本,但對原來計算出的產品成本,不進行帳面調整。當然,如果同一批產品跨月完工的數量較多,則應採用適當的方法,在完工產品和在產品之間分配費用。

第二節 分批法成本計算程序

一、分批法成本計算程序概述

分批法的成本計算可按以下三個步驟進行:

(一)產品投產時,按批別設立產品成本明細帳

在分批法下,企業是根據訂單(批別)組織生產的,這時生產計劃部門要簽發生產通知單給生產車間和會計部門。為了方便管理,在下達生產通知單時會對該批產品進行編號,即產品批號或生產令號。會計部門要根據產品批號設立產品成本明細帳,按成本項目設專欄計算成本。產品成本明細帳的設立和結帳應與生產通知單的簽發和結束配合一致,以保證各批產品成本計算的正確性。

(二)各月份按批別匯集生產費用

工業企業按照產品批別組織生產,同時也是按批別歸集生產費用和計算產品成本,企業應盡可能按批別領用原材料、計算工資、支付費用。但由於各批產品往往共同耗用原材料和半成品,也可能由相同的人員進行生產,因此對於能分清批次的費用,財會部門可根據有關憑證(如領料單、工資結算單等)直接記入該批產品成本明細帳;對於分不清批次的費用,應根據各費用項目的發生數,按各批次產品耗用的工時數或其他分配標準分配記入各批產品成本明細帳。總之,企業必須加強批別的管理,在填列領料單、記錄生產工時、進行在產品轉移核算時,都應分清批別,防止「串批」。

(三)產品完工月份,計算該批產品總成本和單位成本

如前所述,分批法一般不需要在完工產品和在產品之間分配費用。當然,如果某批產品跨月完工的數量較多,還是要採用適當的方法,如定額比例法、約當產量法等,把生產費

用在完工產品和在產品之間進行分配。如果某批產品已全部完工,應編製成本計算單,計算出完工產品總成本和單位成本。

二、分批法應用舉例

【例10-1】某工業企業根據購買單位的要求,小批生產甲、乙、丙三種產品,採用分批法計算成本。該企業2016年5月的生產情況和生產費用支出情況如下:

(1) 本月份生產的產品批號如下:
2016號:甲產品12臺,本月投產,本月完工8臺。
2017號:乙產品10臺,本月投產,本月全部未完工。
2018號:丙產品16臺,上月投產,本月完工4臺。

(2) 月初在產品成本。
2018號丙產品:原材料2,960元,直接人工1,320元,製造費用1,440元。

(3) 本月份各批號產品生產費用資料如表10-1所示。

表10-1　　　　　　　　　　本月份各批號產品生產費用　　　　　　　　　單位:元

批號	原材料	直接人工	製造費用	合計
2016	4,512	2,760	3,100	10,372
2017	3,980	3,140	2,690	9,810
2018	2,200	2,140	2,500	6,840

(4) 完工產品與在產品之間的費用分配方法。

2016批號甲產品本月完工數量較大,原材料在生產開始時一次投入,其費用可以按照完工產品和在產品實際數量比例分配;其他費用在完工產品與在產品之間分配採用約當產量法,在產品完工程度為50%。

2017批號乙產品本月全部未完工,本月生產費用全部是在產品成本。

2018批號丙產品本月完工數量少,為簡化核算,完工產品按計劃成本結轉。每臺產品單位計劃成本為原材料320元,直接人工210元,製造費用245元。

(5) 根據上述資料,登記各批產品成本明細帳,計算各批產品的完工產品成本和月末在產品成本,如表10-2、表10-3和表10-4所示。

表10-2　　　　　　　　　　產品成本明細帳　　　　　　　　　　單位:元

產品批號:2016　　　　　　　　　　　　　　　　　　　投產日期:5月
產品名稱:甲產品　　　　　　　　批量:12臺　　　　　完工日期:5月完工8臺

項目	原材料	直接人工	製造費用	合計
本月生產費用	4,512	2,760	3,100	10,372
完工產品成本	3,008	2,208	2,480	7,696
完工產品單位成本	376	276	310	962
在產品成本	1,504	552	620	2,676

完工產品應負擔原材料費用 = $\dfrac{4,512}{12} \times 8 = 3,008(元)$

月末在產品應負擔原材料費用 = $376 \times 4 = 1,504(元)$

完工產品應負擔直接人工 = $\dfrac{2,760}{8+4\times 50\%} \times 8 = 2,208(元)$

月末在產品應負擔直接人工 = $2,760 - 2,208 = 552(元)$

完工產品應負擔製造費用 = $\dfrac{3,100}{8+4\times 50\%} \times 8 = 2,480(元)$

月末在產品應負擔製造費用 = $3,100 - 2,480 = 620(元)$

表 10-3　　　　　　　　　　產品成本明細帳　　　　　　　單位:元

產品批號:2017　　　　　　　　　　　　　　　　　　投產日期:5 月

產品名稱:乙產品　　　　　批量:10 臺　　　　　　完工日期:全部未完工

項 目	原材料	直接人工	製造費用	合計
本月生產費用	3,980	3,140	2,690	9,810
月末在產品成本	3,980	3,140	2,690	9,810

表 10-4　　　　　　　　　　產品成本明細帳　　　　　　　單位:元

產品批號:2018　　　　　　　　　　　　　　　　　　投產日期:4 月

產品名稱:丙產品　　　　　批量:16 臺　　　　　　完工日期:5 月完工 4 臺

項 目	原材料	直接人工	製造費用	合計
月初在產品成本	2,960	1,320	1,440	5,720
本月生產費用	2,200	2,140	2,500	6,840
費用合計	5,160	3,460	3,940	12,560
完工產品成本	1,280	840	980	3,100
單位計劃成本	320	210	245	775
在產品成本	3,880	2,620	2,960	9,460

丙產品完工 4 臺,按計劃單位成本轉出,其中:

完工產品原材料費用 = $320 \times 4 = 1,280(元)$

完工產品直接人工 = $210 \times 4 = 840(元)$

完工產品製造費用 = $245 \times 4 = 980(元)$

全部生產費用合計減去完工產品成本,即在產品成本。

第三節　簡化的分批法

一、簡化的分批法的計算程序

在小批單件生產的企業或車間中,如果同一月份投產的產品批數有很多,幾十批甚至幾百批,而且月末未完工批數較多,在這種情況下,如果不分各批產品是否已經完工,都將各種間接費用在各批產品之間按月進行分配,核算工作將極為繁重。為了簡化核算工作,在這類企業也可以採用簡化的分批法計算成本,即不分批計算在產品成本的分批法。

採用這種方法,先按產品的批別設立成本計算單,同時按全部產品設立一個基本生產成本二級帳。帳內登記全部產品的生產費用和全部產品耗用的工時,並用來計算登記全部產品的累計間接費用分配率以及全部完工產品的總成本和全部在產品的總成本。

平時,對各批別產品發生的直接費用和耗用的工時,一方面記入各該批別產品的成本明細帳,另一方面也記入基本生產成本二級帳中;對於各批別產品共同發生的間接費用,根據其費用分配表登記基本生產成本二級帳,不必分配登記產品成本明細帳。月末,根據基本生產成本二級帳計算登記全部產品各項間接費用項目的累計間接費用分配率。如果本月份某批產品有完工產品,可根據基本生產成本二級帳記錄的累計間接費用分配率,乘以該批產品完工產品累計工時,計算其完工產品應負擔的間接費用,將其加上直接費用,即可計算出該批產品的完工產品成本;如果月末某批產品沒有完工產品,則無需分配登記間接費用。全部產品的在產品成本只分成本項目以總數反應在基本生產成本二級帳中,而不按產品的批別分配計入各成本明細帳。因此,這種方法也叫不分批計算在產品成本的分批法,或累計間接費用分配法。

二、簡化的分批法應用舉例

【例 10-2】假設某工業企業小批生產多種產品,產品批數多,為了簡化成本核算工作,採用簡化的分批法計算成本。該企業 5 月份生產情況如下:

(1)本月份該企業的產品批號及完工情況如表 10-5 所示。

表 10-5　　　　　　　　　本月份產品批號及完工情況

產品批號	產品名稱	投產情況	本月完工數量	月末在產品
3012	甲產品	3 月 5 日投產 16 件	16 件	
4006	乙產品	4 月 2 日投產 8 件	4 件	4 件
5022	丙產品	5 月 20 日投產 6 件		6 件

第 4006 批號產品的原材料是在生產開始時一次投入,其完工 4 件產品的工時為 2,960

小時,在產品4件的工時為1,260小時。

(2)該企業基本生產成本二級帳累計資料如表10-6所示。

表10-6　　　　　基本生產成本二級帳(全部各批別產品總成本)　　　單位:元

月	日	摘　要	直接材料	生產工時	直接人工	製造費用	成本合計
4	30	期末在產品	25,782	6,600	8,646	11,983	46,411
5	31	本月發生	6,914	3,820	5,942	6,773	19,629
	31	累計	32,696	10,420	14,588	18,756	66,040
	31	全部產品累計間接費用分配率			1.4	1.8	
	31	本月完工轉出	22,356	8,760	12,264	15,768	50,388
	31	期末在產品	10,340	1,660	2,324	2,988	15,652

該企業的直接材料為直接計入費用,不需在各批產品之間進行分配。直接人工、製造費用是間接費用,按累計工時比例分配。

在上列基本生產成本二級帳中,月初在產品的生產工時和各項費用是上月月末根據上月的生產工時和生產費用資料計算登記;本月發生的直接材料費用和生產工時應根據本月各批產品原材料費用分配表、生產工時記錄,與各該批產品成本明細帳平行登記;本月發生的各項間接計入費用,應根據各該費用分配表登記;完工產品的直接材料費用和生產工時,應根據後列各批產品成本明細帳中的完工產品的直接材料費用和生產工時匯總登記;完工產品的各項間接計入費用,可以根據帳中完工產品生產工時分別乘以各該費用分配率計算登記,也可以根據後列各批產品成本明細帳中的完工產品的各該費用分別匯總登記;月末在產品的直接材料費用和生產工時可以根據帳中累計的直接材料費用和生產工時分別減去本月完工產品的直接材料費用和生產工時計算登記,也可以根據後列各批產品成本明細帳中的月末在產品的直接材料費用和生產工時分別匯總登記。兩者計算結果應該相符。月末在產品的各項間接計入費用,可以根據帳中在產品生產工時分別乘以各該費用累計分配率計算登記,也可以根據各該費用的累計數分別減去完工產品的相應費用計算登記。

計算全部產品累計間接費用分配率如下:

$$全部產品累計工資及福利費分配率 = \frac{14,588}{10,420} = 1.4$$

$$全部產品累計製造費用分配率 = \frac{18,756}{10,420} = 1.8$$

(3)編製各批產品成本明細帳,如表10-7、表10-8和表10-9所示。

表 10-7   產品成本明細帳

產品批號:3012   產品名稱:甲產品   投產日期:5月5日
訂貨單位:越華工廠   產品批量:16件   本月完工:16件

月	日	摘要	直接材料（元）	生產工時（小時）	直接人工（元）	製造費用（元）	成本合計（元）
3	31	本月發生	13,700	2,200			
4	30	本月發生	2,830	2,000			
5	31	本月發生	1,200	1,600			
	31	累計數和累計間接費用分配率	17,730	5,800	1.4	1.8	
	31	本月完工產品轉出	17,730	5,800	8,120	10,440	36,290
	31	完工產品單位成本	1,108.125	362.5	507.5	652.5	2,268.125

表 10-8   產品成本明細帳

產品批號:4006   產品名稱:乙產品   投產日期:4月2日
訂貨單位:三和公司   產品批量:8件   本月完工:4件

月	日	摘要	直接材料（元）	生產工時（小時）	直接人工（元）	製造費用（元）	成本合計（元）
4	30	期末在產品	9,252	2,400			
5	31	本月發生		1,820			
	31	累計數和累計間接費用分配率	9,252	4,220	1.4	1.8	
	31	本月完工產品轉出	4,626	2,960	4,144	5,328	14,098
	31	完工產品單位成本	1,156.5	740	1,036	1,332	3,524.5
	31	期末在產品	4,626	1,260			

表 10-9   產品成本明細帳

產品批號:5022   產品名稱:丙產品   投產日期:5月20日
訂貨單位:寶來公司   產品批量:6件   本月完工:

月	日	摘要	直接材料（元）	生產工時（小時）	直接人工（元）	製造費用（元）	成本合計（元）
5	31	本月發生	5,714	400			

在各批產品成本明細帳中,對於沒有完工產品的月份,只登記本月發生直接材料費用和生產工時,這也就是該月份月末在產品的直接材料費用和生產工時。因此,各明細帳中屬於在產品的各個月份的直接材料費用或生產工時發生額之和,應該等於基本生產成本二級帳中所記的在產品的直接材料費用或生產工時。

對於有完工產品(包括全批完工和批內部分完工)的月份,除了要登記當月發生的直接材料費用和生產工時,計算累計數外,還要根據基本生產成本二級帳登記間接費用累計

分配率。

第 3012 批號產品本月末全部完工,則其累計的直接材料費用和生產工時就是完工產品的直接材料費用和生產工時,將生產工時分別乘以各項間接計入費用累計分配率,即為完工產品的各項間接計入費用。

第 4006 批號產品本月部分完工,部分未完工,因此還應在完工產品和月末產品之間分配費用。該種產品的原材料是在生產開始時一次投入,因此月末在產品要與完工產品一樣分配直接材料費用:

完工產品應負擔的直接材料費用 $=\dfrac{9,252}{4+4}\times 4=4,626$(元)

在產品應負擔的直接材料費用 $=\dfrac{9,252}{4+4}\times 4=4,626$(元)

將完工產品的生產工時分別乘以各項間接計入費用累計分配率,可求得完工產品的各項間接計入費用。

完工產品應負擔的工資和福利費 $=2,960\times 1.4=4,144$(元)

完工產品應負擔的製造費用 $=2,960\times 1.8=5,238$(元)

第 5022 批號產品本月份沒有完工產品,只登記本月發生的直接材料費用和生產工時,這也就是月末在產品的直接材料費用和生產工時。

各批產品成本明細帳計算登記完畢後,各完工產品的直接材料費用和生產工時應分別匯總登記入基本生產成本二級帳,並據以計算登記全部各批別完工產品總成本。

三、簡化的分批法的優缺點及應用條件

採用累計間接費用分配法,每月發生的各項間接費用先累計起來,到有完工產品的月份才按照完工產品生產工時和累計間接費用分配率,分配計算完工產品應負擔的各項間接費用;在沒有完工產品的月份,則不需分配間接費用。這樣就大大地簡化了費用的分配和登記工作,月末未完工產品的批數越多,核算工作就越簡化。但是,如果各月間接費用相差懸殊,則不宜採用這種方法,否則會影響各月產品成本的正確性。例如,前幾個月的間接費用較多,本月的間接費用較少,而某批產品本月投產本月完工,這樣按累計間接費用分配率分配計算的該批完工產品成本就會發生不應有的偏高。另外,如果月末未完工產品的批數不多,也不宜採用這種方法。因為一方面仍要對完工產品分配登記間接費用,不能簡化核算工作;另一方面又會影響成本的正確性。

由此可見,要使用簡化的分批法必須具備兩個條件:第一,各個月份的間接費用水平比較均衡;第二,月末未完工產品的批數較多。這樣才能保證既簡化核算工作又確保成本正確。

思考題

1. 產品成本計算分批法的特點和適用範圍是什麼？
2. 簡述分批法的成本計算程序。
3. 簡化的分批法與一般分批法計算成本有什麼不同？
4. 簡化的分批法有什麼優缺點？採用這種方法應具備哪些條件？
5. 在簡化的分批法下，基本生產成本二級帳的作用是什麼？

練習題

1. 某工業企業生產甲、乙兩種產品。生產組織屬於小批生產，採用分批法計算成本。2016年4月份的生產情況和生產費用資料如下：

（1）本月份生產的產品批號有：

2051批號：甲產品12臺，本月投產，本月完工8臺。

2052批號：乙產品10臺，本月投產，本月完工3臺。

（2）本月份的成本資料如表10-10所示。

表10-10　　　　　　　　　　本月份成本資料　　　　　　　　　　單位：元

批　號	原材料	燃　料	直接人工	製造費用
2051	6,840	1,452	4,200	2,450
2052	9,600	1,600	6,800	4,680

2051批號甲產品完工數量較大，完工產品與在產品之間分配費用採用約當產量法。在產品完工率為50%，原材料在生產開始時一次投入。

2052批號乙產品完工數量少，完工產品按計劃成本結轉。每臺計劃成本為原材料880元，燃料140元，工資及福利費720元，製造費用450元。

要求：根據上列資料，採用分批法，登記產品成本明細帳，計算各批產品的完工產品成本和月末在產品成本。

2. 某企業生產屬於小批生產，產品批數多，每月末都有很多批產品沒有完工，因此採用簡化的分批法計算產品成本。

（1）8月份生產的產品批號有：

8210批號：甲產品6件，7月投產，8月25日全部完工。

8211批號：乙產品14件，7月投產，8月完工8件。

8212批號：丙產品8件，7月末投產，尚未完工。

8213批號：丁產品6件，8月投產，尚未完工。

（2）各批號產品8月末累計原材料費用（原材料在生產開始時一次投入）和生產工時為：

8210批號：原材料32,000元，工時9,200小時。

8211 批號:原材料 98,000 元,工時 29,600 小時。
8212 批號:原材料 62,400 元,工時 18,200 小時。
8213 批號:原材料 42,600 元,工時 8,320 小時。
(3)8 月末,該企業全部產品累計原材料費用為 235,000 元,工時為 65,320 小時,工資及福利費為 26,128 元,製造費用為 32,660 元。
(4)8 月末,完工產品工時為 25,200 小時,其中乙產品為 16,000 小時。

要求:

(1)根據上述資料,登記基本生產成本二級帳和各批產品成本明細帳。

(2)計算和登記累計間接費用分配率。

(3)計算各批完工產品成本。

第十一章 分步法

分步法(Process Costing)是指按照產品生產的步驟為成本計算對象,歸集分配各生產步驟發生的生產費用,計算產品成本的一種方法。在實際工作中,大部分企業的產品生產都是經過多個步驟連續加工完成的。在這種情況下,需要分別按各生產步驟計算半成品成本和產成品成本。本章主要介紹分步法的特點、適用範圍、計算程序和計算方法。

第一節 分步法概述

一、分步法的概念和適用範圍

在一些複雜的生產(多步驟生產)企業中,生產工藝過程是由若干個在技術上可以間斷的生產步驟組成,每個生產步驟除了生產出半成品(最后一個步驟生產出產成品)外,還有一些加工中的在產品。已生產出的這些半成品,可能用於下一生產步驟繼續進行加工或裝配,也可能銷售給外單位使用。為了適應這種生產特點和管理要求,不僅要按照產品品種計算成本,而且還要按照生產步驟計算各步驟生產的半成品成本和最后步驟完工產品成本,以便為考核和分析各種產品(半成品)及其各生產步驟的成本業績提供資料。這種以產品品種和生產步驟為對象計算產品成本的方法,稱為產品成本的分步法。

分步法一般適用於大量大批的多步驟生產企業,如冶金、紡織、造紙、化工、水泥以及大量大批生產的機械製造等類型的企業。在這些企業中,產品生產可以分為若干個生產步驟進行,如鋼鐵生產企業可分為煉鐵、煉鋼、軋鋼等步驟;紡織企業可分為紡紗、織布、印染等步驟;造紙企業可分為制漿、制紙、包裝等步驟;機械企業可分為鑄造、加工、裝配等生產步驟。

二、分步法的特點

分步法成本計算的基本特點有如下三個方面:

第一,產品成本分步法成本計算對象是各生產步驟半成品和最后生產步驟的產成品,則成本計算單要按照生產步驟和產品品種設置。但應注意,產品成本計算的分步與實際的生產步驟可能一致,也可能不一致。為了簡化成本計算工作,可以只對管理上有必要分步計算成本的生產步驟單獨設立產品成本明細帳,單獨計算成本;管理上不要求單獨計算成

本的生產步驟，則可與其他生產步驟合併設置產品成本明細帳，合併計算成本。同樣，分步計算成本也不一定是分車間計算成本，因為如果企業車間規模較大，車間內也可以分幾個步驟計算成本。

第二，在分步法下，各步驟發生的費用，凡能直接計入某種成本計算對象的，應直接計入；凡不能直接計入某種成本計算對象的，應先按步驟歸集，月末再按一定的分配標準分配后計入。因此，在反應各車間生產費用的原始憑證上，必須註明成本計算步驟，而對於反應直接費用的原始憑證，還必須註明成本計算對象，以便編製費用分配表並在明細帳上登記。

第三，在大量大批生產的企業，材料不斷地投入，半成品、產成品不斷地完工；同時，在生產過程中始終有一定數量的在產品存在。因此，要採用適當的分配辦法將生產費用在完工半成品與期末在產品，最後車間的完工產品與期末在產品之間進行分配。

綜上所述，分步法與品種法、分批法相比，成本計算實體與成本計算的空間範圍均不相同。其生產費用的歸集和分配，只有按步驟(生產步驟或車間)或步驟產品(半成品或產品)進行，才能正確計算產品成本。

三、分步法的種類

根據成本管理對於各生產步驟成本資料的不同要求(要不要計算各生產步驟的半成品成本)和對簡化成本計算工作的考慮以及各生產步驟成本的計算和結轉方式不同，分步法可分為逐步結轉(Sequential Transfer)分步法和平行結轉(Parallel Transfer)分步法。

逐步結轉分步法是在管理上要求提供各步驟半成品成本資料的情況下採用的。前一步驟的半成品轉入下一步驟繼續加工時，半成品的實物和成本一起轉入下一步驟。實物轉入下一步驟繼續加工，半成品成本轉入下一步驟成本計算單內。這樣，後面步驟半成品成本像滾雪球的形式使后面步驟半成品的成本越來越大，最後步驟計算出完工產品的成本。

逐步結轉分步法按半成品成本轉入下一成本計算步驟的方式不同，又可分為逐步綜合結轉分步法和逐步分項結轉分步法。逐步綜合結轉分步法是將上一步驟半成品成本以一個綜合的數額轉入下一步驟成本計算單的「原材料」或「半成品」項目內，不分成本項目如「直接材料」「直接人工」「製造費用」轉入。這樣下一步驟成本計算單中的「原材料」或「半成品」項目中反應的不是真正的原材料成本，而是包含了上一步驟半成品的「直接材料」「直接人工」「製造費用」。因此，到了最後生產步驟計算出來的完工產品成本的「原材料」或「半成品」項目更不是真正的原材料成本，而是前面各生產步驟的「直接材料」「直接人工」「製造費用」，最後生產步驟計算出來的完工產品成本的「直接人工」「製造費用」只是最後生產步驟所發生的「直接人工」「製造費用」。此時的產品成本結構顯然是不真實的，因此需要對完工產品成本進行成本還原。逐步分項結轉分步法是將上一步驟半成品成本按原始成本項目，即「直接材料」「直接人工」「製造費用」數額分別轉入下一步驟成本計算單的相應成本項目內，如「直接材料」「直接人工」「製造費用」轉入。這樣，下一步驟成本計算單中的「原材料」項目中反應的就是真正的原材料成本，下一步驟成本計算單中的「直

接人工」「製造費用」項目分別包含了上幾個步驟的「直接人工」「製造費用」。這樣計算出來的完工產品成本的成本項目是真實的、原始的成本結構,因此不需要進行成本還原。

平行結轉分步法是在管理上不要求提供各生產步驟半成品成本資料的情況下採用的。各生產步驟只歸集為加工半成品或產成品。在本步驟發生的費用部分,上步驟只將半成品實物轉入下步驟繼續加工,而不將半成品成本轉入下步驟成本計算單內,只有等到最後生產步驟提供完工產品數量時,各生產步驟才分別將該完工產品在本步驟發生的費用份額轉出。分步法的分類可用圖11-1表示。

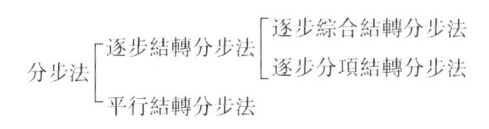

$$
\text{分步法}\begin{cases}\text{逐步結轉分步法}\begin{cases}\text{逐步綜合結轉分步法}\\ \text{逐步分項結轉分步法}\end{cases}\\ \text{平行結轉分步法}\end{cases}
$$

圖11-1　分步法的分類

第二節　逐步結轉分步法

一、逐步結轉分步法的概念及意義

逐步結轉分步法是指按照產品的加工步驟的先後順序,各步驟逐步計算並結轉半成品成本,直至最後步驟累計計算出產成品成本的一種成本計算方法。

在連續式複雜生產的企業中,產品是由幾個生產步驟連續加工製成的。由於以下幾個原因,成本管理需要提供各個步驟的半成品成本資料:

(1)各步驟生產完工的半成品不僅由本企業進一步加工,而且企業可能作為商品對外銷售,如紡織企業的棉紗、鋼鐵企業的鋼錠、木材加工企業的木料、煉油企業的乙烯等,因此需要計算對外銷售半成品成本。

(2)某些企業的半成品雖不對外銷售,如紡織廠生產的自用紗、鋼鐵廠生產的生鐵等,但其半成品成本需要在同行業之間進行比較,以發現本企業半成品成本與同行業先進企業的半成品成本水平之間的差距,因此仍需要計算半成品成本。

(3)在實行責任會計的企業,為了全面考核和分析各生產步驟等內部單位的生產耗費和資金占用水平,需要隨著半成品實物在各生產步驟之間的轉移,結轉半成品成本,這也要求計算半成品成本。

逐步結轉分步法就是為了滿足以上幾種情況對半成品資料的需要而採用的一種成本計算方法。

二、逐步結轉分步法的計算程序

逐步結轉分步法的特點是各步驟的半成品成本要隨著半成品實物的轉移(物質轉移同價值轉移一致)而進行結轉,以便逐步地計算出各步驟的半成品和最後一個步驟的產品

成本。逐步結轉分步法的計算程序如下：

（1）根據記入第一步驟成本計算單上的直接材料、直接人工和製造費用，計算出第一步驟的半成品成本。如果半成品完工后，不通過自制半成品庫，直接轉入第二生產步驟加工，則應將第一步驟完工的半成品成本轉到第二生產步驟相關的產品成本計算單中，並編製借記「基本生產成本——二車間」，貸記「基本生產成本——一車間」的會計分錄。

如果半成品完工后，需通過半成品庫收發，在驗收入庫時應編製借記「自制半成品——××半成品」，貸記「基本生產成本——一車間」的會計分錄。第二生產步驟從自制半成品庫領用半成品時，應編製借記「基本生產成本——二車間」，貸記「自制半成品——××半成品」的會計分錄，並將其領用自制半成品的成本記入第二生產步驟成本計算單的相應項目內。

（2）第二步驟將從第一步驟轉入或從自制半成品庫領用的半成品成本加上第二步驟加工半成品領用的直接材料、直接人工和製造費用，計算出第二步驟的半成品成本，再按前述方法編製有關會計分錄。

（3）第三步驟將從第二步驟轉入或從自制半成品庫領用的半成品成本計入第三步驟成本計算單的相關項目。這樣，按照加工程序，逐步計算和逐步結轉半成品成本，在最後一個步驟就可以計算出完工產品的成本。逐步結轉分步法的計算程序圖見圖11-2、圖11-3。

從圖 11-2 和圖 11-3 可以看出，採用逐步結轉分步法，如果月末既有完工半成品（廣義的在產品），又有正在加工中的在產品（狹義的在產品），則前面幾個步驟應將其生產費用在廣義的在產品與狹義的在產品之間進行分配，最后步驟應將其生產費用在完工產品與狹義的在產品之間進行分配。逐步結轉分步法實際上就是品種法的多次連接運用，每一個步驟均在運用品種法。逐步結轉分步法按照半成品成本轉入下一步驟成本計算單的方式不同，又分為逐步綜合結轉分步法和逐步分項結轉分步法。

三、逐步綜合結轉分步法

　　逐步綜合結轉是指各步驟耗用的上一步驟的半成品成本，以「直接材料」或「半成品」項目結轉入本步驟成本計算單中。也就是說，下一步驟耗用上一步驟半成品的成本是以一個綜合的數額計入下一步驟成本計算單的「直接材料」或「半成品」項目內，而不是分別以「直接材料」「直接人工」和「製造費用」轉入下一步驟成本計算單的相應項目內。

　　逐步綜合結轉分步法既可以按照半成品的實際成本結轉，也可以按照半成品的計劃成本（或定額成本）結轉。按實際成本結轉，對所耗上一步驟的自制半成品成本應根據所耗半成品數量以實際單位成本計算。當自制半成品交由半成品庫收發時，由於各月入庫半成品的單位成本不完全相同，應採用先進先出法、后進先出法或加權平均法等方法計算所耗上一步驟半成品成本。如果自制半成品不通過半成品庫收發，而是直接從上一步驟轉入下一步驟加工，則下一步驟所耗上一步驟半成品成本直接按上一步驟本月完工半成品成本數額轉入。

　　按計劃成本綜合結轉半成品成本，對自制半成品日常收發按計劃成本核算，在半成品實際成本計算出來以後，再計算半成品的成本差異，然後再調整所耗半成品應負擔的半成品成本差異。其具體核算辦法與材料按計劃成本核算一樣。

　　（一）半成品按實際成本綜合結轉的成本計算

　　【例 11-1】某企業生產 A 產品，經過一、二兩個基本生產車間連續加工完成，一車間生產完工的 A 半成品交自制半成品庫，二車間從自制半成品庫領用后繼續加工生產出 A 產

品。原材料於生產開始時一次投入。該企業成本計算採用逐步綜合結轉分步法,設「自製半成品」帳戶核算,車間之間結轉半成品按實際成本計價核算,月末在產品採用約當產量法計算,月末在產品完工率估計為50%。有關產量資料和費用資料分別如表11-1和表11-2所示。

表11-1　　　　　　　　　　　產量資料　　　　　　　　　　　單位:件

項　　目	一車間 A半成品	二車間 A產品
月初在產品數量	150	250
本月投入產品數量	850	950
本月完工產品數量	900	1,000
月末在產品數量	100	200

表11-2　　　　　　　　　　　費用資料　　　　　　　　　　　單位:元

成本項目	月初在產品成本 一車間	月初在產品成本 二車間	本月發生費用 一車間	本月發生費用 二車間
直接材料	36,000	34,800	84,000	
直接人工	10,500	12,000	18,000	30,900
製造費用	15,000	18,000	27,750	41,400
合　計	61,500	64,800	129,750	

「自製半成品」庫期初結存A半成品200件,單位成本178.5元。

(1)根據生產費用、產品記錄資料計算A半成品成本和月末在產品成本,填列A半成品成本計算單,如表11-3所示。

表11-3　　　　　　　　　　產品成本計算單　　　　　　　　　　單位:元
一車間:A半成品　　　　　　　　　　　　　　　　　　　　　完工量:900件

成本項目	月初在產品成本	本月發生生產費用	合計	分配率(元/件)	完工半成品成本	月末在產品成本
直接材料	36,000	84,000	120,000	120	108,000	12,000
直接人工	10,500	18,000	28,500	30	27,000	1,500
製造費用	15,000	27,750	42,750	45	40,500	2,250
合　計	61,500	129,750	191,250	195	175,500	15,750

在表11-3的產品成本計算單中,月初在產品成本應根據上月月末在產品成本登記;本月發生費用應根據本月各種費用分配表登記;本月完工產品成本和月末在產品成本應根據約當產量分配法計算后登記。

$$直接材料分配率 = \frac{120,000}{900+100} = 120(元/件)$$

完工半成品應分配的材料成本＝900×120＝108,000（元）

期末在產品應分配的材料成本＝100×120＝12,000（元）

直接人工分配率＝$\dfrac{28,500}{900+100\times 50\%}$＝30（元／件）

完工半成品應分配的工資成本＝900×30＝27,000（元）

期末在產品應分配的工資成本＝50×30＝1,500（元）

製造費用分配率＝$\dfrac{42,750}{900+100\times 50\%}$＝45（元／件）

完工半成品應分配的製造費用＝900×45＝40,500（元）

期末在產品應分配的製造費用＝50×45＝2,250（元）

根據一車間完工半成品交庫單編製會計分錄：

借：自制半成品——A半成品　　　　　　　　　　　　　　　　175,500
　　貸：基本生產成本——一車間　　　　　　　　　　　　　　175,500

（2）根據一車間A半成品交庫單和二車間領用半成品的領料單，登記「自制半成品明細帳」，如表11-4所示。

表11-4　　　　　　　　　　　　自制半成品明細帳　　　　　　　　　金額單位：元

摘　要	收入			發出			結存		
	數量（件）	單位成本	總成本	數量（件）	單位成本	總成本	數量（件）	單位成本	總成本
期初結存							200	178.5	35,700
本期入庫	900	195	175,500						
本期發出				950	192	182,400			
期末結存							150	192	28,800

半成品A加權平均單位成本＝$\dfrac{35,700+175,500}{200+900}$＝192（元）

本月發出A半成品成本＝950×192＝182,400（元）

根據二車間領用半成品的領料單編製會計分錄：

借：基本生產成本——二車間——A產品　　　　　　　　　　182,400
　　貸：自制半成品成本——A半成品　　　　　　　　　　　　182,400

（3）根據二車間領用的自制半成品，發生的直接人工、製造費用以及完工產品和月末在產品資料，分配費用並登記二車間的產品成本計算單，如表11-5所示。

表 11-5　　　　　　　　　　　產品成本計算單　　　　　　　　　　　單位:元

二車間:A 產品　　　　　　　　　　　　　　　　　　　　　　　　產量:1,000 件

成本項目	月初在產品成本	本月發生生產費用	合計	分配率(元/件)	完工產品成本	月末在產品成本
半成品	34,800	182,400	217,200	181	181,000	36,200
直接人工	12,000	30,900	42,900	39	39,000	3,900
製造費用	18,000	41,400	59,400	54	54,000	5,400
合　　計	64,800	254,700	319,500	274	274,000	45,500

表 11-5 中月初在產品成本應根據上月月末在產品成本登記;本月發生的生產費用中的「半成品」成本項目就是為了綜合登記所耗一車間半成品的成本而增設的,該項目應根據自製半成品的加權平均單位成本計算的領用自製半成品成本登記,其他費用根據費用分配表的計算結果登記;本月完工產品成本和月末在產品成本根據約當產量法計算登記。

半成品成本分配率 $=\dfrac{217,200}{1,000+200}=181(元/件)$

完工 A 產品應分配的半成品成本 $=1,000\times181=181,000(元)$

月末在產品應分配的半成品成本 $=200\times181=36,200(元)$

直接人工分配率 $=\dfrac{42,900}{1,000+200\times50\%}=39(元/件)$

完工 A 產品應分配工資成本 $=1,000\times39=39,000(元)$

月末在產品應分配工資成本 $=100\times39=3,900(元)$

製造費用分配率 $=\dfrac{59,400}{1,000+200\times50\%}=54(元/件)$

完工 A 產品應分配製造費用 $=1,000\times54=54,000(元)$

月末在產品應分配製造費用 $=100\times54=5,400(元)$

根據產成品交庫單編製會計分錄:

借:產成品——A 產品　　　　　　　　　　　　　　　　　　　　274,000
　　貸:基本生產成本——二車間——A 產品　　　　　　　　　　　274,000

(二) 半成品成本按計劃成本結轉

半成品成本按計劃成本綜合結轉時,半成品的日常收發均按計劃單位成本核算,在半成品實際成本計算出以後,再計算半成品的成本差異,調整所耗半成品的成本差異。半成品成本按計劃成本核算與材料按計劃成本計價核算基本相同。

(1) 第一步驟計算出半成品實際成本後,根據計劃成本確定差異,進行入庫半成品和結轉半成品差異的會計處理。

半成品按計劃成本入庫:

借:自製半成品——A 半成品　　　　　　　　　　　　　　　　計劃成本
　　貸:基本生產成本———一車間　　　　　　　　　　　　　　計劃成本

結轉入庫半成品成本的節約差異(超支差異編製相反的會計錄)：

借：基本生產成本———一車間　　　　　　　　　　　　　節約差異
　　貸：半成品成本差異　　　　　　　　　　　　　　　　節約差異

(2)自制半成品明細帳需設置半成品數量、計劃成本等項目；同時需設置「半成品差異」明細帳，用以反應半成品成本差異的節約差異、超支差異，並計算半成品成本差異分配率。

(3)下一步驟領用自制半成品時，應編製領用半成品計劃成本和分配半成品差異的會計分錄。

領用半成品的計劃成本：

借：基本生產成本———二車間　　　　　　　　　　　　　計劃成本
　　貸：自制半成品———A半成品　　　　　　　　　　　　計劃成本

領用半成品應分配半成品成本差異：

借：基本生產成本———二車間　　　　　　　　節約(超支)差異用紅(藍)字
　　貸：半成品成本差異　　　　　　　　　　　節約(超支)差異用紅(藍)字

在下一步驟成本計算單內，其「半成品」項目可設「計劃成本」「實際成本」和「差異」三個項目，也可以只設「實際成本」一個項目。

(4)最後步驟生產完工產品經驗收入庫後，應按實際成本編製入庫產成品的會計分錄。

借：產成品———A產品　　　　　　　　　　　　　　　　實際成本
　　貸：基本生產成本　　　　　　　　　　　　　　　　　實際成本

按計劃成本綜合結轉半成品成本與按實際成本綜合結轉半成品成本相比較有如下優點：

(1)核算工作比較簡化。按計劃成本結轉半成品成本，可以簡化和加速半成品收發的憑證和記帳工作。在半成品種類較多，按類計算半成品成本差異、調整所耗半成品成本差異時，更可以省去按品種、規格設立半成品成本明細帳，逐一計算所產半成品的實際成本和成本差異，逐一調整所耗半成品成本差異的大量計算工作。如果月初半成品結存量較大，本月耗用的半成品大部分是月初的，這時本月所耗的半成品成本差異可以根據上月半成品的成本差異率，即按月初半成品成本差異率調整計算半成品成本差異和實際成本。

(2)便於進行成本考核和分析。按計劃成本結轉半成品成本，可以在各步驟的產品成本計算單中分別反應所耗半成品的計劃成本和成本差異。因此，在考核和分析各步驟產品成本時，可以扣除上一步驟半成品成本節約或超支的影響，便於成本分析和考核工作的進行。

(三)逐步綜合結轉分步法的成本還原

表11-5中計算的1,000件A產品的總成本為274,000元。其中：直接材料或半成品為181,000元，單位材料成本為181元，直接人工總成本為39,000元，單位工資成本為39

元,製造費用總額為54,000元,單位製造費用為54元。

實際上,表11-5中計算的A產品的完工產品成本結構,半成品181,000元,直接人工39,000元,製造費用54,000元是不真實的。半成品181,000元不是生產1,000件A產品所耗用的真正的材料成本,其中包含了在一車間所耗用的真正的材料成本、直接人工和製造費用。也就是說,生產1,000件A產品並不需要這麼多原材料。直接人工39,000元不是生產1,000件A產品所消耗的全部人工成本,這只是在二車間所消耗的人工成本,在一車間所消耗的人工成本包含在半成品181,000元中。也就是說,生產1,000件A產品不止需要這麼多工資。製造費用54,000元也不是生產1,000件A產品所發生的製造費用,這只是在二車間所發生的製造費用,在一車間所發生的製造費用包含在半成品181,000元中。也就是說,生產1,000件A產品不止需要這麼多製造費用。因此,按綜合結轉分步法計算出來的各步驟半成品成本和最后步驟計算出來的完工產品成本,不能真正體現各生產步驟半成品成本和最后步驟產成品成本的原始成本項目的結構。這樣的成本結構資料不便於企業編製材料採購計劃、工資計劃和製造費用計劃或預算。為了解決這一問題,需要對按逐步綜合結轉分步法計算出來的產品成本進行「成本還原」。

成本還原是為了把完工產成品中所耗半成品的綜合成本逐步分解還原為直接材料、直接人工和製造費用等原始的成本項目,從而求得按其原始成本項目反應的產品成本資料。成本還原的方法是從最后步驟起,將其耗用上一步驟的半成品的綜合成本,按照上一步驟本月完工半成品的成本項目的比例分解還原為原來的成本項目;如此自后向前逐步分解還原,直到第一步驟為止;然後再將各步驟還原後的相同項目加以匯總,即可求得按原始成本項目反應的產成品成本資料。

成本還原有兩種方法:一種是通過計算成本還原率進行成本還原;另一種是通過計算前幾步驟本月完工半成品成本項目的結構進行成本還原。

(1)計算成本還原率進行成本還原。公式如下:

$$成本還原率 = \frac{本月產成品成本中所耗上步驟「半成品」成本}{上步本月完工半成品成本}$$

還原成上步直接材料 = 上步本月完工半成品直接材料成本 × 成本還原率

還原成上步直接人工 = 上步本月完工半成品直接人工成本 × 成本還原率

還原成上步製造費用 = 上步本月完工半成品製造費用金額 × 成本還原率

(2)通過計算前幾步驟本月完工半成品成本項目的結構進行成本還原。公式如下:

$$\frac{上步驟本月完工}{半成品成本結構} = \frac{上步本月完工半成品各成本項目金額}{本月完工半成品成本}$$

$$\frac{還原成上步}{直接材料} = \frac{上步本月完工半成品}{的直接材料比重} \times \frac{本月完工產品所耗}{上步驟「半成品」成本}$$

$$\frac{還原成上步}{直接人工} = \frac{上步本月完工半成品}{的直接人工比重} \times \frac{本月完工產品所耗}{上步驟「半成品」成本}$$

$$\frac{還原成上步}{製造費用} = \frac{上步本月完工半成品}{的製造費用比重} \times \frac{本月完工產品所耗}{上步驟「半成品」成本}$$

160 / 成本會計學

【例 11-2】對表 11-3 和表 11-5 所計算的產品成本資料進行成本還原。

成本還原的對象是完工產品成本中所耗上步驟的「半成品」成本 181,000 元。需要注意的是成本還原的對象不是完工產品成本 274,000 元。

(1)採用成本還原率進行成本還原。

成本還原率 = $\dfrac{181,000}{175,500}$ = 1.031,34

還原成第一步的直接材料 = 108,000×1.031,34 = 111,385(元)
還原成第一步的直接人工 = 27,000×1.031,34 = 27,846(元)
還原成第一步的製造費用 = 40,500×1.031,34 = 41,769(元)
合計   181,000 元

還原后的成本項目	第一步驟(元)	第二步驟(元)	總成本(元)	單位成本(元)
直接材料	111,385		111,385	111.385
直接人工	27,846	39,000	66,846	66.846
製造費用	41,769	54,000	95,769	95.769
合　計	181,000	93,000	274,000	274

根據還原結果可以看出,生產 1,000 件 A 產品,其單位材料成本應為 111.385 元,而不是 181 元,材料總成本應為 111,385 元,而不是 181,000 元;其單位直接人工應為 66.846 元,而不是 39 元,直接人工總成本不是 39,000 元,而是 66,846 元;其單位製造費用應為 96.769 元,而不是 54 元,製造費用總額應為 95,769 元,而不是 54,000 元。

(2)採用計算上步驟完工半成品成本項目的結構進行成本還原。

上步驟完工半成品直接材料比重 = $\dfrac{108,000}{175,500}$ = 61.538%

上步驟完工半成品直接人工比重 = $\dfrac{27,000}{175,500}$ = 15.385%

上步驟完工半成品製造費用比重 = $\dfrac{405,000}{175,500}$ = 23.077%

還原成第一步的直接材料 = 181,000×61.538% = 111,385(元)
還原成第一步的直接人工 = 181,000×15.385% = 27,846(元)
還原成第一步的製造費用 = 181,000×23.077% = 41,769(元)
合計   181,000 元

此還原結果與採用計算成本還原率還原的結果完全一樣。

應該指出,本月產成品中所耗的半成品也可能包括上個月結存的半成品。按照以上方法進行成本還原,沒有考慮以前月份所產半成品成本結構對本月產成品所耗半成品成本結構的影響。因此,在各月所產半成品的成本結構變動較大的情況下,採用這種方法,對本月完工產品成本進行成本還原的正確性就會有較大的影響。如果企業半成品的定額成本或

計劃成本比較準確,為了簡化成本還原工作並提高成本還原結果的正確性,可以按半成品定額成本或計劃成本的成本項目結構對本月完工半成品成本進行成本還原。

上例 A 產品是由兩個生產步驟生產完工的。如果產品的生產步驟是三個步驟,首先按照上述方法對完工產品所耗前一步驟(第三步驟耗用第二步驟)的「半成品」成本進行第一次成本還原以後,再將已還原出來的「半成品」或「直接材料」依據前一步驟(第一步驟)的完工半成品成本進行第二次成本還原;然後將還原出來的同類費用匯總相加,得出還原結果。需要特別提請注意是,第二次還原的對象是第一次還原出來的「半成品」或「直接材料」成本,不必對第二步驟的完工半成品成本進行成本還原。總之,應弄清楚成本還原只是對完工產品成本進行成本還原,無需對前幾個生產步驟本月完工半成品成本進行成本還原。

(四)逐步綜合結轉分步法的優缺點

逐步綜合結轉分步法的優點表現為可以在各生產步驟的產品成本計算單或產品成本明細帳中,反應各步驟所耗半成品費用的水平和各步驟加工費用的水平,有利於各個生產步驟的成本管理;可以提供各步驟半成品的成本資料。

逐步綜合結轉分步法的缺點表現為該方法計算出來的成本資料不能真實地反應企業產品成本的原始構成情況,不便於企業編製材料採購成本計劃和費用預算。為了從整個企業的角度反應產品成本項目的原始構成,加強企業綜合的成本管理,需要對已計算出來的產品成本進行成本還原,這可能要增加成本核算工作量。因此,這種方法只適宜半成品具有獨立的國民經濟意義,管理上要求計算各步驟半成品成本,但不要求進行成本還原的企業採用。

四、逐步分項結轉分步法

逐步分項結轉分步法是指按照各步驟半成品成本的成本項目,分項目轉入下步驟成本計算單的相應成本項目中,直至最後步驟,累計計算完工產品成本的方法。此方法在分項結轉半成品成本時,通常按照半成品實際成本結轉,也可按照半成品計劃成本結轉,然後按成本項目調整成本差異,但調整半成品成本差異的工作量較大。如果通過自制半成品庫進行半成品收發,「自制半成品」明細帳中登記半成品成本時,必須按成本項目分項登記。

(一)逐步分項結轉分步法的計算程序

【例 11-3】企業生產 B 產品需經過一、二兩個基本生產車間連續加工製成。半成品成本按分項逐步結轉,不通過自制半成品庫收發。一車間完工的半成品直接移送到二車間繼續加工。該產品耗用的原材料於生產開始時一次投入,採用約當產量法分配完工產品和月末在產品成本。各車間在產品的完工程度均為 50%。有關產量資料和成本資料如表 11-6 和 11-7 所示。

表 11-6　　　　　　　　　　　　　　產量資料　　　　　　　　　　　　　單位:件

項　目	一車間	二車間
	B 半成品	B 產品
月初在產品數量	100	200
本月投入產品數量	600	400
本月完工產品數量	400	450
月末在產品數量	300	150

表 11-7　　　　　　　　　　　　　　生產費用資料　　　　　　　　　　　　單位:元

項　目	期初在產品成本			本月生產費用		
	一車間	二車間		一車間	二車間	
		上步費用	本步費用		上步費用	本步費用
直接材料	20,000	46,000		120,000		
直接人工	4,200	4,000	8,000	20,000		7,750
製造費用	3,500	2,800	5,120	10,800		5,380
合　計	27,700	52,800	13,120	150,800		13,130

（1）根據期初在產品成本、各種費用分配表及完工產品和期末在產品之間分配的結果，登記一車間 B 產品成本計算單，如表11-8所示。

表 11-8　　　　　　　　　　　　　產品成本計算單　　　　　　　　　　　　單位:元
一車間:半成品　　　　　　　　　　　　　　　　　　　　　　　　　　完工量:400 件

成本項目	月初在產品成本	本月發生生產費用	合計	分配率（元/件）	完工半成品成本	月末在產品成本
直接材料	20,000	120,000	140,000	200	80,000	60,000
直接人工	4,200	20,000	24,200	44	17,600	6,600
製造費用	3,500	10,800	14,300	26	10,400	3,900
合　計	27,700	150,800	178,500	270	108,000	70,500

$$直接材料分配率 = \frac{140,000}{400+300} = 200(元/件)$$

$$直接人工分配率 = \frac{24,200}{400+300\times 50\%} = 44(元/件)$$

$$製造費用分配率 = \frac{14,300}{400+300\times 50\%} = 26(元/件)$$

當一車間將生產完工的 B 半成品移交二車間繼續加工時，企業應按實際成本編製會計分錄：

借：基本生產成本——二車間——B 產品　　　　　　　　　　　108,000
　　　　（直接材料）　　　　　　　　　　　　　　　　　　　80,000

　　　　（直接人工） 17,600
　　　　（製造費用） 10,400
　貸:基本生產成本————一車間——B半成品 108,000

（2）根據期初在產品成本、各種費用分配表、半成品領用單、完工產品與期末在產品之間的分配結果,登記二車間產品成本計算單,如表11-9所示。

表11-9　　　　　　　　　　**產品成本計算單**　　　　　　　單位:件

二車間:B產品　　　　　　　　　　　　　　　　　　　　　　產量:450件

項目	生產費用						完工產品成本						期末在產品成本	
	期初費用		本期費用		合計		總成本			單位成本					
	上步	本步	上步	本步	上步	本步	上步	本步	合計	上步	本步	合計	上步	本步
直接材料	46,000		80,000		126,000		94,500		94,500	210		210	31,500	
直接人工	4,000	8,000	17,600	7,750	21,600	15,750	16,200	13,500	29,700	36	30	66	5,400	2,250
製造費用	2,800	5,120	10,400	5,380	13,200	10,500	9,900	9,000	18,900	22	20	42	3,300	1,500
合計	52,800	13,120	108,000	13,130	160,800	26,250	120,600	22,500	143,100	268	50	318	40,200	3,750

需要注意的是,在分配上一步驟的所有費用時,類似逐步綜合結轉分步法分配二車間所耗上一步驟的「半成品」成本一樣,期末在產品都按100%計算約當產量。

$$上一步驟直接材料分配率 = \frac{126,000}{450+150} = 210(元/件)$$

$$上一步驟直接人工分配率 = \frac{21,600}{450+150} = 36(元/件)$$

$$上一步驟製造費用分配率 = \frac{13,200}{450+150} = 22(元/件)$$

$$本步驟直接人工分配率 = \frac{15,750}{450+150\times50\%} = 30(元/件)$$

$$本步驟製造費用分配率 = \frac{10,500}{450+150\times50\%} = 20(元/件)$$

（3）根據第二生產步驟完工產品交庫單編製會計分錄:
借:產成品——B產品　　　　　　　　　　　　　　143,100
　貸:基本生產成本——二車間　　　　　　　　　　143,100

（二）逐步分項結轉分步法的優缺點

逐步分項結轉分步法的優點表現為使用該方法計算出來的產品成本將上一步驟費用和本步驟費用分得很清楚,其成本項目的結構是反應的原始的成本結構,不需要進行成本還原,便於企業從整個企業的角度考核和分析企業產品成本的計劃完成情況。

逐步分項結轉分步法的缺點表現為使用這種方法計算產品成本比較複雜,工作量也比

較大。因此,這種方法一般適用於在管理上不要求計算各步驟完工產品所耗半成品成本,而要求按原成本項目反應產品成本的企業。

第三節 平行結轉分步法

一、平行結轉分步法的概念和特點

在採用分步法的大量大批多步驟生產的企業中,有的企業各生產步驟所生產半成品的種類很多,但並不需要計算半成品成本。為了簡化和加速成本計算工作,在計算各步驟成本時,可以不計算各生產步驟所產半成品成本,也不計算下一步驟耗用上一步驟半成品的成本,而只計算在各步驟加工產品過程中在本步驟發生的費用以及應分配計入完工產品成本的「份額」;然后將同一產品的各成本計算中應計入完工產成品的「份額」平行結轉匯總,計算出產成品成本。因此,平行結轉分步法是指平行結轉各生產步驟生產費用中應計入產成品成本的「份額」,然后匯總計算產品成本的一種分步法。

平行結轉分步法一般適用於大量大批多步驟生產,各步驟所產半成品品種較多,但又不需要計算半成品成本的企業。平行結轉分步法成本計算程序如圖11-4 所示。

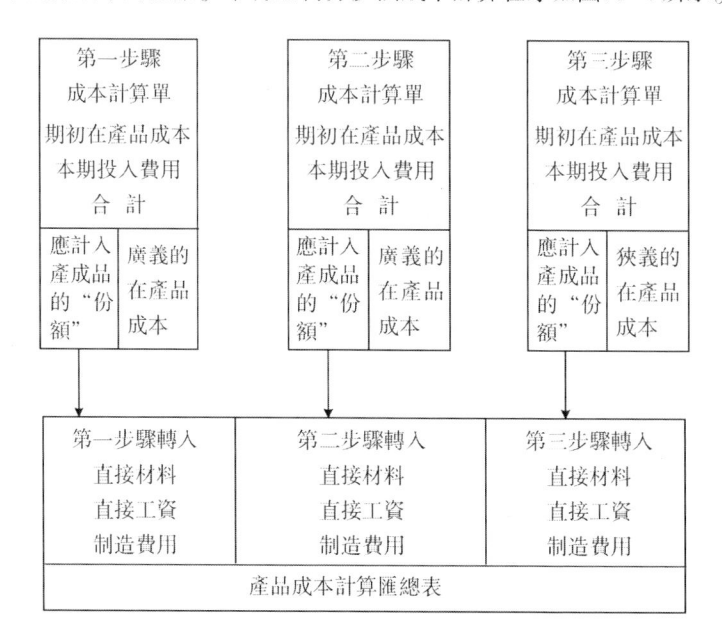

圖 11-4 平行結轉分步法成本計算程序

從圖 11-4 可以看出平行結轉分步法的特點如下:

(1)在生產過程中,半成品在各步驟之間只進行實物轉移,不進行成本轉移,即上一步驟的半成品實物轉入下一步驟繼續加工時,其半成品的成本不隨實物而轉入下一步驟成本

計算單中,仍保留在生產費用發生的步驟。因此,不要求計算各步驟完工半成品的成本,只要求計算各步驟應計入完工產品成本的份額,並於最后步驟提供完工產品數量時,各步驟按其數量和在本步驟發生的單位成本份額,平行匯總計算出完工產品的成本。如果原材料於生產開始時一次投入,除第一步驟應轉入產成品的份額中有「直接材料」之外,其他步驟應轉入產成品的份額無「直接材料」。

(2) 為了正確計算各步驟應計入產品成本的「份額」,各步驟應將本步驟發生的費用總額在完工產品和廣義的在產品之間進行分配。廣義的在產品是相對於完工產品而言的,包括正在各生產步驟加工中的在製品(狹義的在產品)和在某步已經完工,甚至已轉移到下一步驟,或已轉入半成品庫,但未最后形成產品的一切半成品。因此,各步驟「基本生產成本」帳戶余額不僅包括本步驟正在加工中的在產品在本步驟發生的費用,還包括本步驟已經完工,並已轉交下一步驟正在加工中的在產品或轉入半成品庫的半成品在本步驟發生的費用。也就是說,只要半成品沒有最后完工或沒有對外銷售,它們的成本分別存放在它們所發生的步驟「基本生產成本」帳戶余額內。

(3) 由於各步驟不計算半成品成本,因此無論是否設立自制半成品庫,均不通過「自制半成品」科目進行價值核算,只需進行自制半成品的數量核算。

(4) 由於產品成本是由各生產步驟平行轉入在各步驟發生的費用,因此產成品成本資料是由原始的成本項目構成的,無需進行成本還原。

二、平行結轉分步法的計算舉例

在平行結轉分步法下,可採用約當產量法分配完工產品成本與在產品的成本,也可以採用定額比例法分配完工產品成本與在產品的成本。

(一) 採用約當產量法分配

在平行結轉分步法下,採用約當產量法分配應計入完工產品成本的「份額」和廣義的在產品成本時,其計算公式為:

$$各成本項目費用分配率 = \frac{各項目月初費用與本月發生費用之和}{完工產品數量 + 廣義的在產品約當產量}$$

應計入產成品中各成本項目份額 = 完工產品數量 × 各成本項目分配率

廣義的在產品約當產量 = 本步驟在產品約當產量 + 以后各步驟在產品約當產量

【例 11-4】某企業生產 C 產品需經過一車間、二車間、三車間連續加工完成。一車間完工的半成品全部轉移給二生產車間加工。(半成品成本未轉移,仍保留在一車間基本生產明細帳內);二車間完工的半成品全部轉移給三生產車間生產出完工產品 C 產品。採用平行結轉分步法計算產品成本,原材料於生產開始時一次投入,各車間採用約當產量法分配完工產品與期末在產品的費用,各步驟在產品完工程度均為 50%。有關產量資料和費用資料分別如表 11-10 和表 11-11 所示。

表 11-10　　　　　　　　　　　　　　　產量資料　　　　　　　　　　　　　　　單位:件

項　目	一車間	二車間	三車間
期初在產品數量	6	18	30
本期投入產品數量	150	132	120
本期完工產品數量	132	120	138
期末在產品數量	24	30	12

表 11-11　　　　　　　　　　　　　　　費用資料　　　　　　　　　　　　　　　單位:元

項　目	月初在產品成本			本期發生的費用		
	一車間	二車間	三車間	一車間	二車間	三車間
直接材料	40,500			97,200		
直接人工	6,300	7,650	3,600	22,500	27,000	35,280
製造費用	9,000	9,900	5,400	25,560	27,225	37,800
合　計	55,800	17,550	9,000	145,260	54,225	73,080

（1）根據表 11-10 和表 11-11 的資料,採用約當產量分配法分配完工產品應負擔的成本份額和月末在產品應負擔的成本,並登記一車間產品成本計算單(見表 11-12)、二車間產品成本計算單(見表 11-13)、三車間產品成本計算單(見表 11-14)。

表 11-12　　　　　　　　　　　　　　產品成本計算單　　　　　　　　　　　　　單位:元

一車間:C 產品　　　　　　　　　　　　　　　　　　　　　　　　　　　　　　產量:138 件

成本項目	期初在產品成本	本期生產費用	合計	分配率（元/件）	轉入完工產品份額	期末在產品成本
直接材料	40,500	97,200	137,700	675	93,150	44,550
直接人工	6,300	22,500	28,800	150	20,700	8,100
製造費用	9,000	25,560	34,560	180	24,840	9,720
合　計	55,800	145,260	201,060		138,690	62,370

直接材料分配率 = $\dfrac{137,700}{138+(12+30+24)}$ = 675(元/件)

應轉入完工產品的直接材料 = 138×675 = 93,150(元)

廣義的在產品應負擔的直接材料 = (12+30+24)×675 = 44,550(元)

直接人工分配率 = $\dfrac{28,800}{138+(12+30+24×50\%)}$ = 150(元/件)

應轉入完工產品的直接人工 = 138×150 = 20,700(元)

廣義的在產品應負擔的直接人工 = (12+30+24×50%)×150 = 8,100(元)

製造費用分配率 = $\dfrac{34,560}{138+(12+30+24×50\%)}$ = 180(元/件)

應轉入完工產品的製造費用 = 138×180 = 24,840(元)

廣義的在產品應負擔的製造費用=(12+30+24×50%)×180=9,720(元)

表11-13　　　　　　　　　　　產品成本計算單　　　　　　　　　單位:元

二車間:C產品　　　　　　　　　　　　　　　　　　　　　　　　產量:138件

成本項目	期初在產品成本	本期生產費用	合計	分配率（元/件）	轉入完工產品份額	期末在產品成本
直接材料						
直接人工	7,650	27,000	34,650	210	28,980	5,670
製造費用	9,900	27,225	37,125	225	31,050	6,075
合　　計	17,550	54,225	71,775		60,030	11,745

直接人工分配率 = $\dfrac{34,650}{138+(12+30\times50\%)}$ = 210(元/件)

應轉入完工產品的直接人工 = 138×210 = 28,980(元)

廣義的在產品應負擔的直接人工 = (12+30×50%)×210 = 5,670(元)

製造費用分配率 = $\dfrac{37,125}{138+(12+30\times50\%)}$ = 225(元/件)

應轉入完工產品的製造費用 = 138×225 = 31,050(元)

廣義的在產品應負擔的製造費用 = (12+30×50%)×225 = 6,075(元)

表11-14　　　　　　　　　　　產品成本計算單　　　　　　　　　單位:元

三車間:C產品　　　　　　　　　　　　　　　　　　　　　　　　產量:138件

成本項目	期初在產品成本	本期生產費用	合計	分配率（元/件）	轉入完工產品份額	期末在產品成本
直接材料						
直接人工	3,600	35,280	38,880	270	37,260	1,620
製造費用	5,400	37,800	43,200	300	41,400	1,800
合　　計	9,000	73,080	82,080		78,660	3,420

直接人工分配率 = $\dfrac{38,880}{138+(12\times50\%)}$ = 270(元/件)

應轉入完工產品的直接人工 = 138×270 = 37,260(元)

廣義的在產品應負擔的直接人工 = (12×50%)×270 = 1,620(元)

製造費用分配率 = $\dfrac{43,200}{138+(12\times50\%)}$ = 300(元/件)

應轉入完工產品的製造費用 = 138×300 = 41,400(元)

廣義的在產品應負擔的製造費用 = (12+30×50%)×300 = 1,800(元)

(2)將一車間、二車間、三車間計算出應轉入完工產品成本的份額,分別或平行匯總確定完工產品的製造成本,編製C產品成本計算匯總表,如表11-15所示。

表 11-15　　　　　　　　　　　產品成本計算匯總表　　　　　　　　　　　單位:元

產品名稱:C 產品　　　　　　　　　　　　　　　　　　　　　　　　　　產量:138 件

成本項目	應轉入產品成本的份額			總成本	單位成本
	一車間	二車間	三車間		
直接材料	93,150			93,150	675
直接人工	20,700	28,980	37,260	86,940	630
製造費用	24,840	31,050	41,400	97,290	705
合　計	138,690	60,030	78,660	277,380	2,010

(3) 根據產品成本計算匯總表編製完工入庫產品的會計分錄:

借:產成品──C 產品　　　　　　　　　　　　　　　277,380
　　貸:基本生產成本──一車間　　　　　　　　　　　138,690
　　　　　　　　　　──二車間　　　　　　　　　　　 60,030
　　　　　　　　　　──三車間　　　　　　　　　　　 78,660

(二) 採用定額比例分配法

在平行結轉分步法下,採用定額比例法分配應計入完工產品成本的份額和廣義的在產品成本時,其計算公式為:

$$材料分配率 = \frac{月初結存材料費用 + 本期發生材料費用}{完工產品定額材料成本 + 廣義的在產品定額材料成本}$$

應轉入完工產品的材料成本 = 完工產品定額材料成本 × 材料分配率

廣義的在產品應分配材料成本 = 廣義的在產品定額材料成本 × 材料分配率

$$其他費用分配率 = \frac{期初結存其他費用 + 本期發生其他費用}{完工產品定額工時 + 廣義的在產品定額工時}$$

應轉入完工產品的其他費用 = 完工產品定額工時 × 其他費用分配率

廣義的在產品應分配其他費用 = 廣義的在產品定額工時 × 其他費用分配率

【例 11-5】某企業生產 D 產品,分別由一車間和二車間連續加工完成。一車間為二車間提供半成品,二車間將半成品加工成產成品,原材料於生產開始時一次投入,完工產品與期末在產品之間分配費用採用定額比例分配法。該企業月初在產品成本和本月發生費用如表 11-16 所示,D 產品的有關定額資料如表 11-17 所示。

表 11-16　　　　　　　　月初在產品成本及本期發生費用　　　　　　　　單位:元

成本項目	月初在產品成本		本期發生費用	
	一車間	二車間	一車間	二車間
直接材料	16,506		12,600	
直接人工	9,150	2,200	6,000	7,400
製造費用	12,200	1,900	8,800	12,500
合　計	37,856	4,100	27,400	19,900

表 11-17　　　　　　　　　　　D 產品的有關定額資料

生產步驟	月初在產品 定額材料（元）	月初在產品 定額工時（小時）	本月投入 定額材料（元）	本月投入 定額工時（小時）	本月完工產品 產量（件）	本月完工產品 定額材料（元）	本月完工產品 定額工時（小時）
一車間份額	14,300	23,000	15,100	27,000	350	17,400	30,000
二車間份額		7,000		17,000			22,000
合　計	14,300	30,000	15,100	44,000		17,400	52,000

(1)根據以上有關產量、定額材料成本、定額工時等資料,計算分配完工產品成本與在產品成本,並登記一車間、二車間的產品成本計算單,如表 11-18 和表 11-19 所示。

表 11-18　　　　　　　　　　產品成本計算單　　　　　　　　　　單位:元

一車間:D 產品　　　　　　　　　　　　　　　　　　　　　　　產量:350 件

成本項目	期初費用	本月費用	合計	分配率	產成品份額	廣義的在產品成本
直接材料	16,506	12,600	29,106	0.99	17,226	11,880
直接人工	9,150	6,000	15,150	0.303	9,090	6,060
製造費用	12,200	8,800	21,000	0.42	12,600	8,400
合　計	37,856	27,400	65,256		38,916	26,340

期末在產品定額材料成本 = 14,300+15,100−17,400 = 12,000(元)

期末在產品定額工時 = 23,000+27,000−30,000 = 20,000(小時)

$$直接材料分配率 = \frac{29,106}{17,400+12,000} = 0.99$$

$$直接人工分配率 = \frac{15,150}{30,000+20,000} = 0.303$$

$$製造費用分配率 = \frac{21,000}{30,000+20,000} = 0.42$$

表 11-19　　　　　　　　　　產品成本計算單　　　　　　　　　　單位:元

二車間:D 產品　　　　　　　　　　　　　　　　　　　　　　　產量:350 件

成本項目	期初費用	本月費用	合計	分配率	產成品份額	廣義的在產品成本
直接材料						
直接人工	2,200	7,400	9,600	0.4	8,800	800
製造費用	1,900	12,500	14,400	0.6	13,200	1,200
合　計	4,100	19,900	24,000		22,000	2,000

期末在產品定額工時 = 7,000+17,000−22,000 = 2,000(小時)

$$直接材料分配率 = \frac{9,600}{22,000+2,000} = 0.4$$

$$製造費用分配率 = \frac{14,400}{22,000+2000} = 0.6$$

(2)根據一車間、二車間的產品成本計算單平行結轉完工產品的成本,編製完工產品成本匯總表,如表11-20所示。

表11-20　　　　　　　　　　完工產品成本匯總表　　　　　　　　　　單位:元

產品名稱:D產品　　　　　　　　　　　　　　　　　　　　　　產量:350件

成本項目	應轉入產品成本的份額		總成本	單位成本
	一車間	二車間		
直接材料	17,226		17,226	49.22
直接人工	9,090	8,800	17,890	51.11
製造費用	12,600	13,200	25,800	73.71
合　　計	38,916	22,000	60,916	174.04

(3)根據完工產品成本匯總表編製完工入庫產品的會計分錄:

借:產成品——D產品　　　　　　　　　　　　　　　　60,916
　　貸:基本生產成本——一車間　　　　　　　　　　　38,916
　　　　　　　　　　——二車間　　　　　　　　　　　22,000

三、逐步結轉分步法與平行結轉分步法的比較

採用逐步結轉分步法與平行結轉分步法計算出來的產成品成本是不一樣的,因為各月份各車間的成本構成比例不一,必然導致其計算結果有些差異。

(一)在產品的涵義不同

在逐步結轉分步法下,完工產品與在產品之間分配費用是指前幾個步驟是在廣義的在產品(完工半成品)與狹義的在產品(正在各步驟加工中的在產品)之間分配費用,最後步驟是在完工產品與狹義的在產品之間分配費用。因此,在逐步結轉分步法下,其在產品的涵義主要指狹義的在產品——正在各生產步驟加工中的在產品。這樣,在產品的成本是按所在地反應的,它有利於在產品資金的管理。在平行結轉分步法下,完工產品與在產品之間分配費用是指前幾個步驟是在完工產品與廣義的在產品之間分配費用,最後步驟是在完工產品與狹義的在產品之間分配費用。廣義的在產品不僅包括正在加工中的在產品,還包括經過某一步驟加工完畢,但還未最後成為產成品,也未對外銷售的所有半成品。在產品的成本是集中留在成本發生地的成本明細帳內,也就是按產品費用的發生地反應,不是按在產品所在地反應其成本的。

(二)半成品成本處理方法不同

在逐步結轉分步法下,由於半成品可能對外銷售,因此每個步驟均要求計算出完工半成品成本,並且其成本隨著半成品實物而轉移,即物質運動和價值運動並存。在平行結轉

分步法下,一般不計算出各步驟半成品成本,半成品實物轉移到下一步驟繼續加工時,其成本不隨著半成品實物轉入下一步驟成本計算單中,而仍然保留在原發生地的成本明細帳內,即物質運動和價值運動脫離。

(三)產成品成本的結構不同

在逐步結轉分步法下,產成品成本是由最后加工步驟所耗上一步驟半成品成本加上最后步驟發生的加工費構成,不是按原始的成本項目反應的,因此需要進行成本還原。而在平行結轉分步法下,產成品成本由原材料與各步驟發生的加工費構成,是按原始的成本項目反應的,因此不需要進行成本還原。

(四)成本計算的時序不同

在逐步結轉分步法下,要按加工步驟的順序來累計計算產品成本,后一步驟計算成本必須等到前一個步驟成本計算出來后才能進行其成本計算,最后還要將計算出來的完工產品成本進行成本還原。而在平行結轉分步法下,各步驟可以同時計算成本,平行轉出應由完工產品負擔的份額,以便計算出完工產品的成本。

四、分步法的優缺點

(一)逐步結轉分步法的優缺點

逐步結轉分步法的優點表現為:第一,能夠提供各個生產步驟的半成品成本資料。第二,各生產步驟的成本隨著半成品的實物轉移而轉移,各生產步驟產品成本明細帳期末結存的在產品數量的成本,就是各該步驟正在加工中的在產品數量的成本,因此能提供各生產步驟在產品資金佔有額,便於考核生產資金占用情況,有利於加強生產資金的管理。

逐步結轉分步法的缺點表現為:第一,各生產步驟逐步結轉半成品成本,會影響成本核算的及時性。第二,在需要按照原始成本項目提供產品成本的企業中,採用逐步綜合結轉分步法計算產品成本時,需要進行成本還原;採用逐步分項結轉分步法計算產品成本時,核算工作量較大,而且也較複雜。

(二)平行結轉分步法的優缺點

平行結轉分步法的優點表現為:第一,各步驟可以同時計算成本,平行匯總計算出產成品成本。第二,能夠直接提供按原始項目反應的產品成本資料,不必進行成本還原;能簡化和加速成本核算工作,為企業管理當局及時提供成本信息。

平行結轉分步法的缺點表現為:第一,不能提供各個步驟的半成品成本資料。第二,在產品的費用在最后產成品完工之前不隨半成品實物轉出,物質運動與其價值運動相分離,不便於各步驟加強實物管理和資金管理。第三,各生產步驟成本計算單內提供的成本資料不包括半成品在前幾個生產步驟的耗費,因此不能全面反應各步驟半成品的耗費水平,不便於企業進行內部成本考核和成本分析。

思考題

1. 產品成本計算分步法的特點及其適應範圍是什麼？
2. 什麼是分步法？分步法是怎樣分類的？
3. 為什麼要採用分步法計算產品成本？
4. 什麼是逐步綜合結轉分步法？其優缺點有哪些？它具體又分為哪幾種綜合結轉？
5. 什麼是平行結轉分步法？其優缺點有哪些？
6. 什麼是成本還原？為什麼要進行成本還原？如何進行成本還原？
7. 逐步分項結轉分步法是如何計算產品成本的？它與逐步綜合結轉分步法相比有何優缺點？
8. 將逐步綜合結轉分步法與平行結轉分步法相比，其「基本生產成本」的期末余額所表示的內容有何不同？為什麼？
9. 什麼是廣義的在產品和狹義的在產品？兩者有何不同？
10. 怎樣理解在平行結轉分步法下，其費用分配是在廣義的在產品與完工產品之間進行分配？

練習題

1. 某企業生產甲產品，分三個生產步驟進行生產。該企業設有一車間、二車間、三車間，甲產品由這三個車間順序加工而成。成本計算採用逐步結轉分步法，上一車間向下一車間結轉成本時，採用綜合結轉法。原材料在一車間開始加工時一次投入，半成品不通過中間庫收發。上一步驟完工后全部交由下一步驟繼續加工。月末在產品按約當產量法計算，各車間月末在產品完工程度均為50%。該企業本年5月份有關成本計算資料如下：

產量記錄如表 11-21 所示。

表 11-21　　　　　　　　　　　　　　產量記錄　　　　　　　　　　　　　單位：件

項 目	月初在產品	本月投入	本月完工	月末在產品
一車間	8	200	176	32
二車間	24	176	160	40
三車間	40	160	192	8

成本資料如表 11-22 所示。

表 11-22　　　　　　　　　　　　　　成本資料　　　　　　　　　　　　　單位：元

項 目	月初在產品 一車間	月初在產品 二車間	月初在產品 三車間	本月發生費用 一車間	本月發生費用 二車間	本月發生費用 三車間
直接材料	5,210	19,120	49,130	129,860		
直接人工	540	3,640	3,600	24,420	30,200	30,700
製造費用	400	3,130	2,560	18,800	26,264	20,960
合 計	6,150	25,890	55,290	173,080	56,464	51,660

要求：

(1)採用逐步綜合結轉分步法計算甲產品的一車間、二車間半成品成本和三車間產成品成本，編製產品成本計算單。

(2)進行成本還原，編製產品生產成本還原計算表。

2. 華能工廠大量生產 A 產品，生產分兩個步驟，分別由一車間和二車間進行。一車間為二車間提供半成品，二車間將半成品加工成產成品。華能工廠本年 6 月有關成本計算資料如下：

月初在產品成本和本月發生的生產費用如表 11-23 所示。

表 11-23　　　　　　月初在產品成本和本月發生的生產費用　　　　　　單位：元

項　　目	月初在產品成本		本月發生費用	
	一車間	二車間	一車間	二車間
直接材料	8,253		6,300	
直接人工	4,575	1,100	3,000	3,700
製造費用	6,100	950	4,400	6,250

A 產品有關的定額資料如表 11-24 所示。

表 11-24　　　　　　　　A 產品有關的定額資料

生產步驟	月初在產品		本月投入		產量（件）	本月產成品	
	直接材料（元）	工時（小時）	直接材料（元）	工時（小時）		總定額	
						直接材料（元）	工時（小時）
一車間	7,150	11,500	7,550	13,500	350	8,700	15,000
二車間		3,500		8,500			11,000
合　計	7,150	15,000	7,550	22,000			26,000

要求：

(1)採用定額比例法計算各車間完工產品成本和期末在產品成本。

(2)編製 A 產品生產成本匯總表，計算 A 產品單位產品成本和總成本。

3. 某企業生產 A 產品順序經過兩個生產步驟連續加工完成，一步驟半成品直接投入二步驟加工，不通過自制半成品庫。原材料於生產開始時一次投入，各步驟在產品在本工序的加工程度均為 50%。期初無在產品成本。有關費用、投產量、產出量的情況如下：

第一步驟		第二步驟	
發生材料費用	60,000 元	領用半成品	400 件
發生工資費用	10,000 元	發生工資費用	3,500 元
發生製造費用	20,000 元	發生製造費用	10,500 元
完工半成品	400 件	完工產品	300 件
月末在產品	200 件	月末在產品	100 件

要求：

(1)採用逐步綜合結轉分步法計算產品成本，填列產品成本計算單並進行成本還原。

(2)採用逐步分項結轉分步法計算產品成本，填列產品成本計算單。

(3)將逐步綜合結轉分步法計算的產品成本結構(還原前的產品成本和還原后的產品成本)與逐步分項結轉分步法計算的產品成本結構進行比較分析並加以說明。

4. 某企業生產 B 產品,經過三個生產步驟連續加工。第一步驟生產的半成品直接交給第二步驟加工,第二步驟生產完工的半成品直接交給第三步驟加工生產出完工產品,原材料於生產開始時一次投入,其他費用按平均完工程度的 50% 計算。

產量記錄如表 11-25 所示。

表 11-25　　　　　　　　　　　　　　產量記錄　　　　　　　　　　　　　單位:件

月初在產品數量	第一步驟	第二步驟	第三步驟
月初在產品數量	6	18	30
本期投入數量	150	132	120
本期完工數量	132	120	138
期末在產品數量	24	30	12

成本資料如表 11-26 所示。

表 11-26　　　　　　　　　　　　　　成本資料　　　　　　　　　　　　　單位:元

成本項目	月初在產品成本				本月發生費用			
	一步	二步	三步	合計	一步	二步	三步	合計
直接材料	27,000			27,000	64,800			64,800
直接人工	4,200	5,100	2,400	11,700	15,000	18,000	23,520	56,520
製造費用	6,000	6,600	3,600	16,200	17,040	18,150	25,200	60,390
合計	37,200	11,700	6,000	54,900	96,840	36,150	48,720	181,710

要求:

(1)按平行結轉分步法計算產品成本。

(2)如果下月該企業採用逐步綜合結轉分步法,試將月末在產品成本資料按各生產步驟重新調整為逐步綜合結轉分步法的期末在產品成本。

5. 某企業生產 C 產品經過兩個車間連續加工完成,無期初產品。一車間本月投入生產 2,000 件,完工 1,800 件半成品直接轉入下一車間繼續加工,經二車間生產完成,入庫產品 1,500 件。兩車間期末在產品的加工程度均為 50%,原材料於生產開始時一次投入。本月發生的費用如表 11-27 所示。

表 11-27　　　　　　　　　　　　本月發生的費用　　　　　　　　　　　　單位:元

項目	材料	工資	費用
一車間	470,000	19,000	9,500
二車間		66,000	41,250

要求:

(1)按逐步綜合結轉分步法計算產品成本。

(2)對逐步綜合結轉分步法計算的產品成本進行成本還原。

(3)假設該企業下月按平行結轉分步法計算成本,試將期末在產品成本調整為平行結轉分步法的期末在產品成本。

第十二章　分類法

　　有些企業由於產品的品種及規格型號繁多，分別按每種產品作為成本計算對象計算產品成本的工作量太大，因此，在實際工作中可根據實際情況，採用先分產品類別計算各類產品的成本，然后再在已分類計算出的產品成本中，按規格或型號分類計算出各種產品或各規格型號的產品成本，即第一步是計算各類產品成本，第二步在類內進行分配。

第一節　分類法的適用範圍及特點

一、分類法的意義及適用範圍

　　成本計算的分類法（Category Costing Method）是指以產品的類別作為成本計算對象歸集生產費用，計算各類完工產品總成本，再按一定標準和方法分配計算類內各種產品成本的一種方法。

　　有些工業企業生產的產品品種、規格繁多，而且基本上是一些品種規格相近，工藝過程基本相同的產品以及一些聯產品和副產品。在這樣的企業裡，如果採用品種法，對每一品種、規格的產品歸集費用，計算成本，勢必造成成本核算工作的繁重。如果這些產品可以按照一定標準劃分為若干類別，如鞋廠的男鞋、女鞋、童鞋，而每一類裡又有不同的規格（號碼），為了簡化成本核算工作，可以採用分類法計算成本。

二、分類法的特點

（一）分類法以產品的類別作為成本計算對象

　　採用分類法計算產品成本，要按照產品類別開立成本明細帳，歸集生產費用。直接費用直接計入，幾類產品共同負擔的費用，採用適當的標準分配計入，然后匯總計算各類產品的總成本。

（二）分類法的成本計算期要根據生產特點和管理要求來確定

　　分類法不是一種獨立的基本成本計算方法，它要根據各類產品生產工藝特點和管理要求的不同，選擇與品種法、分步法、分批法結合使用。如果是大量大批生產，應結合品種法或分步法進行成本計算，這樣成本計算就在月末定期進行；如果是小批單件生產，適合與分批法結合運用，則成本計算期與生產週期一致，不固定進行。

(三)有時將產品生產費用總額在完工產品和月末在產品之間進行分配

分類法下,如果月末在產品數量較多,應該將該類產品生產費用總額在完工產品和月末在產品之間進行分配。

第二節　分類法成本計算程序

一、分類法成本計算的基本程序

(一)劃分產品類別,按各類產品的類別開立成本計算單,計算各類產品的總成本

採用分類法計算產品成本,首先要根據產品所用原材料、工藝技術特點、品種規格等的不同,將產品劃分為若干類別。例如,制衣廠可根據耗用布料的不同,將產品分為純棉、化纖、絲綢等類別;軋鋼廠可根據產品結構的不同,將產品分為原鋼、鋼板、鋼管等類別。然後按照產品類別開立成本明細帳和成本計算單,按照成本項目歸集生產費用,計算各類產品的總成本。

(二)選擇合理的分配標準,在類內各種品種或規格的產品之間分配費用,計算類內各種產品的成本

在選擇類內各種產品的費用分配標準時,應考慮分配標準與產品成本關係的密切程度。分配標準一般有定額消耗量、定額費用、產品的售價、體積、長度和重量等,也可以將分配標準折算為固定的系數進行分配。各成本項目可以採用同一標準分配,也可以按照成本項目的性質,分別採用不同的標準分配,以使分配結果更加合理。

為了簡化分配工作,可以將分配標準折算成相對固定的系數,按照固定的系數分配類內各種產品成本,這種方法也稱為系數法。所謂系數,是指各種規格產品之間的比例關係。確定系數時,一般是在同類產品中選擇一種產量較大,生產比較穩定或規格適中的產品作為標準產品,把這種產品的系數定為「1」,然後按照選定的分配標準將其他產品換算成與標準產品的比例,即系數。系數確定後,就可以據以分配類內各產品之間的費用。系數應保持相對穩定。系數法是分類法的一種,也稱為簡化的分類法。

無論採用哪種分配標準,將各類產品的總成本在類內各種品種或規格的產品之間進行分配以後,即可計算出類內各種產品的總成本和單位成本。

二、分類法應用舉例

【例 12-1】假設某工業企業生產的甲、乙、丙三種產品,它們同時生產且所用原材料和工藝過程基本相同,採用分類法計算產品成本。生產費用在三種產品之間分配的標準為直接材料費用按直接材料定額成本系數分配,其他費用按工時定額系數分配。乙產品為標準產品,耗用材料和工時的系數均為1。該類產品的消耗定額比較準確、穩定,各月月末在產

品數量變動也不大,因此月初、月末在產品均按定額成本計價。

該企業2016年5月完工產品產量:甲產品200件,乙產品170件,丙產品300件。

計算步驟如下:

(一)計算系數

類內各產品耗用各種直接材料的消耗定額、計劃單價、工時定額以及計算出的定額成本、直接材料定額成本係數、工時定額係數如表12-1所示。直接材料定額成本係數根據直接材料定額成本確定,工時定額係數按工時單耗定額確定。

表 12-1　　　　　　　　　　　　材料、工時定額係數計算表

產品名稱	材料名稱	消耗定額（千克）	計劃單價（元）	定額成本（元）	直接材料定額成本係數	工時定額 單耗	工時定額 係數
甲	A	10.4	1.0	10.4	$\dfrac{34.24}{31.40}=1.09$	3 小時	$\dfrac{3}{2}=1.5$
	B	9.6	1.4	13.44			
	C	5.2	2.0	10.4			
	小計			32.24			
乙（標準產品）	A	7.4	1.0	7.4	$\dfrac{31.40}{31.40}=1$	2 小時	1
	B	8.0	1.4	11.2			
	C	6.4	2.0	12.8			
	小計			31.40			
丙	A	6.4	1.0	6.4	$\dfrac{27.28}{31.40}=0.87$	2.2 小時	$\dfrac{2.2}{2}=1.1$
	B	9.2	1.4	12.58			
	C	4.0	2.0	8.0			
	小計			27.28			

(二)計算一類產品成本

2016年5月該類產品月初、月末在產品定額成本,當月生產費用以及計算出來的完工產品成本如表12-2所示。

表 12-2　　　　　　　　　　　　産品成本計算表

產品類別:××類產品　　　　　　2016年5月　　　　　　　　　　單位:元

項目	直接材料	直接人工	製造費用	合計
月初在產品成本（定額成本）	8,020	1,860	3,752	13,632
本月生產費用	19,430	4,670	5,896	29,996
生產費用合計	27,450	6,530	9,648	43,628
完工產品成本	22,066	4,800	7,200	34,066
月末在產品成本（定額成本）	5,384	1,730	2,448	9,562

(三)將該類完工產品成本在類內各種產品之間進行分配(見表12-3)

表 12-3　　　　　某類產品內各種產品成本計算表　　　　　金額單位:元

項目	產量(件)	材料費用系數	材料費用總系數	定額工時系數	定額工時總系數	直接材料	直接人工	製造費用	合計
①	②	③	④=②×③	⑤	⑥=②×⑤	⑦=④×分配率	⑧=⑥×分配率	⑨=⑥×分配率	⑩=⑦+⑧+⑨
分配率						34	6	9	
甲產品	200	1.09	218	1.5	300	7,412	1,800	2,700	11,912
乙產品	170	1	170	1	170	5,780	1,020	1,530	8,330
丙產品	300	0.87	261	1.1	330	8,874	1,980	2,970	13,824
合計			649		800	22,066	4,800	7,200	34,066

$$直接材料系數分配率 = \frac{完工產品直接材料費用合計}{直接材料費用總系數合計} = \frac{22,066}{649} = 34$$

$$直接人工系數分配率 = \frac{完工產品直接人工費用合計}{定額工時總系數} = \frac{4,800}{800} = 6$$

$$製造費用系數分配率 = \frac{完工產品製造費用合計}{定額工時總系數} = \frac{7,200}{800} = 9$$

三、分類法的優缺點及適用情況

採用分類法,按產品類別歸集費用,計算產品成本,不僅可以簡化產品成本核算工作,而且能夠在產品品種、規格繁多的情況下,分類考核分析產品成本的水平,但是由於類內各產品成本是按一定標準分配計算出來的,計算結果帶有一定的假定性。因此,在分類法下,分配標準的選擇成為產品成本計算正確性的關鍵。企業應選擇與產品成本水平高低有直接關係的分配標準來分配費用,並隨時根據實際情況的變化修訂或變更分配標準,以保證分類法計算的產品成本數據的正確性。

分類法的應用範圍很廣,凡是生產的產品品種、規格繁多,又可以按一定標準劃分為若干類別的企業或車間,均可採用分類法來計算成本。例如,鋼鐵廠生產的各種牌號和規格的生鐵、鋼錠和鋼材,食品廠生產的各種味道的餅乾、麵包、點心,燈泡廠生產的各種類別和瓦數的燈泡等,都可以採用分類法。可見,分類法與生產類型沒有直接關係,可以在各種類型的生產中應用。

有些企業在生產過程中可能會產生聯產品、副產品和等級品等情況,也可採用分類法計算產品成本(有關這一問題在下一節介紹)。

也有些工業企業,除生產主要產品外,還生產一些零星產品。例如,自製少量零部件或工具等。這些零星產品,雖然內部結構、所耗原材料和工藝過程不一定完全相同,但是它們的品種、規格多,數量少,費用比重小。為了簡化核算,也可將這些零星產品歸類,採用分類法計算產品成本。

第三節　聯產品、副產品及等級品的成本計算

一、聯產品、副產品的概念及成本計算原理

有些工業企業特別是化工企業,在生產過程中使用同一原料進行加工,可能同時生產出幾種主要產品;有些企業在生產主要產品的過程中會附帶生產出一些非主要產品;或者生產中可能由於操作技術及其他方面的原因生產出不同等級的同一產品。這些產品根據不同情況,分為聯產品、副產品和等級品。

聯產品(Joint Product)是指企業在生產過程中使用同一種原料,同時生產出幾種具有同等地位但使用價值不同的主要產品。例如,煉油廠從原油中可以同時提煉出汽油、柴油、煤油和機油等幾種主要產品。它們雖然在性質上和用途上不同,但在經濟上都具有重要意義,它們都是企業生產的主要目的。聯產品最適合,並且也只能歸為一類採用分類法計算成本。

副產品(By-Product)是指使用同種原材料,在生產主要產品的過程中附帶生產出來的非主要產品,或利用生產中的廢料加工而成的產品。例如,原油提煉過程中產生的石油焦、香皂生產中產生的甘油等。這些產品的價值雖低,但都具有一定的使用價值,有時也作為產品對外出售,因此也必須計算其成本。副產品可以與主產品歸為一類,設立成本計算單計算成本。由於副產品費用比重一般不大,可採用簡單的方法計價。如果按照固定的單價計價,將其從產品成本計算單所歸集的生產費用中扣除出來,可得到副產品成本,其余即為主產品成本。如果副產品比重較大,應該將主、副產品視同聯產品採用分類法計算成本。

在聯產品、副產品產生的過程中,存在一個「分離點」,即在這一點上分離成各種聯產品或分離成主、副產品。分離點之前發生的成本稱為聯合成本(Jointcost),分離點后再發生的加工成本稱為可分成本或可歸屬成本。聯產品成本計算的關鍵是聯合成本的分配計算。

二、聯產品、副產品的成本計算舉例

【例12-2】假設某煉油廠在對原油進行提煉時生產出汽油、柴油、煤油和機油等幾種主要產品,同時產生副產品石油焦。該煉油廠分配聯產品的聯合成本採用價格比例系數法,對副產品的成本則按計劃價格計算,並從分配前的聯合成本中先行扣減。

該煉油廠2016年5月發生的生產費用(分離前聯合成本)以及各種產品產量、銷售價格等資料,如表12-4、表12-5所示。

表 12-4　　　　　　　　　　　　　產品成本計算單
2016 年 5 月　　　　　　　　　　　　　　　　單位：元

項　　目	直接材料	燃料及動力	直接人工	製造費用	成本合計
月初在產品成本	1,780	640	590	2,260	5,270
本月生產費用	228,500	4,200	13,600	84,000	330,300
合計	230,280	4,840	14,190	86,260	335,570
完工產品成本	184,224	3,872	11,352	69,008	268,456
月末在產品成本	46,056	968	2,838	17,252	67,114

表 12-5　　　　　　　　　產量、銷售價格資料及系數計算

產品名稱		生產數量（噸）	銷售價格（元/噸）	系數
聯產品	汽油	400	320	1
	柴油	360	160	0.5
	煤油	150	256	0.8
	機油	80	288	0.9
副產品	石油焦	200	40（計劃單位成本）	

按銷售價格比例確定系數，假設汽油的價格系數為 1，則柴油的系數為 $160/320=0.5$，煤油的系數為 $256/320=0.8$，機油的系數為 $288/320=0.9$。

根據以上資料計算聯產品、副產品的成本，如表 12-6 所示。

表 12-6　　　　　　　　　　聯產品、副產品成本計算單
2016 年 5 月

產品名稱		產量（噸）	系數	折合標準產量（噸）	分配率	總成本（元）	單位成本（元）
聯產品	汽油	400	1	400		134,952	337.38
	柴油	360	0.5	180		60,728.4	168.69
	煤油	150	0.8	120		40,485.6	269.9
	機油	80	0.9	72		24,290	303.64
	小計	—	—	772	337.38	260,456	—
副產品	石油焦	200				8,000	40
總　計						268,456	—

副產品石油焦按計劃價格計價，成本為 8,000 元（200×40），從總成本中扣除副產品的成本，即為聯產品的成本。

聯產品的成本 = 268,456 − 8,000 = 260,456（元）

聯產品的成本分配率 = $\dfrac{260,456}{772}$ = 337.38

汽油的成本＝400×337.38＝134,952(元)
柴油的成本＝180×337.38＝60,728.4(元)
煤油的成本＝120×337.38＝40,485.6(元)
機油的成本＝268,456－134,952－60,728.4－40,485.6－8,000＝24,290(元)

在聯產品、副產品的成本計算中，副產品的計價關係到主產品成本正確性的問題。副產品的計價方法一般有以下幾種：

（1）對於分離后不再加工而且價值不大的副產品，如果其售價不能抵償其銷售費用，則副產品不應計價，即不從主產品中分離副產品的成本。

（2）對於分離后不再加工但價值較大的副產品，可以按其銷售價格減去銷售稅金后的金額計價，從分離前的聯合成本中扣除。扣除時，既可以從直接材料成本項目中一筆扣除，也可以從各個成本項目中按比例扣除。

（3）對於分離后需要進一步加工才能出售的副產品，若價值較小，或考慮只負擔分離后產生的成本；若價值較大，則需同時負擔分離前的聯合成本，以保證主要產品成本的合理性。

三、等級品的概念及成本計算原理

等級品(Graded-Product)是指使用同種原料，經過相同加工過程生產出來的品種相同但質量不同的產品。等級產品不同於廢品，等級產品都是合格品，而廢品是不合格品。

在進行成本計算時，如果這些等級品生產所用的原材料和工藝技術過程都完全相同，產品質量的等級是由於工人操作不慎造成的，則這些不同等級的產品，其單位成本應該相同，不能應用分類法為不同等級的產品確定不同的單位成本。如果這些等級品生產所用的原材料和工藝技術要求不同，則其單位成本應該不同，這些等級品可視為同一品種不同規格的產品，應採用分類法計算成本。常用的方法是以單位售價的比例確定系數，按系數比例來分配各等級產品應分擔的成本，即售價越高，負擔的聯合成本越多。

思考題

1. 分類法有什麼特點？
2. 分類法的優缺點是什麼？採用這種方法應具備什麼條件？
3. 試述分類法的成本計算程序。
4. 如何計算聯產品、副產品、等級品的成本？

練習題

某工廠大量生產甲、乙、丙三種產品。這三種產品的原材料和生產工藝相近，歸為一類產品，採用分類法計算成本。該類產品的消耗定額比較準確、穩定，各月月末在產品數量變動也不大，因此月末在產品

按定額成本計價。

該廠各種產品生產費用的分配標準為：原材料費用按材料消耗定額成本系數分配，其他費用按工時定額系數分配。甲產品為標準產品，耗用料工費的系數均為1。

該廠2016年5月有關成本、費用資料如下：

(1)本月完工產量：甲產品1,200件，乙產品250件，丙產品400件。
(2)在產品定額成本和本月發生的費用(單位：元)如下：

	直接材料	直接人工	製造費用
月初在產品定額成本	26,320	2,400	1,860
月末在產品定額成本	38,500	1,800	2,400
本月生產費用	46,200	26,840	32,710

(3)材料、工時定額資料如表12-7所示，材料定額系數按材料單耗定額成本計算，工時定額系數按工時單耗定額計算。

表12-7　　　　　　　　　　材料、工時定額資料

產品	材料種類	材料單耗定額(千克)	材料計劃單價(元)	工時單耗定額(小時)
甲	A	500	10	2
	B	300	15	
	C	150	20	
乙	A	450	10	2.8
	B	300	15	
	C	100	20	
丙	A	650	10	2.4
	B	300	15	
	C	100	20	

要求：
(1)計算各產品的材料、工時定額系數。
(2)計算本月各種產成品的總成本和單位成本。

第十三章　定額成本法

前述產品成本計算的品種法、分批法、分步法是產品成本計算的三種主要方法。為了加強企業的定額管理,並運用到成本管理工作中,在成本計算的主要方法的基礎上派生出一種成本計算的輔助方法——定額成本計算法(Quota Costing)。本章將介紹定額成本法的特點、適用範圍、計算程序和實際應用。

第一節　定額成本法概述

一、定額成本法的特點

前幾章講述的各種成本計算方法,如品種法、分批法、分步法、分類法,其生產費用的日常核算和產品成本計算都是按照實際發生額進行匯集和分配的。雖然這些方法也能把產品的實際成本與計劃成本進行比較,反應出產品的實際成本與計劃成本之間的差異,但是這些方法只是在報告期末實際成本已經計算出來以後才能與計劃成本進行比較,確定其差異,而不能在生產過程中及時地反應出來,更不能及時分析差異產生的原因。因此,實際成本的計算不能充分發揮生產成本核算的控制和監督作用。隨著經濟的發展和企業管理要求的提高,成本核算的定額成本法將會成為企業改善經營管理、加強成本控制、降低產品成本的重要手段。

定額成本法是以產品的定額成本為基礎,加減實際脫離現行定額的差異、材料成本差異和定額變動差異,計算產品實際成本的一種方法。定額成本法是在加強企業的計劃管理和定額管理的基礎上產生的。採用定額成本法計算產品成本,在生產費用發生的當時,就能根據生產費用定額和實際發生數額計算脫離定額的差異,以便隨時控制、監督生產費用的發生,促使企業按定額成本為控制限度,降低成本,節約費用。

定額成本法的特點表現在以下幾個方面:
(1)在事前需要制定產品的消耗定額、費用定額和產品的定額成本作為成本控制的依據。
(2)在生產費用發生的當時,將符合定額的費用和發生的差異分別核算,包括脫離現行定額的差異核算、材料成本差異的核算和定額變動差異的核算。
(3)月末在定額成本的基礎上加減各種差異,計算產品的實際成本。

因此,定額成本法的主要工作程序是:首先,以產品的各項現行消耗定額為依據計算產品的定額成本;其次,根據實際產量,核算產品的定額生產費用與實際生產費用之間的差

異;最后,在完工產品的定額成本的基礎上,加減定額變動差異、脫離定額差異、材料成本差異,計算出產品的實際成本。由於產品定額成本事先已經制定出來了,因此其成本核算的日常工作主要是核算三個差異。定額成本法計算產品實際成本的公式為:

$$產品實際成本 = 產品定額成本 \pm 脫離定額差異 \pm 定額變動差異 \pm 材料成本差異$$

二、定額成本法的適用範圍和基本要求

採用定額成本法計算產品成本的主要目的在於:通過對生產費用進行嚴密的日常核算和監督,對定額變動差異、脫離定額差異和材料成本差異進行核算,及時發現產生差異的原因,使企業經營管理人員和生產人員對生產費用的發生和產品成本的形成做到心中有數,明確成本降低的目標和自己的成本責任,以便他們在生產過程中主動控制費用,減少損失浪費,保證成本的實際發生數額在定額成本控制的限額之內。

定額成本法必須事先制定定額成本,及時核算各種差異。因此,這種方法適用於已制定一整套完整的定額管理制度、產品定型、各項生產費用消耗定額比較穩定、健全、準確、財務會計人員的業務水平較高的大批、大量裝配式機械製造工業,如生產發動機以及各種機床、車床和車輛等的企業。

定額成本法的成本計算對象既可以是最終的完工產品,也可以是半成品。因此,定額成本既可以在整個企業運用,也可以只運用於企業中的某些生產步驟或車間。

定額成本法核算成本除按照一般成本核算的要求外,還應做好以下幾項工作:

(1)要制定定額成本計算卡,反應生產過程中材料、工時的現行消耗定額和現行成本定額的日常變動。

(2)每月或每季都要根據定額成本計算卡片,編製定額成本計算表,在表中按照產品品種反應本期生產產品的定額水平。

(3)必須按照產品品種或類別設立生產費用明細帳,核算產品的定額成本、定額變動差異、脫離定額差異和產品實際成本。

第二節　定額成本的確定

一、定額成本與計劃成本的異同

產品的定額成本(Quota Cost)與計劃成本(Planning Cost)既有聯繫,又有區別。其聯繫是兩者都是以產品生產耗費的消耗定額和計劃價格為依據確定的成本。兩者的制定過程都是對產品成本進行事前的反應和監督,實行事前控制的方法。兩者的區別則表現在以下幾個方面:

(1)計劃成本的消耗定額是指計劃期(一般為一年)內的平均消耗定額,在計算期內通

常不會變動。計算定額成本的消耗定額則是指現行消耗定額,隨企業生產技術、勞動生產率和管理水平的提高進行修訂,可能每月份或每季度經常發生變動。

(2)計算計劃成本的原材料、其他費用的計劃單價和計劃費用率,在計劃期內通常也是不變動的。計算定額成本的原材料的計劃價格也不變,但其他費用的計劃費用率則可能經常變動。

(3)計劃成本在計劃年度內一般不變,屬於年度計劃的內容之一,定額成本在計劃年度內隨各項定額水平的變動而變動。

(4)計劃成本一般是國家或企業主管部門或分公司的總公司等管理機構在計劃期內對企業或分公司進行成本考核的依據。定額成本是企業內部經營管理、成本管理的重要內容,是企業控制成本、降低成本的重要手段。

二、產品定額成本的計算

制定產品的定額成本,主要是指制定產品的單位定額成本。本期投入的產品定額成本和本期完工產品的定額成本,分別按本期實際投入的產品生產數量和本期實際完工的產品數量與單位產品定額成本計算。計算單位產品定額成本是分成本項目計算的。其計算公式如下:

單位產品直接材料定額成本 = Σ單位產品材料定額用量×計劃材料單價

單位產品直接人工定額成本 = 單位產品生產工時定額×計劃小時工資費用

單位產品製造費用定額成本 = 單位產品生產工時定額×計劃小時製造費用

【例13-1】某企業根據其實際生產消耗水平和管理要求制定出生產 A 產品的定額資料為:單位產品耗用甲材料 80 千克,甲材料計劃單價為 50 元;單位產品耗用乙材料 60 千克,乙材料計劃單價為 30 元;單位產品耗用生產工時 100 小時,計劃小時工資費用為 20 元,計劃小時製造費用為 35 元。該企業 A 產品定額成本確定如下:

單位產品直接材料定額成本 = 80×50+60×30 = 5,800(元)

單位產品直接人工定額成本 = 100×20 = 2,000(元)

單位產品製造費用定額成本 = 100×35 = 3,500(元)

單位產品定額成本 = 5,800+2,000+3,500 = 11,300(元)

產品定額成本的確定,一是要根據產品的工藝規程,制定產品原材料、燃料、動力消耗定額和工時消耗定額。計算小時工資分配率,計算某種產品的直接材料定額成本和直接人工定額成本。二是編製製造費用預算,並按規定的方法將其分攤到產品成本中去,從而計算出某種產品的間接製造成本。三是把直接製造成本和間接製造成本加總,計算出某種產品的定額成本。

定額成本的計算,通常是通過編製定額成本計算表進行的。定額成本計算表是組織各級成本核算、在產品盤存、確定半成品定額成本的基礎。定額成本計算表應由財會部門根據計劃和定額資料編製。直接材料和直接人工成本應該依據月初零部件定額卡片上的現行定額編製;製造費用定額成本應根據全年的預算進行分配編製。定額成本計算表的編製

與產品零部件的多少、企業規模的大小、是否實行兩級成本核算等都有密切的關係。一般而言,產品零部件不多,可先編製零件定額成本計算表,然後再逐步匯總編製部件和產品定額成本計算表;產品零部件較多,為了簡化核算工作,也可以不編製零部件定額成本計算表,而直接編製產品定額成本計算表。規模較小或尚未實行兩級成本核算的企業,定額成本計算表可以按照產品品種編製;實行兩級核算的企業,定額成本計算表應分產品、生產步驟或車間編製,也就是說,既要按產品,又要按步驟編製定額成本計算表。

產品定額成本的成本項目和計算方法必須與計劃成本、實際成本的成本項目和計算方法一致,以便進行產品成本的考核和分析。

【例 13-2】某企業生產 W 產品,W 產品由各零部件裝配組成。該企業是實行分級核算的企業,其單位產品定額成本的編製過程如下:

(1)先分車間,按零件並根據零件的原材料消耗定額和工時定額編製零件定額卡,如表 13-1 所示。

表 13-1　　　　　　　　　　　　　　零件定額卡

零件:A

材料名稱	計量單位	材料消耗定額
甲	千克	20
工序編號	工時消耗定額(小時)	累計工時定額(小時)
1	20	20
2	15	35
3	5	40

(2)根據零件定額卡以及原材料計劃單價、計劃製造費用率,編製分車間的部件定額成本計算表,如表 13-2 所示。

表 13-2　　　　　　　　　　　　　部件定額成本計算表

部件:101

所需零件名稱	零件數量(件)	材料數量和金額						金額合計(元)	工時定額(小時)
^	^	甲			乙			^	^
^	^	數量(千克)	單價(元)	金額(元)	數量(千克)	單價(元)	金額(元)	^	^
A	3	60	15	900				900	120
B	5				10	40	400	400	50
裝配									30
合計				900			400	1,300	200
部件定額成本								
直接材料(元)	直接人工		製造費用		合計(元)				
^	計劃工資率	金額(元)	計劃費用率	金額(元)	^				
1,300	4	800	5	1,000	3,100				

(3)根據車間部件定額成本計算表匯總編製車間產品定額成本計算表，如表13-3所示。

表 13-3　　　　　　　　　單位產品定額成本計算表

產品名稱：W

項目	部件數量	直接材料(元)	直接工資(元)	製造費用(元)	合計(元)
101	2 件	2,600	1,600	2,000	6,200
102	1 件	600	100	200	900
裝配	20 小時		80	100	180
合計		3,200	1,780	2,300	7,280

第三節　各種差異的核算

按定額成本法計算產品實際成本，其日常核算工作主要是確定三個差異(Variances)：脫離定額差異、定額變動差異和材料成本差異。

一、脫離定額差異的核算

採用定額成本法就是指在日常成本管理中，以是否超過定額成本為標準來考核實際生產費用的超支或節約，及時反應實際生產費用脫離現行定額的差異和分析其差異產生的原因，以便進一步尋找降低成本的途徑。因此，脫離定額差異的核算就成了運用定額成本法進行成本核算的關鍵，是日常監督生產費用發生的重要環節。

採用定額成本法計算產品成本、生產費用發生時，應將各項目的實際發生數額與其定額相比較，把實際費用分為定額費用部分和脫離定額費用部分來計算和反應。由於脫離定額差異是構成實際成本的一個重要因素，是正確計算產品實際成本的關鍵，因此必須及時、正確地組織脫離定額差異的核算，並盡可能同班組核算結合起來，把脫離定額差異的核算建立在車間，甚至班組核算的基礎上，使企業人人都自覺地重視差異的核算。

脫離定額差異是指在生產產品的過程中，各項費用的實際發生額大於或小於(偏離)定額費用的差異。脫離定額差異根據成本項目可以分為材料脫離定額差異、直接人工脫離定額差異和製造費用脫離定額差異。

(一)材料脫離定額差異的核算

在各成本項目中，原材料費用一般佔有較大的比重，而且屬於直接費用，因此更有必要和可能在費用發生時，按照產品核算定額費用和脫離定額差異。材料脫離定額差異是指實際產量的現行定額耗用量和實際耗用量之間的差與計劃價格的積。也就是說，只包括材料耗用量的差——量差，不包括價格差異，材料價格差異單獨作為一個實際成本的差異因

素進行核算。

$$材料脫離定額差異 = 實際投入產量 \times (單位產品實際材料用量 - 單位產品定額材料用量) \times 材料計劃單價$$

$$= (實際耗用材料總量 - 實際投入產量 \times 單位產品定額材料用量) \times 材料計劃單價$$

在某些冶金、化工等企業裡，原材料消耗採用收得率或利用率指標來反應。根據收得率計算原材料脫離定額差異的計算公式為：

$$材料脫離定額差異 = (\frac{實際耗用材料用量}{定額收得率} - 實際產量) \times 材料計劃單價$$

定額收得率是指冶金、化工行業制定的每 100 千克材料中應獲得的產品定額指標，如煉油廠 100 千克原油獲取多少產量汽油、煤油、柴油等。

原材料脫離定額差異的核算方法一般有限額法、切割核算法和盤存法三種。

1. 限額法

在定額成本法下，原材料的領用一般採用限額領料制度。限額範圍內的領料，根據限額領料單進行；由於生產任務增加而發生的超額領料，經過辦理追加限額手續後，仍可使用限額領料單領用。由於其他原因超額領料時，應填製超限額領料單，超支數就是材料脫離定額差異；如果實際耗用量低於定額耗用量，節約數也是材料脫離定額差異。

採用限額法對於控制領料有一定的作用，但是材料脫離定額差異應是用量差異。領料和實際用料還不完全相同，領去的材料並不一定就會耗用掉，因為車間中可能有期初、期末余料。

【例 13-3】某企業某車間限額領料單規定本月投入產品產量 500 件，單件材料耗用定額為 100 千克，則限額領料 50,000 千克。本月實際投產 510 件，因投產量增加 10 件而追加限額材料 1,000 千克（100×10）。本月實際領用材料 50,800 千克，車間期初余料 100 千克，期末余料 80 千克。

原材料定額用量 = 510×100 = 51,000（千克）

原材料實際用量 = 50,800+100-80 = 50,820（千克）

原材料脫離定額差異 = 50,820-51,000 = 180（千克）

2. 切割法

對於需要經過切割才能進一步加工的材料，應採用整批分割法，通過材料切割核算單核算材料定額消耗量和脫離定額差異。

材料切割核算單應按切割材料的批別開立，單中填明應交切割材料的種類、數量、消耗定額和應切割成的毛坯數量；再根據實際切割的情況填寫實際切割成毛坯的數量和材料的實際消耗量。根據實際切割成的毛坯數量和消耗定額，即可計算出材料脫離定額的差異。

3. 盤存法

限額法和切割法都是按批別進行材料脫離定額差異的核算，但在連續式大量大批生產

的企業中,不能分批核算原材料脫離定額差異的情況下,則應定期通過盤存的方法計算原材料脫離定額差異。在這種情況下,因為經常有在產品存在,所以核算期內完工零部件的產量並不等於該期耗用材料的零部件數量,並且期內發料憑證上規定生產的零部件數量,也不等於實耗材料的零部件數量。因此,核算期內材料的定額消耗量與定額費用,不能直接根據限額領料單上所列領料數額確定,而應該根據盤存記錄所提供的本期實際耗用材料的零部件數量乘以單位消耗定額,計算材料定額耗用額;再根據盤存的期末材料結余額,倒求出材料實際耗用額,即用實際領料金額減去余料金額而得;最后用材料的定額耗用總額與實際耗用總額相比,即可求出材料脫離定額差異。這種通過盤存確定材料定額成本和材料脫離定額差異的方法稱為盤存法。

按照本期投入產量計算材料脫離定額差異必須具備的條件是原材料在生產開始時一次投入。

不論採用哪一種方法核算原材料定額成本和脫離定額差異,都應分批或定期地將有關核算資料按照成本計算對象匯總,編製原材料定額成本及脫離定額差異匯總表。這種匯總表既可用來匯總反應和分析原材料脫離定額差異,又可用來代替原材料費用分配表登記產品成本計算單。原材料定額成本及脫離定額差異匯總表如表13-4所示。

表13-4　　　　　　　原材料定額成本及脫離定額差異匯總表

甲產品:500件

材料類別	單位	計劃單價(元)	定額費用 數量	定額費用 金額(元)	實際費用 數量	實際費用 金額(元)	脫離定額差異 數量	脫離定額差異 金額(元)
N	千克	32.75	800	26,200	784	25,676	-16	-524
M	千克	20	640	12,800	623.2	12,464	-16.8	-336
合計				39,000		38,140		-860

(二)直接人工脫離定額差異的核算

直接人工脫離定額差異的核算,因採用工資制度不同而有差別。在計時工資制度下,由於實際工資總額要到月終才能確定,因此直接人工脫離定額差異不能隨時按照產品直接計算。為了解決這一問題,可以把直接人工脫離定額差異分為兩部分核算:一部分是反應工時定額執行情況的差異,叫效率差異;另一部分是工資率差異。在日常成本核算中,班組主要核算效率差異,月終實際工資總額計算出來后,再計算小時工資率差異。

效率差異主要反應因工時耗用節約或浪費而影響工資的節約或浪費,作為評定班組業績的依據。

$$效率差異 = 實際投入產量 \times (實際單耗工時 - 定額單耗工時) \times 計劃小時工資$$

$$小時工資率差異 = (實際小時工資 - 計劃小時工資) \times 實際投入產量 \times 實際單耗工時$$

直接人工脫離定額差異由效率差異與小時工資率差異兩部分構成。直接人工脫離定

額差異與材料脫離定額差異不完全相同,因為材料脫離定額差異只由單位產品耗用材料的「量差」這一個因素構成。

【例 13-4】設某企業生產甲產品,單位產品定額工時為 10 小時,本月實際投入產品產量 500 件,計劃小時工資率為 4 元;單位產品實際工時為 9 小時,實際小時工資率為 5 元。

效率差異 = (9-10)×500×4 = -2,000(元)

小時工資率差異 = (5-4)×500×9 = 4,500(元)

直接人工脫離定額差異 = 4,500-2,000 = 2,500(元)

從以上計算過程可以看出,降低單位產品計時工資費用,除控制工資總額支出外,還要充分利用生產工時,並且控制單位產品的工時耗費。因此,在計時工資制下,產品計時工資費用的日常控制應通過核算生產工時脫離定額差異的方法監督生產工時的利用情況和工時消耗定額(勞動生產率)的執行情況,按照產品核算工資脫離定額差異並及時分析發生差異的原因。

(三)製造費用脫離定額差異的核算

製造費用通常與計時工資費用一樣,屬於間接計入費用。在日常核算中不能按照產品直接核算脫離定額的差異,而只能根據月份的費用計劃(預算),按照費用發生的部門和費用項目核算脫離計劃(預算)的差異,據以控制和監督費用的發生。

製造費用脫離定額差異也分為兩部分核算:一部分是反應工時定額執行情況的差異,叫效率差異;另一部分是製造費用率差異。在日常成本核算中,班組主要核算效率差異,月終根據實際發生的製造費用再計算小時製造費用率差異。

$$\text{效率差異} = \text{實際投入產量} \times (\text{實際單耗工時} - \text{定額單耗工時}) \times \text{計劃小時製造費用}$$

$$\text{小時製造費用率差異} = (\text{實際小時製造費用} - \text{計劃小時製造費用}) \times \text{實際投入產量} \times \text{實際單耗工時}$$

$$= \text{實際製造費用總額} - \text{實際投入產品產量} \times \text{單位產品定額工時} \times \text{計劃小時製造費用}$$

製造費用脫離定額差異與直接人工脫離定額差異一樣,由效率差異與小時製造費用率差異兩部分構成。製造費用脫離定額差異也與材料脫離定額差異不完全相同,因為材料脫離定額差異只由單位產品耗用材料的「量差」這一個因素構成。

【例 13-5】某企業本月實際發生製造費用 29,250 元,計劃每小時費用率為 6 元,單位產品定額工時為 10 小時;實際單位產品工時為 9 小時,實際小時製造費用率為 6.5 [29,250÷(500×9)],實際投產 500 件。製造費用脫離定額差異為:

效率差異 = (9-10)×500×6 = -3,000(元)

小時製造費用率差異 = (6.5-6)×500×9 = 2,250(元)

製造費用脫離定額差異 = -3,000+2,250 = -750(元)

可見,影響產品製造費用脫離定額差異的因素仍然是工時差異和小時製造費用率差異,其核算方法與產品工資脫離定額差異的方法一樣。

在單獨核算廢品損失的企業中,對廢品損失及其發生的原因,應該採用廢品通知單和廢品損失計算表單獨反應。不可修復廢品的成本一般按定額成本計算。如果企業產品的定額成本不包括廢品損失,則發生的廢品損失作為脫離定額的差異處理。但在目前的情況下,有些企業要完全消滅廢品還不可能。為了監督產品質量,考核廢品損失情況,可根據上面的成本資料分零部件按照工序制定一個廢品損失標準。在日常核算中,用廢品損失標準去考核實際廢品損失。如果本年某日少出一件廢品,則視為少損失若干元,就是廢品損失的節約;反之,則視為廢品損失超支,應及時查明原因,追究其責任。其計算公式為:

廢品損失脫離定額差異 = 廢品損失定額標準 − 實際廢品損失

對於以上各項成本項目脫離定額差異的計算和考核,應抓住重點,分清原因,確定責任,要實行有獎有罰、獎罰分明的原則。重點考核材料脫離定額差異、直接人工脫離定額差異和廢品損失脫離定額差異。要依靠全體職工做好這項工作;要依靠群眾,扎根班組,做到天天算、人人算,經常考核和分析,及時發現問題,採取有效措施,總結經驗教訓,促進企業不斷地降低產品成本。

脫離定額差異一般應在完工產品和期末在產品之間進行分配,其他差異無需分配,全部由完工產品負擔,計入完工產品成本。脫離定額差異的分配方法採用定額比例法進行分配。其計算公式為:

$$\text{脫離定額差異分配率} = \frac{\text{月初在產品脫離定額差異} + \text{本期發生脫離定額差異}}{\text{完工產品定額成本} + \text{期末在產品定額成本}}$$

$$\text{完工產品應負擔的脫離定額差異} = \text{完工產品定額成本} \times \text{脫離定額差異分配率}$$

$$\text{期末在產品負擔的脫離定額差異} = \text{期末在產品定額成本} \times \text{脫離定額差異分配率}$$

二、定額變動差異的核算

定額變動差異是指企業因技術革新、勞動生產率提高、生產條件變化等引起企業修訂消耗定額而產生的新舊定額成本之間的差異。定額變動差異是定額成本法下的一種特定差異。定額變動差異與脫離定額差異是不同的。定額變動差異是定額本身變動的結果,與生產費用的節約或超支無關;而脫離定額差異則是反應生產費用的節約或超支的程度,是實際費用脫離定額而產生的節約或超支差異。

定額變動差異的形成受兩個因素的影響:第一,有期初在產品存在。沒有期初在產品是不可能有定額變動差異的。第二,本月的定額成本與上月的定額成本相比發生了變動。如果本月的定額成本與上月定額成本一致,沒有發生變動,則不可能有定額變動差異。

在企業各項消耗定額或計劃價格修訂以後,定額成本也隨之進行修訂。各項消耗定額的修改,一般均在年初、月初定期進行。當月初有在產品的定額成本變動後,其在產品的定額成本並未修訂,仍是按照舊的定額成本計算的。為了將按舊定額計算的月初在產品定額成本和按新定額計算的本月投入產品的定額成本在新定額的基礎上相加,需要計算月初在

產品定額變動差異,用以調整月初在產品的定額成本與本月新定額成本一致。

如果消耗定額的變動表現為不斷下降的趨勢,一方面應從月初在產品成本中扣除大於新定額的差異部分,使之與新定額一致,這叫做月初定額成本調整;另一方面由於該項差異是月初在產品生產費用的實際支出,不能無緣無故地被扣減掉,則應該將該項差異作為定額變動差異加入當月生產費用,以保持期初在產品定額成本總額不變。相反,如果消耗定額是不斷提高的,則月初在產品定額成本中應加上小於新定額的差異部分,使之與新定額一致。這實際上與數學計算中的配方是一個道理。因此,期初在產品定額調整數與定額變動差異是不同符號的同一個數額。這樣一正(加)一負(減)的目的是為了調整期初在產品成本的定額與新定額一致,同時又不影響期初在產品成本總額。

月初在產品定額變動差異,可以根據定額發生變動的在產品盤存數量,或在產品帳面結存量和修訂前後的消耗定額,確定月初在產品各成本項目新舊定額之間的差異。其計算公式為:

$$定額變動係數 = \frac{各成本項目的新定額成本}{各成本項目的舊定額成本}$$

月初在產品的定額變動差異 = 月初在產品定額成本 × (1 - 定額變動係數)

【例13-6】某企業生產A產品,其月初在產品有150件,原材料項目的舊定額成本為80元,新定額成本改為78元。本月投入產品500件。月初在產品定額變動差異和定額調整數的計算如下:

$$定額變動係數 = \frac{78}{80} = 0.975$$

期初在產品定額變動差異 $= 150 \times 80 \times (1 - 0.975) = 300(元)$

期初在產品定額成本調整數 = -300 元

①期初在產品定額成本(舊定額)	12,000 元
②期初在產品定額成本調整數	-300 元
③按新定額表示的期初在產品成本	11,700 元
④本月投入產品的定額成本(新定額)	39,000 元
⑤定額成本合計(新定額)	50,700 元

①+②=③為期初在產品成本由舊定額成本轉換為用新定額表示的定額成本。
③+④=⑤為新定額表示的定額成本合計數。

⑥定額變動差異(單獨反應)	300 元

定額變動差異應根據企業具體情況確定是否在完工產品與月末在產之間進行分配。如果定額變動差異數額不大或者產品的生產週期小於一個月,則可將其差異全部分配給完工產品,期末在產品不分配定額變動差異。

三、材料成本差異的核算

採用定額成本法時,為了加強對產品成本的考核和分析,材料日常核算都按計劃價格

進行,因此材料定額成本和材料脫離定額差異也是按計劃價格計算的。這樣,在月末計算產品實際成本時,還需要分配材料成本差異。其計算公式為:

$$\begin{matrix}某產品本月應分配\\的材料成本差異\end{matrix} = \begin{matrix}本月材料\\實際用量\end{matrix} \times \begin{matrix}材料計\\劃單價\end{matrix} \times \begin{matrix}材料成本\\差異分配率\end{matrix}$$

根據材料脫離定額差異的計算公式可以得出:

$$\begin{matrix}材料脫離\\定額差異\end{matrix} = (\begin{matrix}本月實際\\材料用量\end{matrix} - \begin{matrix}本月材料\\定額用量\end{matrix}) \times \begin{matrix}材料計\\劃單價\end{matrix}$$

$$= \begin{matrix}本月材料\\實際用量\end{matrix} \times \begin{matrix}材料計\\劃單價\end{matrix} - \begin{matrix}本月材料\\定額用量\end{matrix} \times \begin{matrix}材料計\\劃單價\end{matrix}$$

$$\begin{matrix}本月材料\\實際用量\end{matrix} \times \begin{matrix}材料計\\劃單價\end{matrix} = \begin{matrix}本月材料\\定額用量\end{matrix} \times \begin{matrix}材料計\\劃單價\end{matrix} \pm \begin{matrix}材料脫離\\定額差異\end{matrix}$$

由此得出本月應分配的材料成本差異的計算公式為:

$$\begin{matrix}某產品應分配\\的材料成本差異\end{matrix} = (\begin{matrix}本月該產品原\\材料定額成本\end{matrix} \pm \begin{matrix}材料脫離\\定額差異\end{matrix}) \times \begin{matrix}材料成本\\差異分配率\end{matrix}$$

【例 13-7】 某企業本月生產 A 產品耗用的原材料定額成本為 39,000 元,原材料脫離定額差異節約 860 元,本月原材料成本差異分配率為-2%。

$$\begin{matrix}該產品本月應分配的\\原材料成本差異計算\end{matrix} = (39,000-860) \times (-2\%) = -762.8(元)$$

四、產品實際成本的計算

前面已分別核算出產品的定額成本和各種差異。如果某種產品既有完工產品,又有期末在產品,則應在完工產品和期末在產品之間分配有關差異。一般情況下,只需分配脫離定額差異,定額變動差異和材料成本差異均不需分配,全部由完工產品負擔。

(1) 分別計算出完工產品和期末在產品的定額成本。

完工產品各項目定額成本=完工產品數量×各項目定額成本

$$\begin{matrix}期末在產品各\\項目定額成本\end{matrix} = \begin{matrix}本月生產費用各項目\\定額成本合計\end{matrix} - \begin{matrix}完工產品\\各項目定額成本\end{matrix}$$

(2) 根據完工產品和在產品定額成本比例分配各種差異,一般只分配脫離定額差異。

$$\begin{matrix}脫離定額\\差異分配率\end{matrix} = \frac{期初脫離定額差異 \pm 本月脫離定額差異}{完工產品定額成本+期末在產品定額成本}$$

(3) 根據完工產品定額成本和完工產品應負擔的各種差異確定完工產品的實際成本。

$$\begin{matrix}產品實\\際成本\end{matrix} = \begin{matrix}產品定\\額成本\end{matrix} \pm \begin{matrix}脫離定\\額差異\end{matrix} \pm \begin{matrix}定額變\\動差異\end{matrix} \pm \begin{matrix}材料成\\本差異\end{matrix}$$

第四節　定額成本法成本計算程序

一、定額成本法的成本計算程序

【例 13-8】某企業大批大量生產 A 產品,由一個封閉式車間進行,採用定額成本法計算產品成本。月初在產品 150 件,本月投入生產產品 500 件,本月完工產品 600 件,月末在產品 50 件,材料系生產開始時一次投入,材料消耗定額由上月 80 元降至本月 78 元。材料成本差異分配率為-2%,單位產品工時定額 10 小時,計劃小時工資率為 4 元,計劃小時製造費用率為 6 元。材料成本差異和定額變動差異全部由完工產品負擔,脫離定額差異按完工產品定額成本和在產品定額成本比例進行分配。

根據資料登記產品成本計算單,如表 13-5 所示。

該產品成本計算表的有關欄目按如下情況分別填列:

①欄和②欄根據上月月末在產品成本資料填列。

④欄根據月初在產品定額變動差異計算公式計算填列,即 $12,000 \times (1 - \frac{78}{80}) = 300$ 元。

③欄根據④欄的數額反號填列。

⑤欄和⑥欄根據產品各項目定額成本和脫離定額差異計算表填列。

材料項目的定額成本 = 本期投入產量 × 單位定額材料成本
$$= 500 \times 78 = 39,000(元)$$

材料脫離定額差異 = 38,140 - 39,000 = -860(元)

⑦欄根據材料成本差異的計算結果填列。

⑧欄=①欄+③欄+⑤欄,①欄+③欄使期初在產品成本調整為按新定額計算成本。只有通過這樣的調整,才能使期初在產品成本與⑤欄本期投入產品定額成本相加。

⑨欄=②欄+⑥欄,為期初在產品的脫離定額差異與本期脫離定額差異之和。

⑩欄=⑦欄。

⑪欄=④欄。

⑫欄=⑨欄÷⑧欄,即脫離定額差異分配率。

⑬欄=本期完工產品數量×單位產品定額材料成本=600×78=46,800 元。

⑭欄=⑬欄×⑫欄,即本期完工產品負擔的脫離定額差異。本月完工產品應負擔的材料脫離定額差異=46,800×(-3%)=-1,404 元。

⑮欄=⑩欄,為材料成本差異,全部由完工產品負擔,期末在產品不負擔材料成本差異。

⑯欄=⑪欄,為定額變動差異,全部由完工產品負擔,期末在產品不負擔定額變動差異。

表13-5

產品成本計算單

單位:元

項目		月初在產品成本		月初在產品定額調整	月在產品定額變動	本月生產費用			生產費用合計			差異率		本月產品成本				月末在產品成本	
		定額成本	脫離定額差異	定額成本調整	定額變動差異	定額成本	脫離定額差異	材料成本差異	定額成本	脫離定額差異	材料成本差異	定額變動差異	脫離定額差異	定額成本	脫離定額差異	材料成本差異	定額變動差異	實際成本	定額成本	脫離定額差異
欄次		①	②	③	④	⑤	⑥	⑦	⑧＝①+③+⑤	⑨＝②+⑥	⑩＝⑦	⑪＝④	⑫＝⑨÷⑧	⑬	⑭＝⑬×⑫	⑮＝⑩	⑯＝⑪	⑰＝⑬+⑭+⑮+⑯	⑱	⑲＝⑱×⑫
材料		12,000	-661	-300	+300	39,000	-860	-762.8	50,700	-1,521	-762.8	+300	-3%	46,800	-1,404	-762.8	+300	44,933.2	3,900	-117
工資		5,500	-460			20,000	+2,500		25,500	+2,040			+8%	24,000	+1,920			25,920	1,500	+120
費用		8,000	-390			30,000	-750		38,000	-1,140			-3%	36,000	-1,080			34,920	2,000	-60
合計		25,500	-1,511	-300	+300	89,000	+890	-366.8	114,200	-621	-366.8	+300		106,800	-564	-366.8	+300	106,169.2	7,400	-57

⑰欄為本月完工產品各成本項目的實際成本。本月完工產品的材料實際成本＝46,800－1,404－762.8＋300＝44,933.20元。

⑱欄為期末在產品定額成本,根據本月生產費用合計數⑧欄－本月完工產品的定額成本⑬欄求得。

⑲欄＝⑱欄×⑫欄,為期末在產品應負擔的材料脫離定額差異。

⑱欄±⑲欄,為期末在產品的實際成本。

二、定額成本法的優缺點

通過以上的核算實例可知,定額成本法是將產品成本的定額成本制定工作、成本核算工作和成本分析工作有機地結合在一起,將事前制定定額、事中控制定額、事後分析定額執行情況三個環節連續反應和監督成本的一種成本核算方法。其主要優點如下：

(1)有利於加強成本的日常控制。定額成本法在日常的生產費用核算中,既核算定額成本,又核算脫離定額差異、定額變動差異和材料成本差異。通過定額成本和各項差異的核算,能在各費用發生時,反應出各費用偏離定額的差異,便於企業及時發現問題、及時採取措施,有效地控制超定額現象的發生,達到節約費用、降低成本的目的。

(2)有利於企業定期進行成本分析。定額成本法既提供了定額成本資料,又提供了各種成本差異資料,並根據定額成本和各成本差異確定產品的實際成本。這就為企業定期進行成本分析提供了重要依據,有利於企業進一步分析產生差異的具體原因,落實責任,考核和評估有關人員的工作業績,有利於企業進一步調動全體職工的積極性,挖掘企業降低成本的潛力。

(3)有利於企業提高定額管理水平。通過核算各種成本差異,一方面可以反應實際生產費用偏離定額的程度,同時也可以反應或檢驗定額成本的制定是否科學、合理。通過對差異的分析,如果發現企業的定額成本制定得不切合實際,便於企業及時地修訂各項定額,從而有利於企業提高定額管理水平。

定額成本法也存在不足之處,主要表現如下：

(1)初學者難以理解。定額成本法既要核定定額成本,也要核算實際成本,通過定額成本與實際成本確定各成本項目的脫離定額差異,最後又通過定額成本和各種差異,再計算出產品的實際成本。這對初學者來說,確實難以理解,似乎有點人為地重複計算,增加了會計核算工作量。確實,採用定額成本法比採用其他成本計算方法的工作量要大一些。

(2)適用範圍較窄。採用定額成本法計算產品成本,企業還必須具備比較健全的定額管理制度,比較定型的產品和較穩定的消耗定額,因此其適用範圍較窄。

思考題

1. 什麼是產品成本計算的定額法？
2. 定額成本與計劃成本有何異同？
3. 什麼是脫離定額差異？如何確定材料脫離定額差異、直接人工脫離定額差異和製造費用脫離定額差異？
4. 什麼是材料成本差異？如何確定材料成本差異？
5. 什麼是定額變動差異？如何確定定額變動差異？
6. 產品成本計算的定額法的優缺點有哪些？其適用範圍和應用條件如何？
7. 定額變動差異與定額調整有何關係？

練習題

1. 企業月初在產品成本中的定額成本如下：原材料20,000元，生產工人的工資及福利10,000元，製造費用5,000元；脫離定額差異中有原材料節約2,000元，生產工人的工資及福利超支500元，製造費用超支400元；原材料定額變動係數為0.95，本月生產費用中的原材料定額成本為180,000元，實際成本為179,000元，生產工人工資及福利的定額成本為80,000元，實際成本為80,500元，製造費用項目的定額成本為40,000元，實際成本為39,800元。材料成本差異分配率為-2%，月末在產品定額成本中的直接材料、直接人工、製造費用分別為10,000元、9,000元和3,000元。要求：編製定額法產品成本計算單。

2. 某企業生產A產品月初在產品30件，本月完工產量460件，月末在產品40件。原材料在生產開始時一次投入。材料消耗定額為5千克，計劃單價為10元，本月實際領用材料2,320千克，月末車間盤存余料10千克。計算本月A產品原材料脫離定額差異。假設該企業月末原材料成本差異分配率為節約2%，計算本月生產應分配的原材料成本差異。

第十四章　成本預測與決策

前面幾章已經介紹了成本核算中計算產品成本的幾種基本方法。之所以把成本核算的介紹早於成本管理的其他環節，原因是成本核算是成本管理的基礎環節。不瞭解成本項目的構成、成本的歸集和分配的方法以及成本計算的基本原理，是不可能做好成本預測(Forecast of Cost)、成本決策(Decision of Cost)、成本計劃(Plan of Cost)、成本控制(Control of Cost)以及成本分析(Analysis of Cost)和檢查工作的。本章將主要介紹成本預測和成本決策的意義、程序及基本方法。

第一節　成本預測與決策概述

一、成本預測與決策的意義

預測(Forecasting)是指以過去的歷史資料和現在所能取得的信息為基礎，運用人們所掌握的科學知識與管理人員多年來的實踐經驗，預計、推測事物發展的必然性與可能性的過程。用科學預測來代替主觀臆測，可以減少瞎指揮，克服盲目性。成本預測(Cost Forecasting)則是指根據歷史成本資料、成本信息數據，結合目前技術經濟條件、市場經濟環境、企業發展目標等內外因素，利用一定的科學方法，對未來成本水平及其變化趨勢所進行的推測和估算。

在市場經濟條件下，企業之間的競爭十分激烈，企業要得到生存和發展，必須改善經營管理，提高企業素質，增強競爭能力。一般來說，企業的競爭能力主要依靠產品的價格低廉、質量優良、款式新穎。要真正做到物美價廉，就必須不斷地降低產品成本，從薄利多銷中取得巨額的利潤。因此，現代企業不強調產品產量越多越好，而是強調成本越低越好。企業關心的應該是在什麼樣的產量水平下，才能使成本最低、質量最好、利潤最大。

為了提高企業成本管理水平，保證企業目標利潤的實現，企業的成本管理工作不能僅停留在事後的成本計算和成本分析上，而更應著眼於未來，要求在事前進行成本預測，規劃好計劃期間應當耗費多少，並據以制定目標成本；然後在日常經濟活動中，對各個責任層次的成本指標嚴格加以控制，引導全體職工去實現這個目標。因此，成本預測是確定目標成本和選擇達到目標成本的最佳途徑和重要手段。成本預測本身就是動員企業內部一切潛力，用最少的人力、物力和財力的消耗來完成既定的目標成本的過程。

成本預測是正確進行成本決策的基礎。通過成本預測,掌握了未來的成本水平及其變動趨勢,有助於把經營管理工作中未知因素作出科學的預測,為決策提供多種可行的方案,使決策者掌握資料,心中有數,避免盲目性。

　　成本預測是編製成本計劃的依據。為了正確制定成本計劃,探索降低成本的途徑,論證和評價各種方案、措施可能產生的經濟效果,必須進行成本預測,以提供編製成本計劃的科學依據。

　　成本預測是改善企業經營管理的重要工具。通過成本預測,可以克服那種單純事后分析存在的不足,可以幫助企業面向未來,以便發現影響成本降低的不利因素,有利於企業挖掘降低成本的潛力。

　　成本預測是為成本決策服務的,是成本決策的前提。成本預測和成本決策是密不可分的。

　　成本決策是根據成本預測提供的數據和其他有關資料,在若干個與成本有關的方案中,選擇一個最優的方案,確定目標成本。

　　為了進行成本決策,應該在成本預測的基礎上,擬定各種提高生產效率,改進生產技術,改善經營管理,降低產品成本,節約經營費用的方案,並且採用一定的方法對各方案進行可行性研究和技術經濟分析,據以作出最優化的成本決策,確定目標成本。

　　進行成本決策,確定目標成本是編製成本計劃的前提,也是實現事前控制、提高經濟效益的重要途徑。

二、成本預測與決策的基本程序

　　(一) 確定預測和決策目標

　　預測首先要有目標,才能有目的地收集資料,選擇預測方法,否則預測效果往往不顯著。成本預測的目標就是根據企業的總目標,通過預測目標成本,即一定時期內需努力達到的成本水平,尋求降低成本的途徑。

　　目標成本(Object Cost)是指在一定時期內產品成本應達到的標準。目標成本可以是計劃成本、定額成本、標準成本。目標成本是要經過企業全體職工的努力才能實現的成本。目標成本一般應按該項產品的標準產量或設計能力來考慮。只有這樣,才能使目標成本與目標利潤的水平保持一致。目標成本的提出通常有兩種方法:第一種方法是在確定目標利潤的基礎上,先通過市場調查,根據該項產品在國際、國內市場上的情報資料,確定一個適當的銷售價格;然後減去按目標利潤計算的單位產品利潤和相關稅費作為該種產品的目標成本。第二種方法可用該種產品國際、國內企業或本企業的先進成本水平來確定,但常常要經過多次反覆測算才能完成。企業可以用歷史最好成本水平或上年實際成本水平扣減降低率或國內外同類產品先進成本水平作為目標成本,也可以在目標利潤基礎上測定目標成本,即考慮具有競爭能力的價格水平,按預測銷售量計算預計銷售收入,扣除目標利潤就是目標成本。

(二)收集和分析信息資料

要得到比較準確的預測結果,必須要有足夠能揭示本質的信息資料。由於預測涉及的因素較複雜,因此需要收集廣泛的資料,同時還要對資料進行分析、篩選,以剔除虛假和偶然的因素。

除了有資料以外,預測還需要預測模型,對定性預測設定一些邏輯思維和推理程序,對定量預測是將經濟事件與各影響因素之間或各經濟事件之間建立數量關係的模型。成本預測就是將所收集的有關成本資料或變動因素置於模型之中,測算出成本可達到的水平,將此與目標成本比較,找出要達到成本目標的差距,這是進一步預測的基礎。

(三)分析各因素影響,提出各種降低成本的方案

上一步驟是預測在不考慮特殊降低成本的措施,在現有客觀條件下可達到的成本水平,發現與目標成本的差距,就應找原因,分析各因素的影響,並尋找降低成本的途徑,提出方案後再進行測算,以達到目標成本的要求。

(四)分析預測誤差,修正預測結果

由於數學模型有時不可能包括全部的影響預測對象變化的諸種因素,而且有些因素也不可能都列入模型。這就需要採用定性分析方法,對數學模型所作出的預測結果進行修正,以使其結果更加接近於實際,增加成本預測的準確性。

(五)確定最優方案

針對成本決策目標,將成本預測的多個備選方案的可計量資料分層歸類,系統排列,編製成表;然後將各種備選方案的成本資料逐一進行比較分析,權衡得失,作出合理的判斷,選擇最優方案,供企業管理當局決策參考。

以上成本預測程序只是單個成本預測過程,而要達到最終確定的成本預測目標,這種過程必須反覆多次。也就是說,只有經過多次的預測、比較以及對初步目標成本的不斷修改、完善,才能最終確定正式的成本目標,並按此目標進行成本管理。

第二節　成本預測與決策的方法

成本預測與決策的方法一般分為定性分析法和定量分析法兩大類。

成本預測與決策的定性分析法(Qualitative Analysis Method)是指由成本核算方面的專業人員根據個人實踐經驗和專業知識,依靠邏輯思維及綜合分析能力,對成本可能達到的水平和發展趨勢作出推斷的方法。這種方法一般在缺乏歷史資料或有關變量缺乏明顯數量關係時採用。

成本預測與決策的定量分析法(Quantitative Analysis Method)是指利用歷史成本資料以及成本與其影響因素之間的數量關係,通過一定的數學模型來推測、計算未來成本水平的方法。這種方法適用於定量化的因素預測。

定性分析法和定量分析法並非相互排斥,而是相互補充、相輔相成的。定量分析雖較準確,但並非所有因素都可以量化,這就需要定性分析。定性分析雖然可將非計量因素加以考慮,但憑主觀判斷,準確度不夠高。因此,在實際工作中,應將這兩種方法結合起來應用,相互取長補短,以提高預測的準確性和可信性。

一、定性分析法(直觀判斷法)

定性分析法(Qualitative Analysis Method)主要包括專家會議法、德爾菲法和主觀概率法等。

(一)專家會議法

專家會議法亦稱專家小組法,是指由若干專家組成預測小組,通過舉行專家會議,集思廣益,相互啟發,發揮集體智慧,對成本等進行預測。但專家會議法預測的結論常常會受會議時間或一兩個權威人士意見的影響,準確性較差。這種方法一般適用於初步預測或對已提出的預測方案進行評價。

(二)德爾菲法(Delph Method)

德爾菲法是20世紀40年代美國蘭德公司設計提出的著名定性分析法。它是專家會議法的發展。專家會議法將一組專家召集起來預測成本,易受專家個性、情感影響。德爾菲法徵集專家小組預測意見是通過匿名函詢方式分別向每個專家徵集,使其互不通氣,根據自己的觀點預測,然後將專家的預測整理匯集,再以匿名方式反饋給專家,請其參考別人的意見修正原來自己預測的結果。如此反覆多次,使專家意見達到比較集中的程度,作為預測的最終結果。

(三)主觀概率法

主觀概率法是指對專家經驗的一種定量化的定性分析方法,它是通過在調查個人對事件信念程度的基礎上,用數值說明人們對事件可能發生的程度的主觀估計。由於掌握相同資料的兩個人很可能對同一事件提出不同概率,因此用主觀概率法能匯總並定量考慮不同專家的不同意見,得出一種量化的結果。

二、定量分析法

定量分析法(Quantitative Analysis Method)是運用現代數學方法對歷史數據進行科學的加工處理,並建立經濟數學模型,充分揭示各有關變量之間的規律性,作為預測分析的依據。定量分析法按具體做法的不同,可分為兩種:一種是趨勢預測分析法,也稱外推分析法,即根據某項指標過去的、按時間順序排列的數據,運用一定的數學方法進行加工、計算藉以預測未來發展趨勢的分析方法。另一種是因果預測分析法,即從某項指標與其他有關指標之間的規律性聯繫中進行分析研究的方法。這種類型主要是根據各有關指標之間內在的相互依存、相互制約的關係,建立相應的因果數學模型進行的預測分析。

對成本進行預測分析一般採用因果預測分析方法,即根據成本的歷史數據,並按照成

本的習性運用數理統計的方法來預測成本發展趨勢。因果預測分析不是從成本本身的變動孤立起來進行預測,而是找出成本與產量、質量、原材料利用、勞動生產率等技術指標之間的關係,從而建立相應的因果預測模型,以相關指標的變動情況為基礎,推測成本的變動結果。它的具體做法是將成本發展趨勢用直線方程 $y=a+bx$ 來表示。在這個方程中只要求出 a 與 b 的值,就可以從這個直線方程中預測在任何產量(x)下的產品總成本(y)。

這裡應該注意的是,作為預測根據歷史成本資料所選用的時期,不宜過長,也不宜過短。由於市場經濟形勢發展太快,時期過長,則資料會失去可比性;時期過短,則不能反應出成本變動的趨勢。通常以最近 3~5 年的資料為宜。另外,對歷史資料中某些金額較大的偶然性費用,如材料、在產品、產成品的盤盈盤虧等,應予以剔除。確定 a 和 b 的值通常有三種方法:高低點法、散布圖法和迴歸分析法。

(一)高低點法

高低點法(High and Low Point Method)是指求出一定時期歷史資料中最高業務量的總成本與最低業務量的總成本之差(Δx)和最高業務量與最低業務量之差(Δy)的比值,確定為單位變動成本 b;然後再計算固定總成本額 a 的方法。其計算公式為:

$$\because \quad y=a+bx$$
$$\therefore \quad \Delta y = b \cdot \Delta x$$
$$則 \quad b = \frac{\Delta y}{\Delta x}$$

將已求出的 b 值代入最高點或最低點業務量的成本方程式,求出 a 的值;然後確定預測期的成本方程式;最後根據預計的產品生產量預測未來的產品總成本。

【例 14-1】某企業 1~6 月份的成本與業務量的資料如表 14-1 所示。

表 14-1　　　　　　　某企業 1~6 月份的成本與業務量資料

月份	業務量(件)	總成本(元)
1	552	745
2	761	850
3	535	702.7
4	655	882
5	754	965
6	882	1,015

在過去的成本資料中找到業務量最高(882 件)的最高總成本(1,015 元)和業務量最低(535 件)的最低總成本(702.7 元),計算單位變動成本 b 的值:

$$單位變動成本(b) = \frac{1,015 - 702.7}{882 - 535} = 0.9(元)$$

將已求出的單位變動成本(b)代入最高點的方程式中求固定成本總額:

$1,015 = a + 882 \times 0.9$

$a = 221.2(元)$

或將已求出的單位變動成本(b)代入最低點的方程式中求固定成本總額：

$702.7 = a + 535 \times 0.9$

$a = 221.2(元)$

預測未來總成本方程式為：

$y = 221.2 + 0.9x$

假設 7 月份的預計產品生產量為 800 件，則：

產品總成本 $= 221.2 + 800 \times 0.9 = 941.2(元)$

單位產品成本 $= 941.2/800 = 1.176,5(元)$

高低點法是一種簡易的成本預測方法，在產品成本的變動趨勢比較穩定的情況下，採用此方法比較適宜。如果企業的各期成本變動幅度較大，採用此方法則會影響成本預測的準確性。特別是最高業務量的總成本並不是最高業務量或最低業務量的總成本並不是最低的情況下，根本就不能用此方法，只能用散布圖法或迴歸分析法。

(二)散布圖法

為過去的業務量水平繪製成本分佈情況，通常是形象化地說明成本—業務量關係的一種有效方法。散布圖法(Scatter Graph Method)可用以指明在不同作業水平上成本與作業量的重要變化。

仍以前例的數據為例，將這些數據標示於坐標圖上，待所有數據點均已標明后，則在盡可能靠近這些標點處劃一直線，並將該線在分佈圖中延長至縱軸上(見圖 14-1)。

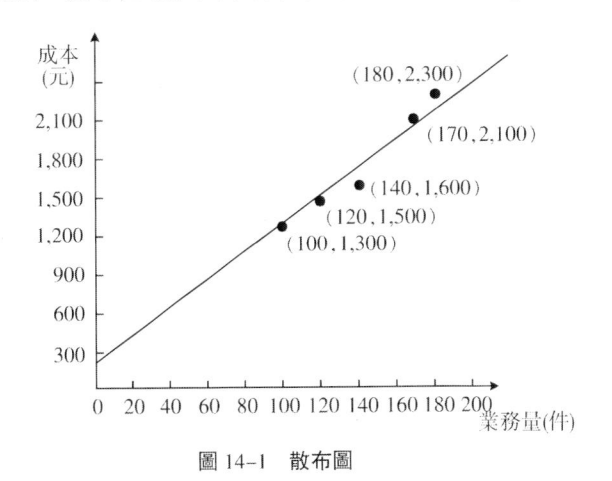

圖 14-1 散布圖

線的斜度代表估計的單位變動成本(b)，與縱軸的相交點代表固定成本總額的估計數。斜度是指單位變動成本，因為它代表由於作業水平變化而引起的成本變化。與縱軸相交點是固定成本總額，因為它代表現有生產能力下作業水平為零時所承擔的成本。但需要注意的是，在本例中，並未對作業水平等於零時的成本性態進行觀察，因此這一數據並不表

明如果作業水平為零時所要發生的成本,它僅僅提供了相關範圍內有用的一項方程式。斜度和相交點可用尺子來計量。但是,根據此基礎所作的估計,可能有一些誤差,特別是當這些標示點分佈得相當分散時尤其如此。為了確定最適當的一條線,往往靠「目測判斷」。因此,散布圖並不能作為成本估計的唯一依據。散布圖法可用圖像形式說明基於過去經驗的成本——作業水平的關係。如果作業水平可以在二維空間上標出,則散布圖是一個有用的形象化的展示。最好是將散布圖法與其他成本估計方法同時使用。

(三) 迴歸分析法

迴歸分析法(Regression Analysis)也叫最小平方法(Method of Least Squares),是用來測出一條直線,使之能最適合於一組數據點。因為迴歸程序使用全部數據點,所以其產生的估計數比僅用高低點法確定的估計數具有更為廣泛的基礎。此外,迴歸分析法可產生許多相加的統計數字,而這些數字在一定的假設條件下,可使成本管理人員能夠估計、確定迴歸方程式是怎樣描述成本和作業水平之間的關係的。迴歸分析的程序又可以包括一個以上的預計因素。這一特性在可能有一個以上作業水平影響成本時,更為有用。

為成本估計獲取迴歸估計資料是最重要的一步,是在影響成本的作業和估計成本之間,建立一組邏輯關係。這些作業可以稱之為迴歸方程式的預計因素自變量(x),擬予估計的成本稱為迴歸方程式的因變量(y)。雖然迴歸方程式中 y 項及 x 項可以代入任何數據,但如果代入的數字不具有邏輯關係,就可能導致錯誤的估計。成本會計人員的責任就在於確定作業水平與成本是否有邏輯關係。

成本的一元線性方程為:

$y = a + bx$

將 n 個方程兩邊分別累計相加得一個方程,然後將方程兩邊乘以 x 後再累計相加得另一個方程。將兩個方程組成二元一次方程組:

$$\begin{cases} \sum y = na + b \sum x \\ \sum xy = a \sum x + b \sum x \end{cases}$$

解二元一次方程組得:

$$a = \frac{\sum y - b \sum x}{n}$$

$$b = \frac{n \sum xy - \sum x \sum y}{n \sum x^2 - (\sum x)^2}$$

【例 14-2】現將例 14-1 的資料歸納如表 14-2 所示。

表 14-2　　　　　　　　某企業 1~6 月產量和總成本

月份	產量(x)	總成本(y)	xy	x^2
1	552	745	411,240	304,704
2	761	850	646,850	579,121
3	535	702.7	375,944.5	286,225
4	655	822	538,410	429,025

表 14-2(續)

月份	產量(x)	總成本(y)	xy	x^2
5	754	965	727,610	568,516
6	882	1015	895,230	777,924
$n=6$	$\sum x=4,139$	$\sum y=5,099.7$	$\sum xy=3,595,284.5$	$\sum x=2,945,515$

$$b=\frac{6\times 3,595,284.5-4,139\times 5,099.7}{6\times 2,945,515-(4,139)^2}=0.856,5$$

$$a=\frac{5,099.7-0.856,5\times 4,139}{6}=259$$

預測成本的一元線性方程為：

$y=259+0.856,5x$

假設7月份的預計產品生產量為800件，則：

產品總成本額 $=259+0.8565\times 800=944.2$(元)

單位產品成本 $=944.2/800=1.18$(元)

　　上述介紹的三種成本預測方法對估計成本產生了不完全相同的結果，這就類似於由不同的管理決策會產生不同的經營效果一樣。這也說明在成本預測過程中，可能要同時使用兩種或兩種以上的方法預測以取得比較準確的成本預測資料。

　　必須指出，上述成本預測分析的三種方法，雖然都是根據會計的歷史成本資料進行數學推導出來的，在一定程度上能反應成本變動的趨勢，但它們對於企業的外部條件，如市場的供需、國家經濟政策的變化等情況均未考慮，這就必然影響成本預測分析的準確性。為了使本預測更加接近實際，我們在採用數學方法進行分析時，還必須與企業成本管理人員的經驗預測結合起來，認真地進行分析研究，才能作出科學的成本預測。

　　此外，成本預測還必須特別注重產品的設計和研製這個環節，因為這個階段的成本節約將對產品投產以後的成本發生深遠的影響。設計研製上的浪費是先天性的浪費，從而會使企業成為先天性虧損的企業。因此，在產品設計、研製時，不僅要求技術上先進，而且必須講究經濟性。

思考題

1. 什麼是產品成本預測？為什麼要進行成本預測？
2. 成本預測的方法有哪些？
3. 成本預測的程序是怎樣的？
4. 什麼是變動成本？變動成本與固定成本的主要特徵是什麼？
5. 什麼是固定成本？什麼是固定成本的相關範圍？

練習題

某企業在過去一年中維修費用的歷史資料如表 14-3 所示。

表 14-3 某企業 1~12 月業務量和維修費用

月份	業務量(小時)	維修費用(元)
1	90	8,200
2	105	8,500
3	115	8,400
4	130	9,100
5	120	9,000
6	80	7,300
7	70	7,200
8	95	7,500
9	80	7,800
10	110	8,900
11	125	9,500
12	140	9,300

要求：
(1) 根據上述資料用高低點法將維修費用分解為變動成本和固定成本，並寫出成本公式。
(2) 根據上述資料用迴歸分析方將維修費用分解為變動成本和固定成本，並寫出成本公式。
(3) 如果計劃年度該企業的業務量預計為 150 小時，預測計劃年度的維修費用。

第十五章　成本計劃

成本計劃(Planning of Cost)是企業計劃管理的重要組成部分,也是企業成本管理的重要內容。為了實現成本管理的目標,企業必須預測目標利潤和目標成本,制訂切實可行的成本計劃,以保證企業經營決策目標的實現。

第一節　成本計劃概述

一、成本計劃的意義

成本計劃既是企業計劃管理的有機組成部分,又是企業成本管理的重要內容。成本計劃是在成本預測和成本決策的基礎上,以貨幣形式規劃企業計劃年度的生產經營費用和產品成本水平,確定企業可比產品成本降低額和降低率,並且制定企業降低成本的具體措施。成本計劃是企業生產和財務計劃的重要組成部分。正確編製成本計劃具有如下重要意義:

(一)編製成本計劃是確定成本目標的重要手段

一個企業如果沒有成本計劃,在生產中究竟應該支出多少生產費用,產品成本究竟達到什麼水平,必然心中無數。編製了成本計劃,就為廣大職工樹立了降低成本的具體目標,使全體職工做到心中有數,有計劃地開展成本管理工作。在編製成本計劃的過程中,企業需要充分發動全體職員修訂各項定額,擬訂增加產量,提高質量,降低材料消耗等措施,充分挖掘企業內部人力、物力和財力的潛力,保證成本目標的實現。因此,編製成本計劃具有組織動員職工,為降低成本而努力的積極作用。

(二)編製成本計劃,為成本控制、分析和考核提供了重要依據

企業編製成本計劃,可以把成本降低目標落實到車間和有關職能部門,實行成本指標歸口分級責任管理,從而使各責任部門和個人明確自己的成本責任,並以此作為在日常生產活動中對生產費用進行控制、監督和事後成本分析和考核的依據。

(三)編製成本計劃是編製其他計劃的依據

成本計劃既是生產技術、財務計劃的重要組成部分,又是對生產技術、財務計劃提出最優成本的要求。編製成本計劃能促使企業考慮技術與經濟結合,功能與成本配合,在保證質量的前提下降低成本,在優化成本的基礎上提高質量。同時,由於成本的高低直接影響著企業利潤水平和資金占用額,因此企業應以成本計劃為基礎,編製利潤計劃、資金計劃等

其他財務計劃。

由此可知,正確編製成本計劃是企業加強計劃管理的重要環節,是調動職工節約開支、降低成本的重要手段,是進行成本控制、分析和考核的依據,是編製企業其他計劃的基礎。

二、成本計劃的內容

由於成本會計對象是指企業產品成本和經營管理費用,因此,成本計劃的內容也包括產品成本計劃和經營管理費用計劃。成本計劃的具體內容一般包括如下幾個方面:

(一)全部產品成本計劃

產品成本計劃包括兩類:一類是按產品品別(可比產品和不可比產品或甲、乙、丙產品)反應的全部產品成本計劃;二類是按產品成本項目反應的全部產品成本計劃。前者的作用在於反應各種可比產品的成本降低情況和企業全部產品成本的降低情況。由於此計劃還反應了其他不可比產品的成本情況,因此通過此計劃可以看出整個企業的成本水平。后者的作用在於瞭解企業全部產品成本項目的結構情況,便於分析企業產品成本的項目的結構變動趨勢。

(二)主要產品單位成本計劃

在企業產品品種較多時,企業無法將每一種產品成本全部編製計劃,一般選擇幾種主要產品編製計劃。因此,主要產品單位成本計劃由此得來。主要產品單位成本計劃是按每一主要產品分別編製的單位成本計劃。它除了按成本項目反應單位產品的計劃成本外,還要反應直接材料、直接燃料和動力的消耗定額以及工時消耗定額。主要產品單位成本計劃反應了每一主要產品各成本項目及其結構情況。

(三)製造費用預算

產品成本項目中直接材料、直接人工費用的性質比較單一,而製造費用屬於綜合性間接費用,它既包括固定性費用,也包括變動性費用,還包括一些混合性費用。為了有利於編製全部產品成本計劃和主要產品單位成本計劃,控制製造費用的超額支出,需要編製製造費用預算。製造費用預算一般是按費用項目,並依據費用與業務量的關係編製的。

(四)經營管理費用預算

經營管理費用包括銷售費用、管理費用和財務費用。這些費用同樣屬於成本會計的對象。為了控制各項經營管理費用的超額支出,降低成本、節約費用,需要編製經營管理費用預算。管理費用預算、銷售費用預算及財務費用預算均是按其項目編製的。

(五)降低成本的有關措施

成本計劃不是單純的計劃,還應提出執行計劃的具體措施。這些措施主要是企業在計劃年度降低成本的具體方法和途徑,如產品產量計劃增長多少、勞動生產率提高多少、材料耗用量節約多少、各項費用壓縮多少等。

三、編製成本計劃的原則

要使成本計劃科學、合理,並在成本管理過程中真正起到促進企業增產節約、增收節

支、降低成本、控制費用，提高企業經濟效益的作用，編製成本計劃時應貫徹以下幾點要求：

（一）編製成本計劃應動員全體職工，調動一切降低成本的積極性

成本計劃只有動員全體職工一起來編製，才能發揮他們的創造性和積極性。大部分職工長期在生產第一線工作，他們最瞭解、最熟悉生產經營情況，哪裡有潛力可挖、哪裡有漏洞可堵，什麼樣的定額水平切實可行、什麼樣的定額水平需要修訂，他們心裡最清楚，加上制定出來的成本計劃以後也要他們去貫徹執行。因此，只有動員全體職工編製成本計劃，才能使成本計劃更科學、更先進、更合理、更切實可行。

（二）編製成本計劃既要先進、合理，又要切實可行

企業各項定額都是編製成本計劃的基礎。企業編製成本計劃一定要以先進的技術和合理的定額為依據，才能保證成本計劃的科學性和可行性。因為定額水平的高低直接影響成本降低任務的完成。如果定額要求太高，職工經過努力也難以達到，這樣將會挫傷職工努力降低成本的積極性；如果定額要求太低，職工不費力就能輕而易舉地完成，這樣也不便於挖掘職工降低成本的潛力。因此，只有以先進的技術、合理的定額為依據編製成本計劃，才能保證成本計劃既成為職工努力奮鬥的目標，又是經過努力可以完成的任務。

（三）編製成本計劃要嚴格遵守成本開支範圍，保持成本計劃與成本核算的口徑一致

成本開支範圍是指國家已經規定哪些應該計入成本，哪些不應該計入成本。企業編製成本計劃時，應嚴格按照成本開支範圍的規定，劃分應該或不應該計入成本的費用界限。另外，成本計劃與成本核算的對象、成本項目以及生產費用分配到產品成本的方法都應保持一致，使兩者在同一基礎上進行比較，以便事后進行成本分析和成本考核。

（四）編製成本計劃必須同其他計劃密切銜接，相互協調和平衡

成本計劃是在生產計劃、物資供應計劃、勞動工資計劃和技術組織措施等的基礎上進行編製的。由於成本計劃是一個綜合性的指標，各項計劃預計所產生的經濟效果都將在成本計劃中反應出來，因此成本計劃水平的高低是其他計劃指標的具體反應，也受其他計劃所制約。然而，成本計劃不是消極地反應其他計劃，而是應當積極地影響其他計劃，即從降低成本的角度，對各方面提出增產節約的要求，促進其他計劃充分考慮到降低成本這個因素，共同保證完成企業整體成本降低任務。只有在編製成本計劃時，考慮到與其他計劃的關係，反覆地進行綜合平衡，才能推動和促進各部門改進工作，適應降低成本的要求，採取有效措施，把各項計劃制定得既先進又合理，從而使成本計劃同其他有關計劃指標密切銜接、相互促進。

四、成本計劃的編製程序

編製成本計劃的程序因企業的規模、經營管理要求的差別有所不同。如果企業規模小，產品品種不多，企業採用的一級成本核算，則車間不編製成本計劃，而由廠部集中編製成本計劃；如果企業規模較大，企業採用了兩級成本核算，則應先由車間編製半成品或產品成本計劃，再由廠部編製匯總的全廠的成本計劃。成本計劃的編製程序一般可分為如下

幾步:

(一)收集和整理有關資料

廣泛收集資料,對所收集的資料進行系統整理,是編製成本計劃的主要步驟。這些資料主要包括:計劃期內有關生產、技術、勞動工資、材料物質、銷售市場以及挖潛革新、綜合利用和「三廢」處理等方面的資料;計劃期內各種原材料、燃料的消耗定額、勞動工時定額及各項費用定額等;歷史最好年份的成本資料和上年實際成本水平及上年成本計劃執行情況、上年成本變動的具體原因;國內外同類型企業的有關成本資料;計劃期內本企業有關產品價格、費用、工資的增長情況及廠內各項物質和勞務的轉移價格等。

(二)根據成本決策的成本目標,進行指標測算

財務部門應根據其他計劃,特別是利潤計劃的要求,確定目標成本;然後對能否實現和怎樣實現這一目標進行指標測算。由於影響成本的因素很多,如生產增長、勞動生產率提高、材料用量節約、材料價格上升、工資水平提高等,通過對每一項因素進行測算,確定各因素變動對成本降低的影響,檢查是否能達到目標成本的要求。根據測算情況,召開成本計劃平衡會議,把成本降低指標分解下達給各有關部門和車間。有關部門和車間再組織職工認真討論,集中大家的智慧,想出好的辦法,提出有效措施,以保證成本計劃指標的先進性和可行性;同時,在職工討論過程中,使他們能與本人、本組、本車間的實際情況聯繫起來,明確成本責任,瞭解成本計劃和措施。

(三)各車間、部門編製成本計劃及費用預算

在實行分級管理的企業,各車間在廠部下達成本控制指標後,應結合其他有關計劃和定額資料,挖掘潛力,制定出具體措施,編製車間成本計劃上報廠部。各職能部門也應該認真討論廠部下達的費用預算控制指標,擬訂技術經濟指標和費用節約措施,編製具體的費用預算上報廠部。

(四)廠部綜合平衡后,編製全廠成本計劃

綜合平衡包括兩個方面:一方面是企業對各單位編製上報的成本計劃和費用預算進行全廠的綜合平衡,使其與企業總的成本目標相一致;另一方面是企業應檢查各單位的成本計劃和各部門的費用預算與企業其他計劃是否相互銜接,有無矛盾。廠部經過多次、多方面的綜合平衡後,編製正式的成本計劃,報經廠領導批准後再下達給各職能部門和車間執行。實行一級成本核算的企業,由財務部門根據各種資料,經過測算平衡後直接編製全廠的成本計劃。其編製成本計劃的程序如圖 15-1 所示。

大中型企業實行分級成本核算,應先由各車間根據財務部門下達的成本控制指標,編製車間成本計劃,然後由財務部門匯總編製全廠的成本計劃。分級編製成本計劃的程序如圖 15-2 所示。

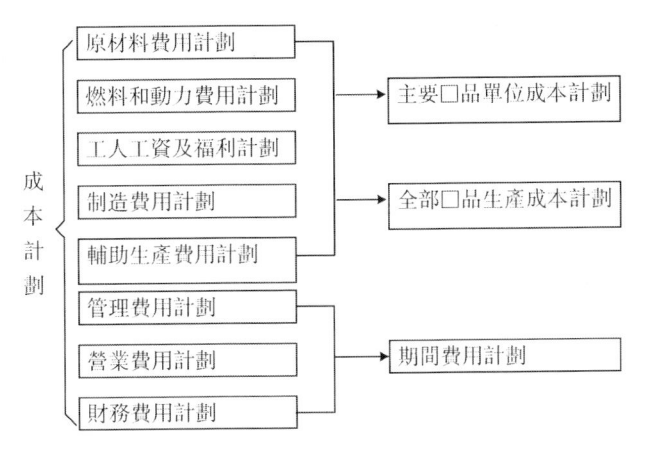

圖 15-1　編制成本計算的程序

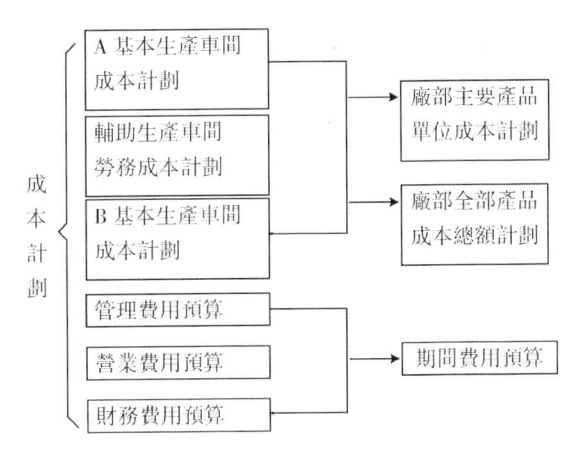

圖 15-2　分級編制成本計劃的程序

五、編製費用預算的方法

(一) 固定預算法

固定預算法 (Fixed Budget) 或靜態預算法 (Static Budget) 是指按計劃期內預定的某種業務活動水平確定一個固定費用數額的方法。其預算額一般是由廠部按經驗提出一個固定的數額。固定預算法適用於與日常業務量無關或關係不大的費用預算,如管理費用中的各種費用。因此,管理費用預算可以採用固定預算法編製。

(二) 彈性預算法

彈性預算法 (Flexible Budget) 是指在編製費用預算時,考慮到計劃期間業務量可能發生的變動,編製一套適應多種業務量的費用預算,以便分別反應業務量的情況下所應開支的費用水平。由於這種預算是隨業務量的變化做機動調整,本身具有彈性,故稱為彈性預算。採用彈性預算對原靜態預算做調整的基本原理是這樣的:由於製造費用預算和銷售費

用預算中均包括變動費用與固定費用兩大部分,按照它們的成本習性,固定費用一般是不隨業務量的增減而變動的,因此在編製彈性預算時,只需將變動費用部分按業務量的變動加以調整即可。原費用中固定費用與變動費用的關係為:

$Y=A+BX$

式中:A 為固定費用;
　　　B 為單位變動費用。

應該注意:由於實際工作中有許多費用項目屬於半變動費用或半固定費用,因此需要應用上述調整原理對每個費用項目逐一進行分析計算,並據以編製出一套能適應多種不同業務量水平的費用預算。

(三)零基預算法

零基預算法全稱為以零為基礎編製計劃或預算的方法(Zero-base Planning and Budgeting)。它最初是由美國得州儀器公司的彼得‧派爾(Peter Pyhrr)在20世紀60年代提出來的。現已被西方工業發達國家公認為管理間接費用的一種方法。

過去編製費用預算的方法一般都是以基期的各種費用項目的實際開支數為基礎,然後對計劃期間可能會使該費用項目發生變動的有關因素加以細緻考慮,最終確定出它們在計劃期間應增減的數額。

零基預算法的基本原理是:對於任何一個預算期,任何一種費用項目的開支數不是從原有的基礎出發,即根本不考慮基期的費用開支水平,而是一切以零為起點,從根本上來考慮各個費用項目的必要性及其規模確定其所需費用數額。

零基預算的基本步驟如下:

(1)要求各部門根據本企業計劃期間的戰略目標和各該部門的具體任務,確定計劃期間內需要發生哪些費用項目,並對每個費用項目編寫一套方案,提出費用開支的用途以及需要開支的數額。

(2)對每個費用項目進行「成本與效益分析」將其所費與所得進行對比,用來對各個費用開支方案進行評價;然後把各個費用開支方案在權衡輕重緩急的基礎上,分成若干層次,排出費用開支的先后順序。

(3)按照上一步驟所定的層次與順序結合計劃期間可動用的資金,分配資金,落實預算。

採用零基預算法是以零為起點來觀察分析一切生產經營活動,不存在現存的費用預算開支項目。因此,編製零基預算的工作量是比較大的。但零基預算不受現行預算的束縛,能充分發揮各級管理人員的積極性和創造性,而且還能促使各基層單位精打細算,量力而行,合理開支,盡量節約。

第二節　成本計劃的編製

一、成本降低指標的測算

試算平衡是企業在正式編製成本計劃之前,根據已經收集的有關資料,測算影響成本的各項主要因素,尋找切實可行的節約措施,使企業成本指標能夠達到成本降低的要求。

成本降低指標的試算平衡主要是對企業可比產品成本降低率和降低額進行測算。因為只有可比產品才能確定其計劃成本比上年成本降低多少。成本降低指標的試算平衡是編製成本計劃的一個重要步驟,也是挖掘企業內部潛力、努力降低產品成本的一個重要手段。

在進行成本降低指標的試算平衡時,要保證企業計劃指標建立在先進水平的基礎之上。對於企業生產上的薄弱環節,要發動職工提出有效的措施,以達到充分挖掘企業的內部潛力。同時,成本降低指標的試算平衡也應從實際出發,保證成本指標的現實性。各項技術經濟指標的變動,不能只憑主觀願望,採取無根據的高估。所有措施一經確定,都要列入技術組織措施計劃內,並定人、定時間,組織各方面的力量貫徹執行,保證實現成本降低任務。此外,成本降低指標的試算平衡還應注意抓住重點產品和主要技術經濟指標,但不宜過多過細,以避免主次不分,使試算平衡工作複雜化,而效果並不理想。

由於各工業企業生產特點和管理工作基礎的不同,成本降低指標試算平衡的具體方法也不一樣。但一般步驟有:第一,計算上年全年預計平均單位成本;第二,確定各項主要因素的影響程度;第三,綜合測算計劃年度可比產品成本降低率和降低額。

(一)計算上年全年預計平均單位成本

企業計劃年度可比產品成本降低任務是指計劃年度可比產品的計劃成本比上年全年平均成本降低的數額和幅度,即通常所說的可比產品成本計劃降低額和計劃降低率。

$$\text{可比產品成本計劃降低額} = \sum(\text{計劃產量} \times \text{上年平均單位成本}) - \sum(\text{計劃單位成本} \times \text{計劃產量})$$

$$\text{可比產品成本計劃降低率} = \frac{\text{可比產品成本計劃降低額}}{\sum \text{計劃產量} \times \text{上年平均單位成本}} \times 100\%$$

為了進行成本指標的試算平衡,首先就必須正確定上年可比產品平均單位成本。由於成本計劃是在上年第四季度初編製的,因此上年平均單位成本需要進行預計。上年預計平均單位成本的計算公式為:

$$\text{上年預計平均單位成本} = \frac{1\sim3\text{季度實際總成本} + \text{第4季度預計產量} \times \text{第4季度預計單位成本}}{1\sim3\text{季度實際產量} + \text{第4季度預計產量}}$$

上式1~3季度實際總成本是根據上年1~3季度的實際產品與1~3季度的平均單位

成本求得的,也可以從成本計算表中取得;第 4 季度的產量和成本都是預計數字,通常是根據原定的第 4 季度計劃產量和計劃單位成本,並考慮到計劃可能完成的程度加以預計。由於勞動生產率的提高和物資消耗定額的下降,同時第 4 季度往往是一年生產任務較大的幾個月份,單位產品的固定費用也隨之相應下降,因此第 4 季度預計單位成本應該較以前月份的單位成本略低。

用各種產品的上年預計平均單位成本,乘以計劃期產量,便可匯總計算出按上年預計平均單位產品成本計算的計劃年度可比產品總成本,作為測算可比產品成本降低幅度的基礎。

$$\text{按上年預計平均單位成本和計劃產量計算的總成本} = \Sigma(\text{可比產品計劃產量} \times \text{上年預計平均單位成本})$$

(二) 確定各項主要因素的影響程度

影響企業產品成本的因素很多,在試算平衡過程中,不宜過多、過細地去全面預算各種因素的影響,應抓住重點因素進行試算。一般來說,主要考慮產量的增加,勞動生產率的提高,材料用量、燃料用量的節約及價格的變化,工資水平及製造費用水平的變化和廢品損失的變動等因素。

各因素變動對成本降低率的影響為各因素本身的變動率與上年各因素數額占產品成本的比重之積。其計算公式為:

$$\text{各因素變動對產品成本降低的影響} = \Sigma(\text{各因素本身變動率} \times \text{上年各成本項目與產品成本之比})$$

1. 測算直接材料費用變動對單位產品成本的影響

產品成本中直接材料費用的大小主要受兩個因素的影響:一是材料消耗量的高低;二是材料價格的變動。材料消耗量和價格的變動對成本降低率影響的計算公式如下:

材料消耗定額變動對成本降低率的影響為:

原材料消耗定額升降率×上年材料費用占產品成本的比重

材料價格變動對單位產品成本降低率的影響為:

$$(1-\text{原材料消耗定額升降率}) \times \text{原材料價格升降率} \times \text{上年材料費用占產品成本的比重}$$

將以上兩個公式合併成一個公式,計算材料消耗定額和價格變動對單位產品成本降低率的影響為:

$$[1-(1-\text{原材料消耗定額升降率})(1\pm\text{原材料價格升降率})]\times\text{上年材料費用占產品成本的比重}$$

2. 測算直接人工費用變動對單位產品成本的影響

在產品成本中,工資費用的大小主要受企業勞動生產率和人均工資兩個因素的影響。勞動生產率的提高(下降)會減少(增加)單位產品工資費用,人均工資的提高(下降)會增加(減少)單位產品工資費用。因此,當勞動生產率的提高速度超過人均工資的增長速度

時,就可以節約產品成本中的工資費用,從而降低單位產品成本。

勞動生產率變動率對單位產品成本降低率的影響為:

$(1-\dfrac{1}{1+勞動生產率變動率})\times$ 上年直接人工占產品成本的比重

人均工資變動對單位產品成本降低率的影響為:

$\dfrac{人均工資變動率}{1+勞動生產率變動率}\times$ 上年直接人工占產品成本的比重

將以上兩個公式合併為一個計算公式,計算人均工資和勞動生產率變動對單位產品成本降低率的影響為:

$(1-\dfrac{1\pm 人均工資變動率}{1+勞動生產率變動率})\times$ 上年直接工資占產品成本的比重

3. 測算製造費用變動對單位產品成本的影響

產品成本中製造費用的大小主要受產品產量和製造費用總額兩個因素的影響。在製造費用中,有一部分費用屬於固定性製造費用,如車間管理人員的工資及福利費用、辦公費用、差旅費用、折舊費用、修理費用等;另一部分費用屬於半變動費用,如消耗物料、運輸費用、低值易耗品攤銷等。固定性製造費用總額不受產品產量的影響,但單位產品固定性製造費用則是隨產品產量的增加而下降的。半變動性製造費用的變動幅度如果低於產品產量的變動幅度,則對產品單位成本降低產生有利的影響;反之為不利的影響。

產品產量增長對單位產品成本降低率的影響為:

$(1-\dfrac{1}{1+產品產量增長率})\times$ 上年製造費用占產品成本的比重

製造費用總額的變動對單位產品成本降低率的影響為:

$\dfrac{製造費用增減率}{1+產品產量增長率}\times$ 上年製造費用占產品成本的比重

將以上兩個公式合併為一個公式計算產品產量和製造費用總額變動對單位產品成本降低率的影響為:

$(1-\dfrac{1\pm 製造費用增減率}{1+產品產量增長率})\times$ 上年製造費用占產品成本的比重

4. 測算廢品損失變動對單位產品成本降低率的影響

產品成本中的廢品損失是指因企業生產了廢品而發生的應由合格品負擔的損失部分。廢品損失包括企業不可修復廢品的淨損失和可修復廢品的修復費。廢品損失的多少直接影響單位產品成本的高低。

廢品損失變動對單位產品成本降低率的影響為:

單位產品廢品損失增減率×上年廢品損失占產品成本的比重

二、成本試算舉例

【例15-1】某企業生產 A 產品,上年度第 1~3 季度的生產產量為 7,200 件,總成本為 3,670,000 元;預計第 4 季度的生產量為2,800件,預計單位產品成本為 475 元。

計劃年度將繼續生產 A 產品 12,000 件,計劃成本降低率為 7%。企業經過職工充分討論,挖掘潛力,提出措施,確定計劃年度有關指標如下:

(1)計劃年度產品產量增長 20%;
(2)勞動生產率提高 15%;
(3)生產工人人均工資提高 5%;
(4)原材料消耗定額降低 8%;
(5)原材料價格上升 4%;
(6)燃料和動力消耗定額降低 6%;
(7)製造費用總額節約 7.5%;
(8)廢品損失下降 25%。

該企業上年可比產品成本項目的結構為:直接材料費用占 70%,燃料和動力費用占 8%,直接人工費用占 10%,製造費用占 10%,廢品損失占 2%。根據以上資料測算成本降低指標。

(一)計算上年預計平均單位產品成本

$$\text{上年預計平均單位成本} = \frac{3,670,000 + 2,800 \times 475}{7,200 + 2,800} = 500(元)$$

$$\text{計劃產量上年預計平均單位成本計算的總成本} = 12,000 \times 500 = 6,000,000(元)$$

(二)確定各因素的影響程度

(1)材料定額消耗量下降和材料價格上升對單位產品成本降低率的影響為:

$$[1-(1-8\%)(1+4\%)] \times 70\% = 3.024\%$$

(2)燃料和動力消耗量下降對單位產品成本降低率的影響為:

$$6\% \times 8\% = 0.48\%$$

(3)人均工資上升和勞動生產率提高對單位產品成本降低率的影響為:

$$(1 - \frac{1+5\%}{1+15\%}) \times 10\% = 0.87\%$$

(4)製造費用總額和產品產量提高對單位產品成本降低率的影響為:

$$(1 - \frac{1-7.5\%}{1+20\%}) \times 10\% = 2.3\%$$

(5)廢品損失下降對單位產品成本降低率的影響為:

$$25\% \times 2\% = 0.5\%$$

(三)綜合各因素影響,確定能否達到成本降低指標

根據以上計算結果,可將各有關因素的變動對可比產品成本的影響程度列表,如表15-1所示。

表15-1　　　　　　　有關因素變動對可比產品成本的影響程度　　　　　金額單位:元

成本項目	比重(%)	計劃產量上年成本	成本降低率 本項目	成本降低率 單位成本	降低額	降低額後的總成本
直接材料	70	4,200,000	4.32	3.02	181,440	4,018,560
燃料和動力	8	480,000	6.00	0.48	28,800	451,200
直接人工	10	600,000	8.70	0.87	52,200	547,800
製造費用	10	600,000	23.00	2.30	138,000	462,000
廢品損失	2	120,000	25.00	0.50	30,000	90,000
單位成本	100	6,000,000		7.17	430,440	5,569,560

根據表15-1可知,測算計劃年度可比產品成本降低率能達到7.17%,已經超過了企業計劃可比產品成本降低任務7%。如果無其他情況,企業就可以確認並按照預計的有關指標安排生產,這樣就可以據以正式編製成本計劃。

如果上述測算的可比產品成本降低率未能達到7%,則應繼續採取降低成本的措施,再次測算是否能達到成本降低的任務。經過反覆的測算,進一步挖掘潛力,就可以促成企業達到成本降低任務。這樣測算出來的成本降低指標就能建立在比較先進合理的基礎之上。

三、編製成本計劃

(一)輔助生產車間成本計劃的編製

輔助生產車間是為企業的基本生產車間和企業的職能部門以及基本建設工程、生活福利部門提供產品或勞務的車間,如運輸、修理、供電、供氣等車間。輔助生產車間發生的費用要按一定的方法分配到各受益單位產品成本或費用計劃中去。因此,編製成本計劃,首先應編製出輔助生產車間成本計劃。由於輔助生產車間提供的產品或勞務各不相同,應分別編製各輔助生產車間的成本計劃。其編製步驟大致可分為如下兩步:

1. 輔助生產費用發生的計劃

採用棋盤式對應表的格式,按成本項目和費用要素交叉反應輔助生產費用發生的計劃發生數額。這樣既可以用來確定輔助生產的產品或勞務成本,又可以滿足編製生產費用預算。

在確定各成本項目計劃數額時,原材料、輔助材料、燃料和動力以及生產工人工資等項目,可以根據計劃勞務量、單位產品消耗定額及計劃單價進行計算確定。

其他費用項目的內容較多,並且複雜,要分別按明細項目加以確定。凡有規定開支標準的,按其標準確定;凡沒有消耗定額和規定開支標準的,可根據上期的實際數,結合本期車間產量或勞務供應量的增減情況以及計劃期節約費用的要求來確定。

為了正確反應輔助生產車間的費用水平,各輔助生產車間相互提供產品或勞務,也應按計劃耗用量和計劃價格計算,列入各輔助生產費用。

2. 輔助生產費用分配的計劃

輔助生產車間的全部生產費用,應當分配給各有關受益單位。根據輔助生產車間產品或單位成本和為各受益單位提供的計劃產品及勞務量,編製輔助生產費用分配表,在各受益單位之間分配輔助生產費用。其分配方法和格式與輔助生產費用核算相同,此處不再贅述。

(二)基本生產車間成本計劃的編製

基本生產車間成本計劃,要分別由各基本生產車間來編製。首先,各車間按產品編製車間直接費用計劃;其次,按車間編製製造費用預算,並在各產品之間分配製造費用;最後,編製車間的產品生產成本計劃。

1. 按計劃產品和各成本項目計算車間各種產品的直接費用計劃數

直接材料、直接燃料和動力費用項目,應根據各項消耗定額及廠內計劃價格,並結合計劃期生產產品產量計算。如果材料的品種多、規格繁、數量少,不便按每種材料制定消耗定額時,也可以比照上年實際耗用數,並考慮計劃年度降低消耗的要求和可能來計算。如果材料消耗中包括廢料回收價值,則應在直接材料項目內扣除。

直接人工項目一般包括生產工人的工資及福利費,應根據計劃期產量、單位產品工時定額、每小時工資費用率或單位產品計件工資計算。小時工資率通常為每小時生產工人平均工資及福利,是生產工人計劃工資總額除以計劃期各種產品所需生產總工時求得的。

廢品損失項目應根據工藝部門擬定的廢品工時率,並結合降低廢品率的措施來確定。為了簡化計算,也可以參照上年實際發生數,並結合計劃年度降低廢品損失的要求和可能確定。

各基本生產車間相互間轉移半成品成本的計算可參照實際成本計算的方法處理,如平行結轉、逐步結轉、計劃成本結轉、實際成本結轉等。

2. 編製各基本生產車間製造費用預算

基本生產車間的製造費用預算應按照規定的明細項目確定計劃期內車間組織和管理生產所發生的各項費用。製造費用必須按成本習性劃分為變動費用和固定費用。編製製造費用預算時,應以計劃期的一定業務量的水平為基礎來規劃各個費用項目的具體預算數字。

【例15-2】根據基年的製造費用資料,分別制定出業務量為 28,550 工時、30,050 工時、31,550 工時、33,050 工時的製造費用彈性預算,如表 15-2 所示。

表 15-2　　　　　　　　　　　製造費用彈性預算　　　　　　　　金額單位:元

費用項目	小時費用率	業務量			
		28,550 工時	30,050 工時	31,550 工時	33,050 工時
變動費用:					
間接人工	0.40	11,420	10,020	12,620	13,220
間接材料	0.60	17,130	18,030	18,930	19,830
維護費用	0.27	7,708.5	8,113.50	8,518.5	8,923.5
水電費用	0.50	14,275	15,025	15,775	16,525
潤滑劑	0.23	6,566.5	6,911.50	7,256.5	7,601.5
……					
小　　計		57,100	60,100	63,100	66,100
固定費用:					
維護費用		14,000	14,000	14,000	14,000
折舊費用		15,000	15,000	15,000	15,000
管理費用		25,000	25,000	25,000	25,000
保險費用		4,000	4,000	4,000	4,000
財產稅		2,000	2,000	2,000	2,000
其他		1,000	1,000	1,000	1,000
……					
小　　計		61,000	61,000	61,000	61,000
製造費用合計		118,100	121,100	124,100	127,100

根據各種產品的直接費用和應分配的製造費用,計算各種產品的計劃單位成本和計劃總成本以及按成本項目計算的產品計劃總成本。

(三) 全廠成本計劃的編製

財務部門對各車間上報的車間成本計劃進行審查后,就可以著手編製全廠的成本計劃。全廠成本計劃包括主要產品單位成本計劃和全部產品成本計劃。

1. 主要產品單位成本計劃

主要產品單位成本計劃是根據各車間的產品成本計劃匯總編製的,一種產品編製一張成本計劃表。其基本格式如表 15-3 所示。

表 15-3　　　　　　　　主要產品單位成本計劃表　　　　　　　金額單位:元

成本項目	上年預計	本年計劃	降低額	降低率(%)
直接材料	2,200	1,956	244	11.1
直接燃料	400	396	4	1.0
直接人工	800	793	7	0.875
製造費用	520	500	20	3.8
廢品損失	80	75	5	6.25
單位成本	4,000	3,720	280	7.0

在採用逐步結轉分步法時,可直接在最後一個車間的計劃單位產品成本基礎上編製。如果需要按原始成本項目反應單位產品成本結構,則應將最後一個車間的計劃單位產品成本中的「自製半成品」項目逐步還原后編製。在採用平行結轉分步法時,將各車間同一產品單位成本的相同項目的份額相加,就是各種產品的計劃單位成本。

2. 全部產品成本計劃

全部產品成本計劃可以按產品品種分別編製,也可以按產品成本項目編製。其基本格式如表15-4和表15-5所示。

表15-4　　　　　　　　　全部產品成本計劃表(按產品類別)　　　　　　單位:元

產品名稱	計量單位	計劃產量	單位成本 上年預計	單位成本 本年計劃	總成本 按上年成本計算	總成本 按計劃成本計算	降低情況 降低額	降低情況 降低率(%)
可比產品					5,000,000	4,830,000	-170,000	-3.4
A產品	臺	500	4,000	3,720	2,000,000	1,860,000	-140,000	-7
B產品	臺	600	5,000	4,950	3,000,000	2,970,000	-30,000	-1
不可比產品								
C產品	臺	200		1,200		240,000		
合　　計						5,070,000		

表15-5　　　　　　　　　全部產品成本計劃表(按成本項目)　　　　　　單位:元

成本項目	可比產品 按上年成本	可比產品 按計劃成本	可比產品 計劃降低額	可比產品 計劃降低率(%)	不可比產品計劃總成本	全部產品成本計劃
直接材料	3,750,000	3,554,600	-195,400	-5.21	180,000	3,734,600
直接燃料	250,000	247,450	-2,550	-1.02	12,000	259,450
直接人工	500,000	524,800	+24,800	+4.96	20,000	544,800
製造費用	400,000	410,000	+10,000	+2.50	22,000	432,000
廢品損失	100,000	93,150	-6,850	-6.85	6,000	99,150
合　　計	5,000,000	4,830,000	-170,000	-3.4	240,000	5,070,000

(四)期間費用預算的編製

期間費用的預算包括企業管理費用、財務費用、銷售費用三部分。因期間費用涉及的範圍較廣、項目較多,一般先由各部門分別編製各有關部門的費用預算,然后經財務部門審查、平衡后,匯總編製全廠的期間費用預算。期間費用預算的編製應分別按規定的明細項目編製預算並匯總。就管理費用而言,有些項目可以根據其計劃列入,如公司經營管理人員工資及福利、折舊費;有的可以根據一定的標準計提,如工會經費、職工教育經費等;有的則可按上年實際數為基礎,結合計劃期降低費用的要求編製。銷售費用和財務費用預算的

編製可比照管理費用預算編製。某企業銷售部門根據計劃期間的銷售任務編製銷售費用預算，如表 15-6 所示。

表 15-6　　　　　　　　　　　　銷售費用預算

費用項目		預算金額(元)
變動費用	銷貨佣金	65,000
	辦公費用	2,500
	運輸費用	16,000
	……	
	變動費用合計	83,500
固定費用	廣告費用	90,000
	銷售人員工資	40,000
	保險費用	10,000
	差旅費用	70,000
	……	
	固定費用合計	210,000
銷售費用合計		293,500

思考題

1. 什麼是成本計劃？成本計劃對成本管理有何意義？
2. 成本計劃的程序是怎樣的？
3. 成本計劃的方法有哪些？
4. 成本計劃的內容有哪些？
5. 編製預算的方法有哪些？

練習題

1. 某企業生產 A 產品，基年 1~9 月份實際總成本為 1,620,000 元，產量為 4,000 件，預計第 4 季度的產量為 1,000 件，預計單位產品成本為 380 元。基年各成本項目的比重分別為原材料 60%、燃料和動力 5%、工資及福利 15%、製造費用 17%、廢品損失 3%。計劃年度有關技術經濟指標預計可達到：

(1) 生產增長 25%；

(2) 原材料消耗降低 5%；

(3) 原材料價格上升 2%；

(4) 燃料及動力消耗降低 4%；

(5) 平均工資增長 10%；

(6)勞動生產率提高 15%；

(7)製造費用下降 8%；

(8)廢品損失降低 20%。

要求：

(1)假設目標單位成本為 366 元,根據以上資料計算基年預計平均單位產品成本和目標成本降低率?

(2)測算各因素變化對成本降低率的影響?

(3)將測算結果與目標成本降低率進行比較是否能達到目標。如果不能的話,其差異是多少?

(4)假設只通過進一步降低原材料單位消耗量來完成任務,單位產品消耗量應降低到什麼水平?

2. 某企業 B 產品上年單位成本為 200 元,其中單位產品工資占 12%,計劃年度人均工資將由 1,000 元上升到 1,050 元,生產 B 產品每小時 10 件上升到 12 件,計劃年度產量為 10,000 件。要求：

(1)確定人均工資變動和勞動生產率變動對單位產品成本降低率的影響。

(2)如果規定 B 產品採用人均工資和勞動生產率方法而降低產品成本總額40,000 元,則能否完成任務?

(3)如果要完成計劃的降低任務,則在人均工資不再變動的情況下,勞動生產率應提高到什麼水平?

第十六章　成本控制

在產品數量、品種、質量、成本以及資本增值這個統一體中，成本控制是企業成本管理的核心問題。成本控制是在市場經濟體制下，企業適應市場競爭的要求，是在激烈的市場競爭中獲得競爭優勢的關鍵所在。本章將介紹成本控制的概念、意義，成本控制的內容和方法。

第一節　成本控制概述

一、成本控制的概念

成本控制(Control of Cost)是指企業在生產經營過程中，按照既定的成本目標，對構成產品成本的一切生產成本和經營管理費用進行嚴格地計算、分析、調節和監督，及時發現實際成本、費用與目標的偏差，並採取有效措施，保證產品實際成本和經營管理費用被限制在預定的標準範圍之內的一種管理行為。

成本控制有廣義的成本控制和狹義的成本控制之分。廣義的成本控制是指成本控制應貫穿於生產經營過程的各個階段，滲透到成本管理工作的各個環節當中。廣義的成本控制又分為事前成本控制、事中成本控制和事後成本控制。它要求實行全員、全過程、全方位的科學控制。也就是說，從產品設計、樣品試製、加工製造、對外銷售、售後服務等都應講究成本與效益的原則，並且要使整個企業的各個部門、每一個環節、全體職員都要樹立成本觀念，加強成本控制，實現成本控制目標化、系統化和科學化。狹義的成本控制僅指事中成本控制，即在生產經營過程中，從投料開始，對產品成本的形成和經營管理費用的發生進行嚴格控制。

二、成本控制的意義

成本控制不僅僅是將實際成本消極地限制在成本標準範圍之內，而是從人力、物力、財力等方面出發，來衡量、考核各項生產經營支出是否符合以最小的耗費，取得盡可能大的效益的原則，從而達到降低成本、節約費用、提高經濟效益的目的。成本控制的主要作用表現在如下幾個方面：

(一)成本控制是企業成本管理的核心

成本管理的環節包括成本預測、成本決策、成本規劃、成本控制、成本核算、成本分析和

成本考核。在這些環節中,成本預測、成本決策和成本計劃是事前管理;成本核算、成本分析和成本考核是事後管理;成本控制是事中管理。成本控制在企業成本管理的全過程中,處於核心地位。成本控制既要保證成本目標的實現,同時還要滲透到成本的預測、決策和計劃之中。成本預測、成本決策和成本計劃為成本控制提供依據,成本核算、成本分析和成本考核則反應了成本控制的結果。因此,成本控制是企業成本管理的核心。成本控制工作的好壞直接關係到企業成本目標、成本計劃能否實現,從而直接影響企業利潤目標的實現。

(二)成本控制是提高企業經濟效益的主要手段

成本費用與企業經濟效益是一個彼消此長的關係。成本費用高,則經濟效益就會差;成本費用低,則經濟效益就會好。因此,降低成本、節約費用是提高企業經濟效益的主要途徑。要達到降低成本節約費用的目的,就必須加強成本管理,其中的一項重要工作就是要強化成本控制。成本控制是對企業生產經營過程中的一切耗費進行約束和調節,使其朝著預定的目標發展。如果企業成本控制不得力,成本降低目標就難以實現,企業經濟效益就不可能提高。

(三)成本控制是提高企業競爭力的保證

在市場經濟高度發展的今天,企業之間的競爭也越來越激烈。企業要生存、要發展、要在市場上佔有一席之地,就必須提高自己的競爭能力。要增強企業的競爭能力,一是要降低產品成本,二是要提高產品質量,三是要不斷開發新產品。在這三條中,降低成本是最重要的。因為產品成本降低後,可以通過削減產品價格,從而增加產品銷售數量、擴大產品銷售市場和銷售渠道。產品銷路擴大了,經營基礎穩固了,便有能力去提高產品質量、創新產品設計。而產品質量的提高受合理的成本水平所制約。根據價值工程分析,過剩的產品質量需要花費較高的成本,其實是一種極大的浪費。它不僅不能增強企業競爭能力,反而會削弱企業的競爭能力。因此,加強成本控制、降低產品成本、節約各項費用是增強企業競爭能力的重要手段。

三、成本控制的原則

要真正搞好企業成本控制工作,達到降低成本提高經濟效益的目的,必須按照如下的成本控制原則進行成本控制。

(一)全面性原則

由於企業成本涉及企業生產經營過程的每一個環節、企業的每一個生產經營單位或部門以及企業每一名職員,因此在企業成本控制過程中,應遵循全過程、全體職員的成本控制原則。

1. 全過程的成本控制原則

成本控制應貫穿企業成本形成的全過程,絕不能局限於生產過程的製造成本,而應擴大到企業產品壽命週期成本的全部內容,即包括產品在企業內部所發生的設計成本、研製成本、工藝成本、採購成本、製造成本、銷售成本、管理成本以及在用戶使用過程中的維修成

本等各個方面。實踐證明,只有當產品的整個壽命週期成本得到有效控制,成本才會真正降低。從整個社會的角度來說,只有這樣,才能真正達到節約社會經濟資源的目的。這對企業、對社會、對消費者都是有利的。

2. 全體職員的成本控制原則

由於成本是一項綜合性很強的經濟指標,既涉及企業的綜合經濟效益,又涉及企業所有部門或全體職工的工作業績和經濟利益。因此,要想降低成本、提高企業經濟效益,就必須充分調動企業每一個部門(從廠部到車間及班組)和每一位職員(從經理、工人、技術人員以及各行政管理人員)關心企業成本、控制企業成本費用的主動性和積極性。提高全體職員的成本意識,強化成本管理,加強成本控制,做到人人關心成本、事事考慮成本、時時想到成本,講究成本與效益的原則,嚴格按照成本控制標準、控制定額和費用預算來控制成本費用的發生。只有這樣,才能徹底堵住成本費用的漏洞,杜絕各種浪費的現象。

(二) 開源與節流相結合的原則

成本控制絕不是消極的限制和監督,而應該是積極的指導和協調。早期的成本控制只是強調成本的事後分析和檢查,主要應採用節流的各種措施,精打細算,這屬於防護性的控制。后來發展到側重於日常的成本控制,以標準成本、責任成本和費用預算等為控制依據,發現實際與標準成本或費用預算的差距時,及時採取有效措施,將問題消滅在萌芽之中,這屬於反饋性控制。未來的成本控制將要從單純的節流轉向開源與節流雙管齊下,開展價值工程分析,加強質量成本管理,充分挖掘企業內部潛力,在增產節約、增收節支方面狠下功夫。

(三) 責、權、利相結合的原則

一個企業是由若干個責任單位構成的,只有每個責任單位都按計劃控制了各自的責任成本,企業的成本控制目標才能實現。任何一個責任單位在計劃期開始之前,都應根據全面預算的綜合經濟指標進行層層分解,編製出各責任單位的責任成本預算。如果要求每一個責任單位都要完成控制責任成本的職責,就必須賦予其相應的權力。如果沒有控制成本的權力就談不上有效地控制成本了。同時,為了充分調動各成本責任單位和個人的積極性,還應定期對其成本控制的業績進行考核和評價,並同職工的經濟利益掛勾,做到有獎有罰、獎罰分明,促使全體職員感到既有外在的壓力,又有內在的動力,以保證企業的成本費用得到有效的控制。

(四) 目標管理原則

成本控制是企業目標管理(Management by Objectives)的重要內容,控制必須以目標成本為依據,對企業的各項成本費用開支進行嚴格地限制和監督,力求做到以盡可能少的開支,取得較佳的經濟效益。作為企業控制依據的目標成本,應該是經過全體職工辛勤努力才能實現的成本,通常應建立在平均先進定額的基礎之上。目標成本只是一個總的目標。在目標成本控制中,還應把目標成本層層分解為各責任單位的責任指標,並形成責任成本預算,落實到各有關成本單位,分級歸口管理,形成一個多層次的成本控制系統。

(五)例外管理原則

例外管理(Management by Exception)是西方國家企業在經營管理上要求企業把注意力集中到不正常、關鍵的問題上的一種管理方法。為了提高成本控制的效果,按照例外管理原則,要求成本管理人員不要把精力和時間分散在全部的成本差異上,而應該突出重點,把主要精力放在那些不正常、不符合常規的成本差異上。對於這類差異,一定要追根求源,查明產生差異的具體原因,並及時採取有效的措施,把它們控制好。對於其他較小的、一般的、普遍存在的差異,可以投入較少的精力去管理。因此,這些不符合常規的、變動較大的差異,屬於例外的現象,應進行例外管理,以便抓住主要矛盾,解決關鍵問題。

四、成本控制的內容

成本控制的內容是成本控制對象的具體化。成本控制的對象是企業在整個生產經營過程中發生的、以貨幣形式表現的全部成本費用。因此,成本控制的內容包括在材料供應過程中,對物資採購成本和物資儲備成本的控制;在產品生產過程中,對產品生產成本的控制和產品質量成本的控制;在產品銷售過程中,對銷售費用及產品售後服務成本的控制。除此之外,還包括在產品設計階段,對產品設計成本的控制;在工藝方案確定階段,對工藝方案成本的控制;在產品試製階段,對產品試製成本的控制;在產品經營過程中,對企業經營管理費用的控制。

五、成本控制的程序

成本控制的程序一般分為制定成本控制標準、執行成本控制標準、考核成本控制結果。

(一)制定成本控制標準

標準是用來評價和判斷工作完成效果和效率的尺度。要控制產品成本和經營管理費用,就應該有一個成本費用標準,作為檢查、衡量、評價實際成本水平的依據。成本控制標準是對各項費用開支和資源消耗規定的數量界限,是成本控制和考核的依據,沒有這個標準,也就無法進行成本控制。成本控制標準可以是目標成本、標準成本、定額成本、計劃成本及預算費用。這些成本或費用都是事先制定一個標準,實際成本高於這個標準,就是超支或浪費;實際成本低於這個標準,就是節約。成本費用的超支或節約直接影響企業的經濟效益。

(二)執行成本控制標準

執行成本控制標準是成本控制的關鍵,是在生產經營過程中,根據預定的標準,控制各項消耗和支出,隨時發現偏離標準的現象,並及時採取有效措施,把差異控制在允許的範圍之內。執行成本控制過程主要依靠成本信息的反饋和數據的統計分析,建立嚴格的成本責任制度,實行全員控制和全過程控制。

(三)考核成本控制結果

考核成本控制結果為階段性地集中查找和分析產生成本差異的原因,分清責任歸屬,對

成本目標和標準的執行情況做出考核和評價，做到獎罰分明，並採取措施，防止不利因素的重複發生，總結和推廣經驗，為修訂標準提供有用的參考數據。

第二節　價值工程控制

一、價值工程的定義

　　第二次世界大戰以後，西方國家的企業為了應付國際、國內市場競爭加劇的需要，力求以最低的成本生產出質量較好的產品，於是在降低成本的技術方面有了較大的突破，那就是普遍開展「價值工程」活動。價值工程亦稱價值分析（Value Analysis，VA），是把技術和經濟緊密結合起來的科學管理技術，是為強化企業內部管理，降低產品成本，提高產品質量服務的。多年來的實踐證明，價值工程不僅能降低產品成本，提高產品質量，而且是事前控制成本的有效手段，也是企業實現管理現代化的一項重要內容。

　　價值工程起源於20世紀40年代，是由美國通用電氣公司採購部門的工程師勞倫斯‧D.邁爾斯（Laurence D. Miles）於1947年把他長期在材料採購技術和材料代用方面應用的一套獨特的工作方法（即在保證同樣功能的前提下降低成本）總結出來，並加以系統化，當時就稱之為「價值分析」。后來邁爾斯就負責通用電氣公司的價值分析活動，並不斷改進這套技術，使其應用範圍遠遠超過了原來的材料採購與代用的方面。在這種情況下，就引起了美國廣大實業界的普遍重視，並在各企業得到迅速推廣，應用範圍不斷擴大，從研究開發、設計、生產，直到經營管理的各個部門。

　　由於價值分析的效果顯著，受到聯邦政府的注意，並引進到聯邦政府舉辦的許多大型工程項目上，每年節約的投資數以億計。20世紀50年代初期，美國發動侵朝戰爭，美國為了節約軍費開支，對價值分析也頗感興趣，並在海軍部所屬造船企業全面推行，這時的價值分析（VA）就改稱為「價值工程」。

　　20世紀60年代以後，價值工程迅速推廣到英國、法國、德國、日本、加拿大、澳大利亞及北歐諸國，廣泛應用於航空、造船、汽車、電子、武器研製、機器製造和建築等部門。后來在西方國家還成立了價值工程師協會，並在許多理工學院內開設價值工程課程，訓練和培養了大批價值工程人員。

　　20世紀80年代開始，中國北京、上海、天津、沈陽等地的機械、電子、化工、輕工等部門，也有不少企業在引進價值工程這項新技術，並廣泛應用到實際工作中去，取得了很大的經濟效益。但近些年來，企業在這方面做得不夠，企業產品成本不斷上升，經濟效益持續下降。必須指出，「價值工程」與「價值分析」這兩個詞在西方是通用的，並無本質上的區別。

　　究竟什麼是價值工程呢？西方國家對它的解釋有各式各樣的表述方法，比較簡明的定義是價值工程是以功能分析為核心，使產品或作業能達到適當的價值，即用最低的成本來

實現(或創造)它應具備的必要功能的一項有組織的活動。

二、價值工程的特點

價值工程是研究技術經濟效益的一門新興學科。它所研究的核心是產品的功能成本，目的在於提高企業的技術經濟效益，克服企業長期以來存在的技術與經濟分家的現象，即技術人員只考慮技術措施，只關心技術指標和保險系數，不關心降低成本。價值工程使技術與經濟結合、功能與成本聯繫，達到企業與用戶結合，這是價值工程的本質特徵。

(一)價值工程的目的

價值工程的目的是以最低的成本使某產品或某作業具有適當的價值，即實現或創造其應具備的必要功能。在這句話裡，我們引用了價值(Value)、成本(Cost)和功能(Function)三個概念。它們三者之間的關係可用以下基本公式來表示：

$$價值 = \frac{功能或效用}{成本或生產費用}，或 V = \frac{F}{C}$$

必須指出，這裡的價值不是從產品價值構成的角度來理解的，而是從產品的功能的角度來理解的。

什麼是功能呢？功能就是指一種產品(或作業)所擔負的職能和所起的作用(即使用價值)，如電冰箱的功能是冷藏食物，手錶的功能是顯示時間。至於在「功能」前面加「必要」兩個字，是因為功能的提高是無限的，而它要受一定用途所支配，受一定條件所制約，同時它又和一定的成本密切相連。如產品的功能很全面、很高，並且成本也很高，但某些功能並非用戶所需要，即為功能過剩；相反，如產品的功能達不到用戶的要求，即為功能不足，所有這些都要通過價值工程來加以解決。

至於公式中的成本，也不是一般所說的成本，而是指產品的「壽命週期成本」(Life Cycle Cost)。其具體內容可用表16-1說明。

表16-1　　　　　　　　　產品壽命週期成本的基本內容

壽　　命　　期　　限(Life Period)							
設計成本	開發成本	製造成本	非製造成本	運行成本	維修成本	保養成本	
生產成本(Production Cost)				使用成本(Applying Cost)		
壽命週期成本(Life Cycle Cost)						

在現代社會中，特別是對於耐用消費品，生產企業只關心生產成本顯然是很不夠的，必須從用戶的角度來研究、分析使用成本的影響。因為用戶的使用成本實質上是生產成本的一種必要的補充，是為實現一定量的使用價值而發生的耗費。因此，任何生產單位不僅需要考慮產品的物美價廉，而且還要研究用戶買去產品後在消費過程中所發生的使用成本。

實踐證明，使用成本的高低往往能反應出產品的功能或質量的好壞。凡是質量高、功能好的產品，其使用成本低，或者其壽命期限就延長；反之，凡是質量低、功能差的產品，其

使用成本必然就高,或其壽命期限就縮短。因此,我們在產品的設計、研製階段就應著手考慮如何降低其使用成本,這對爭取用戶、擴大銷售、提高產品競爭能力,都是非常有利的。

中國企業實行全面成本管理,也必須擴大成本控制的視野。要從設計成本、試製成本管起,一直管到產品的整個壽命期限,用統一的觀點來計算、分析、評價和考核產品的生產成本和使用成本,力求降低產品的壽命週期成本。因為只有成本降低了,才是真正的節約。成本降低了,對企業、對消費者、對整個社會都是有利的。

總之,開展價值工程既不能脫離用戶的需要,片面追求不切實際的「高功能」或「全功能」,從而造成產品成本過高,功能過剩,物資積壓;當然也不能片面為降低成本,造成產品的必要功能不足,質量下降,市場滯銷。開展價值工程的真正目的就在於既要實現產品的必要功能,又能降低產品的壽命週期成本,追求產品的最佳價值。這就是價值工程基本公式 $V=F/C$ 的核心所在。它表現了價值、功能和成本三者之間的相互依存、相互制約的關係。正因為如此,也有人把價值工程稱為「成本功能分析」,是有一定道理的。

這個基本公式告訴我們:價值與功能成正比,與成本則成反比。要想提高產品價值,很明顯只有從改善功能和降低成本這兩個方面動腦筋、想辦法。具體說來有以下五條途徑:第一,功能不變,成本降低;第二,成本不變,功能提高;第三,功能提高,成本同時降低;第四,成本略有提高,同時功能大幅度提高;第五,功能略有下降,同時成本大幅度下降。

評價一種產品的價值要看它的功能與成本之間的比值。在產品成本相同的情況下,如果提高產品的功能,就等於提高了它的價值。同樣,如果產品的功能相同,降低它的成本,也就等於提高了它的價值。

例如,甲、乙兩臺電視機,若成本相同,但甲電視機質量較好,外形較美觀,使用壽命較長,可靠性較高,那麼甲電視機的價值就比乙電視機的價值大。如果兩臺電視機具有同樣的質量、外觀、使用壽命和可靠性,而乙電視機的成本比甲電視機的成本低,那麼乙電視機的價值就比甲電視機的價值大。

很顯然,產品的功能越大就越能滿足用戶的需要,也就是說這種產品對消費者有較高的價值,於是買這種產品的顧客就越來越多。如果企業再進一步降低產品成本,其結果會使企業獲得更多的收益。

(二)價值工程的核心

價值工程的核心就是對產品或作業進行功能分析。也就是說,在產品的設計和研製時,要把重點從傳統的對產品結構的分析研究,轉移到對產品功能的分析研究。只有這樣,才有利於擺脫現存結構對思想的束縛,為廣泛應用最新科技成果,確定實現必要功能的最優方案提供一種有效的方法。

通過功能分析,可以發現哪些功能是用戶需要的,哪些功能是不必要的;哪些功能是過剩的,哪些功能是不足的。搞清各功能之間的關係以後,就可以在改進方案中,提出新的解決辦法,去掉不必要的功能。削減過剩的功能,補充不足的功能,從而使產品的功能結構更加合理,以達到既能保證必要的功能,降低產品成本,又能滿足用戶的要求,提高產品競爭

能力的目的。

(三)價值工程的活動領域

價值工程活動的領域是產品設計階段。價值工程方法多運用於新產品開發和老產品的技術改造。一種產品有設計研製、正式生產與使用消費階段；一項工程和技術措施有計劃、設計、施工和使用階段。無論價值用於何種現象，都側重於在設計和計劃階段開展工作。這就是價值工程在活動領域上的特點。

在設計階段開展價值工程活動，可以在產品投產之前合理確定產品的結構、工藝、材料以及生產組織形式等，把產品的功能與成本建立在最優方案的選擇上，從而為投產後的產品質量和成本創造了良好的條件。實踐證明，產品成本的百分之七八十是由研製階段決定的。產品定型投產後，要想大幅度降低成本是非常困難的。在產品設計階段充分運用價值工程分析，以確定最科學的設計方案，保證產品功能與其成本達到最優結合。

(四)價值工程的組織領導

由於價值工程是一整套的科學方法，是依靠廣大職工集體智慧所進行的一項有計劃、有組織、有領導的活動，這項活動能否有效地開展，關鍵在於組織領導。產品的價值是功能和成本的統一，要提高產品的價值，生產技術人員不僅要關心如何提高功能，同時也要關心怎樣降低成本；管理人員不僅要關心降低成本，同時也要關心提高產品功能。正因為價值工程是一整套的科學方法，著眼於提高全廠的經濟效益，因而它涉及的面是十分廣泛的。必須把各部門和各種專業人員(包括設計、製造、管理、供銷、計劃、財會等)組織起來，通力協作，緊密配合，靈活運用各方面的知識和經驗，充分發揮集體的力量，博採眾家之所長，才能最終完成任務。企業開展價值工程活動通常有以下三種組織方式：

(1)設立價值工程的常設機構。在廠長的領導下，由技術副廠長或總工程師、總會計師為主，成立價值工程委員會或領導小組研究確定價值工程的重點對象，審批價值工程計劃，檢查價值工程的進度，審定和評價重大提案的成果和獎勵等事項。

(2)建立專題價值工程組織。專門為某一產品、作業或某一專門問題而設置價值工程組織，在一定期間內，完成某一價值工程分析后即解散。這種機構比較靈活，視任務而定。

(3)把價值工程小組與質量管理小組結合起來開展工作，並與合理化建議活動聯繫起來，所有這些都與職工的經濟利益完全掛鉤，從而使企業的全部工作合理化、科學化，並能收到很好的經濟效益。

三、開展價值工程的步驟

開展價值工程活動，主要分為計劃、執行、檢查評價和處理四個階段，其中計劃是關鍵。開展價值工程的步驟一般可分為選擇對象、收集資料、功能分析、制訂方案四個步驟。

(一)選擇對象

在任何一個企業，不是對所有產品都進行價值分析或所有的零部件都進行價值分析，而是應該有所選擇。選擇對象的原則，主要應根據本企業的發展方向、存在的問題、薄弱環

節以及提高勞動生產率、提高產品質量、降低產品成本,並結合本企業的具體情況來決定。通常應從以下四個方面選擇:

(1)設計方面——結構複雜的、比較笨重的、體積龐大的、能源消耗大的、技術性能差的產品等。

(2)生產方面——生產批量大的、工藝較複雜的、材料耗用較貴的、廢品率高的、耗能較高的產品等。

(3)銷售方面——用戶意見多的、市場銷量下降的、競爭能力差的產品等。

(4)成本方面——成本較高的產品,在單位產品成本結構中比重較大的成本項目。

(二)收集資料

開展價值工程的對象確定以後,就應該根據對象的性質、範圍和要求,制訂收集情報的計劃,尋找可靠的信息來源。這些情報或資料包括:第一,本企業的基本情況,如經營方針、生產規模、設備生產能力、各項定額等。第二,技術資料,包括本企業和國內外同行業同類產品的技術資料,如產品結構、性能、設計方案、加工工藝、材料品質等。第三,經濟資料,包括本企業和國內外同行業同類產品的成本構成,如單位材料費用、單位直接加工費用及其他間接加工費用。第四,用戶意見,國內外用戶對本企業產品的要求。收集到這些資料後,企業應進行仔細分析,審慎判斷。

(三)功能分析

功能分析一般包括以下三個步驟:

1. 功能瞭解

功能瞭解是把價值工程對象所具有的各種功能,細緻地加以剖析和研究,瞭解它們所起的作用、擔負的職能以及它們是否會影響產品的使用價值、有無便宜的材料可以代替等。

2. 功能整理

功能整理是對一個產品瞭解了它的全部功能後,還需進行分類整理。其目的是要弄清哪些是基本功能、哪些是輔助功能、哪些功能是用戶需要的、哪些功能是用戶不需要的、哪些功能是過剩的、哪些功能還不足。通過功能整理,可以具體把握需要改進的功能範圍。價值工程人員應根據這些資料重新構思,提出實現某些功能的改進方案。

3. 功能評價

功能評價是探討功能的價值,找出低價值功能區域,以明確需要改進的具體功能範圍。它是在明確用戶要求之後,進一步找出實現這一功能的最低費用,即功能評價值——最低成本或目標成本或社會必要成本。以功能評價值為基礎,通過與功能的現實成本比較,求出兩者的比值(功能價值)和兩者的差異(改善期望值)。然後選擇功能價值低、改善期望值大的功能作為進一步開展價值工程的重點對象。這一評定功能價值的工作稱為功能評價。通常應用如下公式作為評價的指標:

$$功能價值(V) = \frac{功能評價值(F)}{實現某一功能的現實成本(C)}$$

$$= \frac{實現某一功能的目標成本(F)}{實現某一功能的現實成本(C)}$$

很顯然,功能價值越大,說明該方案實現功能的辦法比較合理,水平較高,功能價值越小,說明該方案實現功能的辦法不夠理想,需要改進。

功能評價的作用主要是制定功能的目標成本。功能評價值是理想的成本標準。如果這一標準是本企業目前能夠做到的,那麼就可以直接把它作為功能的目標成本;如果本企業目前還做不到,也可以以功能評價值為基礎,制定現實可行的目標成本下達給價值工程人員,作為成本控制目標,而功能評價值則可作為企業長期奮鬥的目標。

功能的目標成本包括價值工程對象整體功能的目標成本和價值工程對象局部功能或構成要素功能的目標成本。

第一,功能現實成本或目標成本。產品零部件不是一個零部件具有一種功能,有時一個零部件往往具有幾種功能,而一種功能又往往要通過幾個零部件才能實現。因此,要估算功能成本,必須把零部件的成本轉移到各個功能上去。功能成本分析如表16-2所示。

表 16-2　　　　　　　　　　功能成本分析表

零部件			功 能 或 功 能 區				
序號	名稱	成本(元)	F_1	F_2	F_3	F_4	F_5
1	A	185	100		35		50
2	B	110		40		70	
3	C	85		35	50		
4	D	170	80			70	20
合　計		550	180	75	85	140	70
		C	C_1	C_2	C_3	C_4	C_5

表16-2說明四個零部件形成5種功能,零部件的成本分配在5種功能上,形成了5種功能的成本。

第二,求各零部件的功能評價值。如果能事先制定好每種功能的最低成本基準,那麼在評價具體功能的價值時,就可以使用這種現成的基準。這種功能最低成本基準就是價值標準,即功能評價值。確定功能評價值的方法很多,我們主要介紹功能系數評價法。這是一種按功能系數分配產品目標成本、確定功能評價的方法。確定目標成本工作關係到價值工程活動的成敗,通常把功能評價值定為目標成本。在具體確定目標成本時,應考慮本企業的技術條件、經濟狀況、管理水平、競爭對手及市場情況,並配合市場預測和技術預測,制定出有競爭能力的目標成本。功能系數評價法是先確定產品目標成本,然後按功能系數分配產品目標成本,求出各功能領域相應零部件的目標成本,即功能評價值。其計算公式為:

各零部件的目標成本=產品目標成本×各零部件的功能系數

各零部件的功能系數為各零部件重要性系數,是按各零部件功能的重要程度進行一對一的比較確定的,兩兩對比,重要者得1分,次要者得0分。各零部件的功能系數計算如表

16-3 所示。

表 16-3　　　　　　　　各零部件的功能系數計算表

零件名稱	一對一比較得分統計						得分累計	功能系數
A	1	1	0				2	0.33
B	0			1	0		1	0.17
C		0		0		1	1	0.17
D			1		1	0	2	0.33
合計							6	1.00

假設甲產品的目標成本為 500 元，則各零部件應分配的目標成本，即功能評價值為：A 零件目標成本是 165 元(0.33×500)，B 零件的目標成本是 85 元(0.17×500)，C 零件的目標成本是 85 元(0.17×500)，D 零件的目標成本是 165 元(0.33×500)。

根據各零部件的功能評價值(目標成本)和現實成本，計算各零部件的功能價值和改善期望值(成本降低額)，如表 16-4 所示。

表 16-4　　　　　　　各零部件的功能價值和改善期望值

零部件 ①	重要性係數 ②	現實成本 (C) ③	功能評價值 (F) ④	$V=F/C$ ⑤=④/③	成本降低 ⑥=④-③
A	0.33	185	165	0.892	−20
B	0.17	110	85	0.773	−25
C	0.17	85	85	1.00	0
D	0.33	170	165	0.971	−5
合計	1.00	550	500		−50

通過功能評價，並計算出各零部件的目標成本，作為企業事前控制零部件設計的經濟依據。這樣就在產品設計階段和產品投產前完全控制了成本，杜絕了浪費。

(四) 制訂方案

制訂方案是價值工程中充分發揮集體智慧和創造才能的階段。一般分為提出改進方案、評價改進方案、選定改進方案三個步驟。首先要樹立「已有的不一定是最好的」的信念，要敢於打破常規，勇於創新和改革。通過功能分析，從各個角度提出各個成本更低而功能不變的可選方案；然後，進一步把各備選方案從技術、經濟和社會三個方面來進行比較、分析研究，做出合理評價；最後，選定最優方案。

價值工程本質上是一種破舊立新的活動，是與因循守舊根本不相容的，只有勇於創新，才能發揮人的創造性，制訂出有價值的改進方案。

在分析多個方案的基礎上，先進行初步評價，去掉意義不大的方案，留下少數比較可行的方案再進行進一步的分析研究。此時主要考慮在方案中用什麼材料能滿足用戶的要求？

每種材料用什麼方法加工？還要制定出作業程序、工藝規程、檢驗方法、使用設備等。這樣又會出現很多具體方案，最后從中選擇出最優方案。

需要指出的是，由於產品成本的高低，在一般情況下主要是由該產品的設計、研製階段的工作質量所決定的。因此，在新產品設計研製階段開展價值工程效果更為顯著。在這一階段進行價值工程分析，可以提高產品及其零部件的標準化、系列化、通用化；可以利用專業分工與協作的優點，充分發揮本企業的優勢；可以去掉那些無用的或不必要的零部件；可以採用最先進的科學技術，改進工藝和生產流程；可以節約能源和減少貴重材料的使用，或採用合理代料和合理配料等。這樣一來就可以把產品的功能與成本控制在最佳水平，從而保證產品投產后可以大大提高生產效率，降低產品成本，提高產品質量，並為企業帶來更多的經濟效益。

第三節　標準成本控制

一、標準成本控制的意義

標準成本制度(Standard Cost System)是與泰羅的科學管理思想相配合而產生的，是一種生產過程的成本控制。在20世紀二三十年代，美國工業經歷了一個新的發展階段，企業的規模日益擴大，所面臨的各種經濟條件更加複雜，市場競爭非常激烈。當時泰羅的科學管理思想和方法正在美國許多企業中得到廣泛推行，會計科學為了緊密配合科學管理來提高企業的生產效率和工作效率，就將標準成本(Standard Cost)、預算控制(Budget Control)和差異分析(Variance Analysis)等專門方法引入到會計方法體系中。同時，還有學者提出了「管理會計」(Managerial Accounting)這個詞彙，主張把會計服務的重心放在加強內部管理上。標準成本就是在這種情況下作為管理會計的方法，適應科學管理的要求，以降低成本為目標，進行有關成本控制，改進經營管理的一種制度而產生和形成的。因此，從一定意義上講，標準成本是管理會計的基石，是責任會計的基礎。

在成本會計的初級階段，一般以計算產品的實際成本為主。這是因為以實際成本為基礎，確定盈利，計算稅金，提供對外財務報告。但是在成本管理上，實際成本計算存在一定的局限性，主要表現在實際成本對制定經營決策的作用不大，同時實際成本又不能作為評定各部門工作業績的尺度，因為沒有客觀標準作為考核依據。

採用標準成本制度，產品標準成本已事先制定，它既可作為生產過程實際成本控制的標準，又可作為職工為之奮鬥的目標。實行標準成本制度的主要意義在於：

（1）標準成本是以科學測定的定額為依據制定的成本水準，因此是衡量和考核實際成本是超支還是節約的尺度，是評價各成本責任單位工作業績的客觀標準。實行標準成本制度，有利於職工增強成本意識，提高降低成本、節約費用的積極性。

(2)企業通過實際成本與標準成本的經常比較，並確定其差額，管理部門可以借以考核企業成本計劃的執行情況以及產品成本是否在控制標準之內。運用成本差異的分析，可確定其有利的方面和不利的方面，並進一步找到產生不利方面的具體原因，以便及時採取有效的措施，達到控制成本的目的。

(3)實行標準成本制度有利於責任會計的推行。推行責任會計必須科學地編製責任預算，並且要對各成本責任中心業績進行考核，而編製責任成本預算又以標準成本為依據。因此，科學地制定標準成本是編製責任預算的基礎。

二、標準成本的類型

標準成本(Standard Cost)是在充分調查、分析和技術測定的基礎上，根據企業現已達到的技術水平所確定的企業在有效經營條件下生產某種產品所應當發生的成本。標準成本是目標成本的一種。它與定額成本、計劃成本大致相同，都可作為控制成本開支、評價實際成本、衡量成本控制績效的依據。

標準成本僅作為差異分析、業績評價的依據，與標準成本制度是有區別的，標準成本結合到正式會計制度中去形成標準成本制度。這時標準成本已作為正式會計制度的重要組成部分。標準成本將實際發生的成本劃分為兩部分，即標準成本和成本差異。標準成本按其制定的基礎不同，可分為理想標準成本、正常標準成本、現實標準成本。

(一)理想標準成本

理想標準成本是指在目前生產條件下，以現有生產技術和經營管理處於最好狀態為基礎制定的標準成本，即用最好的生產設備、最低的原材料價格和最低的消耗量、最高的勞動效率和充分利用生產能力，同時還要求生產過程中無浪費、無廢料、無廢品、無停工等，使生產效率達到最高點，產品成本降至最低點。由於這種標準過高，往往無法達到，一般難以採用，但可以作為企業未來奮鬥的成本目標。

(二)正常標準成本

正常標準成本是指根據企業自身已經達到的生產技術水平和有效經營條件的基礎而制定的標準，即根據正常的生產要素耗用量、價格和生產經營能力利用程度制定的成本。制定這種標準把生產經營中一般不可避免的損失估計在內，因此達到這種標準，既非輕而易舉，也不是高不可攀，而是經過努力可以達到的標準。若生產條件有較大變化時，則標準也應相應變化。這種標準成本能夠在成本控制中發揮積極作用，因此在實際工作中得到廣泛的應用。

(三)現實標準成本

現實標準成本是指根據最可能發生的生產要素耗用量及價格、生產經營能力利用程度制定的成本。所謂最可能發生，是指在正常條件下，再考慮到難以避免的生產要素的超量消耗、生產要素的價格波動和生產經營能力的低效率利用情況。這種標準最接近於實際成本，因此它既可用於成本控制，也可用於存貨計價。在經濟形勢變化不定的情況下，這種標

準成本最為適用。

總之,標準成本不能定得過高,也不能定得過低。定得過高,可望而不可即,容易挫傷職工的積極性;定得過低,不能起到挖掘潛力的作用,無法控制實際成本。標準成本也允許有一定的變動幅度。實際成本在允許的幅度內波動,仍視為正常成本;超越波動幅度,就視為非正常成本。這樣具有一定的機動靈活性,就能有效地控制成本。

三、標準成本的制定

標準成本制定的中心問題是建立各成本項目的控制標準。產品成本項目分為直接材料、直接人工、製造費用。為了進行有效的生產,每單位產品的各成本項目都要規定所消耗的數量和價格。直接材料成本包括材料的用量和材料的價格,直接人工成本包括耗用的工時和小時工資率,製造費用成本包括耗用的工時和小時製造費用率。

(一)直接材料標準成本的制定

單位產品中直接材料的標準成本是由直接材料的標準用量和直接材料的標準價格決定的。

直接材料標準成本 = $\sum$ 單位產品標準用量 × 單位材料標準價格

材料用量標準應根據材料消耗定額制定。在沒有消耗定額時,可對過去的消耗記錄進行分析,選擇耗用材料的平均數作為標準。計算平均數的方法有:使用某一特定標準期間(如1個月或3個月)相似各批的平均數;使用確定標準之前的最佳的與最差的平均數。

若生產的是新產品,或者過去記錄不能作為可靠基礎,則材料用量標準應根據工程部門對產品最經濟的尺寸、形狀、質量考慮後確定。可採用測試產品法或數學及技術分析法,同時對生產過程中不可避免的經常性報廢材料,應考慮合理報廢的幅度。

直接材料價格標準一般由成本會計人員與供應部門採購員共同制定。制定時應考慮物價變動趨勢及供求關係,同時還應考慮最經濟的訂購批量、最低廉的運價等。

(二)直接人工標準成本的制定

產品成本中的直接人工標準包括單位產品中單耗工時標準和小時工資率標準。

直接人工標準成本 = 單位產品耗時標準 × 標準小時工資率

單位產品耗時標準一般應由工程技術人員制定。在制定時,應根據每個步驟或程序,依時間研究與動作分析方法制定。標準工作時間包括工人的休息時間、不可避免的工作或材料遲延時間(短暫的停工待料)、機器調配及故障檢修時間。

小時工資率標準應由成本會計人員與人事部門共同制定。採用計件工資制時,應按各類人員的平均工資率制定。

(三)製造費用標準成本的制定

產品成本中的製造費用是指單位產品成本中所應分配的間接生產費用。一般是根據企業在一定時期的工廠間接費用預算總額,按照直接人工工時或機器設備運轉工時,計算每單位工時製造費用率,按比例分配每件產品成本。

製造費用標準成本＝單位產品耗時標準×標準小時製造費用率

建立製造費用標準時，應以「部門」為單位分別制定，並從兩個方面進行：一是標準小時製造費用率；二是標準小時製造費用預算。標準製造費用率應選擇標準生產能量。標準生產能量是指企業利用生產設備從事產品製造的能力，即正常生產能力。生產能量的大小通常以產品生產數量或工作時間表示。在生產單一產品時，可直接用產品生產量來表示；在生產多種產品時，一般用產品生產量與單位產品耗用工時之積來表示。

$$標準小時製造費用率＝\frac{標準製造費用總額}{標準直接人工小時或機器工時或生產數量}$$

【例 16-1】某企業生產 A 產品，標準成本的有關資料如表 16-5 所示。

表 16-5　　　　　　　　　　　標準成本卡

成本項目	材料標準用量	材料標準價格(元)	單位產品標準成本(元)
直接材料	20 千克	20	400
直接人工	10 小時	5	50
製造費用	10 小時	14	140
其中：變動成本		6	60
固定成本		8	80
單位產品標準成本			590

四、標準成本差異分析

標準成本差異（Standard Cost Variance）是指實際成本偏離標準成本所產生的差異。如果實際成本超過標準成本，則為不利差異；如果實際成本低於標準成本，則為有利差異。

單位產品成本差異＝實際單位成本－標準單位成本

在日常成本控制中，要隨時發現實際成本偏離標準成本的差異，並且應進一步分析產生差異的具體原因。更重要的是，要及時採取相應的措施，控制、消除不利差異的繼續發生，以保證企業成本在預定的水平之下。

（一）直接材料成本差異分析

直接材料成本差異＝直接材料實際成本－直接材料標準成本

產生直接材料成本差異的原因一般有兩個：一是材料實際用量偏離了材料標準用量產生的差異，即用量差異；二是材料實際價格偏離了材料標準價格，即價格差異。確定材料用量差異和價格差異的計算公式分別為：

用量差異＝Σ（實際用量－標準用量）×標準價格

價格差異＝Σ（實際價格－標準價格）×實際用量

需要注意的是，在計算用量差異時應乘以標準價格，而在計算價格差異時則應乘以實

際用量。

【例 16-2】某公司生產 A 產品,單位標準材料成本為 400 元,其中材料標準用量為 20 千克,標準價格為 20 元;實際材料成本為 378 元,單位材料用量為 18 千克,實際材料價格為 21 元。

直接材料成本差異 = 378 - 400 = -22(元)
材料用量差異 = (18 - 20) × 20 = -40(元)
材料價格差異 = (21 - 20) × 18 = +18(元)

將直接材料差異分解為用量差異和價格差異,這只完成了直接材料差異成本分析的第一步。差異分解以後,還應進一步追查產生差異的原因,分清責任,提出有效的改進措施。

一般來說,產生用量差異的原因有:產品設計、機器設備或者工藝的改變;用非標準材料替代標準材料使用;沒有管理好剩餘材料和廢料;工人操作水平差,浪費材料嚴重;機器設備質量不好影響材料消耗增多;購入材料的規格和型號與企業生產所需材料不完全相符;其他原因。

影響材料價格的因素也很多,如市場供求關係的變化、供貨單位的更換、運輸方式與線路的改變、採購批量的大小以及材料需求的緩急等。一般來說,材料用量差異應由產品生產部門負責,材料價格差異應由材料採購部門承擔。

(二) 直接人工成本差異分析

直接人工成本差異是指一定產量的產品中直接人工實際成本與直接人工標準成本之間的差異。影響直接人工成本的因素有單位產品耗用工時,即效率差異、小時工資率差異兩個。確定效率差異和小時工資率差異的計算公式分別為:

直接人工成本差異 = 直接人工實際成本 - 直接人工標準成本
人工效率差異 = (實際單耗工時 - 標準單耗工時) × 標準小時工資率
工資率差異 = (實際小時工資率 - 標準小時工資率) × 實際單耗工時

【例 16-3】某企業生產 A 產品,單位產品耗用工時標準為 10 小時,標準小時工資率為 5 元,實際每件產品耗用工時 8 小時,實際小時工資率為 5.5 元。

直接人工成本差異 = 8 × 5.5 - 10 × 5 = -6(元)
人工效率差異 = (8 - 10) × 5 = -10(元)
工資率差異 = (5.5 - 5) × 8 = +4(元)

人工效率差異反應的是勞動生產率水平的變動所引起的差異。通常,出現不利差異的原因可能是材料質量低劣、工人操作能力差、機器設備的工時利用不好、停工維修、停工待料時間多、工人出勤時間用得不夠好等。至於工資率差異,相對於效率差異來說,較易確定,因為決定工資率變動的權力是由主管工資的部門控制。在實行計件工資制時,人工效率差異應由生產部門負責,工資率差異由工資管理部門負責;當實行計時工資制時,其人工效率差異和工資率差異都由生產部門控制負責。

(三) 製造費用差異分析

製造費用分為變動性製造費用和固定性製造費用。變動性製造費用差異分析與直接

人工成本差異分析是一樣的,分為人工效率差異和小時製造費用率差異。固定性製造費用差異分析與變動性製造費用差異分析不同。固定性製造費用差異是實際固定性製造費用與標準固定性製造費用之間的差異。

固定性製造費用差異＝實際固定性製造費用－標準固定性製造費用

固定性製造費用差異通常分為三個部分:效率差異、能力差異和預算差異。其中,效率差異是投入的實際工時偏離產品的標準工時所產生的差異;能力差異是實際投入的活動水平偏離生產能力所產生的差異;預算差異是實際固定性製造費用總額偏離預算總額所產生的差異。分析計算各種差異的公式為:

人工效率差異＝(實際單耗工時－標準單耗工時)×標準小時製造費用×實際產量

生產能力差異＝(預算單耗工時總數－實際單耗工時總數)×標準小時製造費用

費用預算差異＝實際固定性製造費用－預算固定性製造費用

小時標準費用率＝$\frac{預算固定性製造費用總額}{預算生產工時總數}$

【例16-4】某公司計劃生產 A 產品 1,000 件,實際生產 1,200 件。根據彈性預算,標準變動性製造費用總額為 60,000 元,實際發生的變動性製造費用為 66,000 元。預算固定性製造費用為 80,000 元,預算工時為 10,800 小時,實際固定性製造費用為 100,000 元,每件產品標準工時為 10 小時,每件產品實際工時為 8 小時。

(1)變動性製造費用差異分析。

標準小時變動性製造費用率＝60,000÷10,000＝6

實際小時變動性製造費用率＝66,000÷9,600＝6.875

單位產品變動性製造費用差異＝66,000÷1,200－60,000÷1,000＝－5(元)

其中:

人工效率差異＝(8－10)×6＝－12(元)

小時變動性製造費用率差異＝(6.875－6)×8＝＋7(元)

(2)固定性製造費用差異分析。

標準小時固定性製造費用率＝80,000÷10,800＝7.407,4

固定性製造費用差異＝100,000－10×1,200×7.4074＝＋11,111(元)

其中:

人工效率差異＝(8－10)×7.407,4×1,200＝－17,778(元)

生產能力差異＝(9－8)×7.407,4×1,200＝＋8,889(元)

費用預算差異＝100,000－80,000＝＋20,000(元)

從以上計算可以看出,該公司在生產1,200件產品的過程中,實際花費9,600小時,而標準工時應為12,000小時。這說明該公司工人的勞動熟練程度有所提高,節約固定性製造費用17,778元。此種差異為人工效率差異。該公司實際擁有生產能力為10,800小時,

但該公司只利用了 9,600 小時,有 1,200 個小時沒有得到利用,按每小時 7.407.4 元計算,損失費用 8,889 元。此種差異為生產能力差異。費用預算差異損失 20,000 元。

由於固定性製造費用是由許多明細項目組成的,上述的差異計算所反應的差異是個總額,不便於對每個項目進行控制與考核。因此,必須根據固定性製造費用各項目的靜態預算與實際發生數一一進行對比,以發現費用變動的具體原因。

預算差異發生可能是由於:資源價格的變動;有些酌量性固定成本因管理上的新決定而有所增加;人力資源的數量可能增加或減少;有的經理人員擔心完不成預算指標而延緩酌量性成本的支出;有些經理人員怕實際支出減少會削減下期的預算而增加一些不必要的開支等。所有這些,企業分析人員應分別按不同情況進行分析,採取相應的對策。

至於能量差異,一般不能說明固定性製造費用的超支或節約,它只是反應計劃生產能力的利用程度。本例因生產能力未得到充分利用而造成損失費用 8,889 元。企業管理當局應進一步查明原因,盡量做到充分利用其生產能力。

第四節　責任成本控制

一、責任會計的產生

責任成本(Responsibility Cost)控制系統的產生和發展與西方企業管理理論的演變與發展密切相關。責任成本控制是企業內部進行成本管理的重要措施,是責任會計的重要組成部分。

泰羅的科學管理思想的核心就是如何使工人提高勞動效率,為此採用了標準化、定額化管理,即通過科學方法,分析工人的操作過程,然后選用最適用的工具和合理的操作方法,制定出各種標準的操作方法,並以此為基礎對工人進行訓練,制定出勞動時間定額。為了使標準化、定額化管理能夠順利實施,泰羅還倡導實行一種有刺激性的差別計件工資制。此外,泰羅還將責任劃分為計劃責任和執行責任兩大類。而監督計劃執行的責任要分配給各個領班,每個領班各負其責,才能保證計劃的順利實現。泰羅的這種管理思想在企業會計工作中要求對費用進行嚴格分類,制訂出計劃,並按計劃落實到每個工人,要求實際執行結果與計劃進行對比。泰羅將成本會計職能劃歸計劃部門執行,要求每天提供成本報告,使成本會計成為成本計劃與控制的重要組成部分,這就是責任成本系統的原始形態。

泰羅的科學管理思想和方法的實施,使勞動效率有了大幅度的提高,但也使工作變得非常緊張乏味而使工人成了機器的附屬品,引起工人不滿。因為泰羅的科學管理理論只看到工人對物質利益追求的一面,沒有看到工人內在的能動作用。尤其是在 20 世紀 20 年代末期,勞資關係日益緊張的情況下,泰羅的科學管理理論已經不再適應西方企業管理的需要,於是現代管理理論應運而生。現代管理理論分為許多學派,其中主要有行為科學和管

理科學兩大學派。

行為科學的產生與發展使西方企業管理思想發生了變化,同時也對責任會計產生了很大的影響。管理科學的產生使西方企業管理進入計算機時代。管理科學理論認為,管理就是通過建立數學模型和系統程序,並採用運籌學等方法,確定企業的目標、組織、控制、決策等,並使之達到最優組合,以實現企業總體目標。管理科學理論的出現使責任會計系統得到進一步完善。

綜上所述,西方責任會計的產生與發展與西方企業管理思想的發展密切相關。由經驗管理到現代管理經歷了一個漫長的歷史時期,是責任會計由萌芽到完善的整個歷史過程。

責任會計(Responsibility Accounting)是為了適應經濟管理的要求,在企業內部建立若干責任中心(Responsibility Center),並對它們分工負責的經濟活動進行規劃與控制的一套專門制度。責任會計的基本內容如下：

(1)根據管理的需要,把企業所屬各部門、各單位劃分為若干責任中心,並規定這些中心的負責人應對其所控制的成本、收入、利潤或投資效果向其上級管理當局負責。

(2)把全面預算所確定的目標任務(成本、利潤、投資等)進行分解,為每個責任中心編製責任預算,作為控制的主要依據。

(3)建立一套完整的責任預算執行情況的信息系統,編製責任報告,將實際數與預算數進行對比,借以評價和考核各有關責任中心的工作業績,並分別反應其存在的問題。

(4)根據責任報告,發現問題,分析原因,並督促有關責任單位和責任人及時採取切實可行的措施,不斷降低成本、減少資金占用,提高經濟效益。

責任會計的關鍵是建立責任中心,包括責任成本中心、責任利潤中心和責任投資中心。其中,責任成本中心是比較核心的內容。

二、責任成本的概念

成本中心(Cost Center)是成本發生的區域,只能控制成本,即只對成本負責。通常成本中心是沒有收入的,因此無需對收入、收益或投資負責。

成本中心的應用範圍最廣,任何對成本負有責任的單位都是成本中心。例如,企業裡每一個分公司、分廠、車間、部門都是成本中心,而它們又是由各個單位下面的若干工段、班組甚至個人的許多小的成本中心所組成。至於企業中不進行生產而提供一定專業性服務的單位,如會計部門、人事部門、法律部門、總務部門等,則可稱為費用中心,它們實質上也屬於廣義的成本中心。

小規模的成本中心(如個人、班組、工段等)與大規模的成本中心(如分公司、分廠、車間、部門等)所計算與考核的成本指標範圍不一樣。前者可能只涉及少數幾項主要成本,或某個單項成本項目,甚至成本項目下面的幾個明細項目;而後者往往會涉及所有的成本項目。但不論怎樣,成本中心所計算與考核的是責任成本,而不是傳統的產品成本(Product Cost)。產品成本是按承擔的客體(產品)進行計算的。其原則是：哪種產品受益,

就由哪種產品承擔。而責任成本則是按責任中心進行計算的。其原則是：誰負責，就算在誰的頭上。因此，計算責任成本必須首先把成本按其可控性分為可控成本(Controllable Cost)與不可控成本(Uncontrollable Cost)兩類。

那麼，什麼是可控成本呢？一般地說，可控成本必須符合以下三個條件：

(1)責任中心有辦法知道將發生什麼性質的耗費。

(2)責任中心有辦法計量它的耗費。

(3)責任中心有辦法控制並調節它的耗費。

凡不符合上述三個條件的，即為不可控成本。屬於某成本中心的各項可控成本之和，即構成該中心的責任成本。

由於每個成本中心只應對其能直接發生影響和控制的成本負責，其工作業績的好壞，必須以其可控成本作為評價與考核的依據。因此，每個成本中心在計劃期開始前編製的責任預算，平時對責任成本實際發生數的記錄以及定期編製的業績報告，都應以該成本中心的可控成本為限。至於不可控成本，因為成本中心對它無能為力，故通常在其業績報告中不予反應，最多也只能作為參考資料列示。

應該指出，可控成本與不可控成本是相對的。一個成本中心的不可控成本往往是另一個成本中心的可控成本；下一級成本中心的不可控成本，對於上一級成本中心來說，則往往是可控的。例如，在材料供應正常的情況下，由於材料質量不好而造成的超過消耗定額使用的材料成本，就生產車間來說是不可控成本，而對供應部門來說則是可控成本。又如，直接用於生產的原材料、燃料、動力、生產工人工資以及製造費用中的變動費用部分，對於生產班組來說是可控成本。至於製造費用中的固定費用部分，對生產班組雖屬不可控，但對車間來說則是可控的。

三、責任成本與產品成本的關係

明確了可控成本與不可控成本的區別和聯繫以後，就可以進一步探討傳統的產品成本與責任會計中的責任成本的區別和聯繫了。

(一)成本計算對象不同

責任成本是以責任單位或責任人為成本計算對象歸集和分配費用的；產品成本是以產品為成本計算對象歸集和分配費用的。

(二)成本計算原則不同

責任成本是按照「誰負責，誰承擔」的原則計算責任成本的；產品成本是按照「誰受益，誰承擔」的原則計算產品成本的。

(三)成本計算的內容不同

責任成本計算只歸集各責任單位的可控成本；產品成本計算則要歸集為生產產品而發生的全部費用。但是就某一定時期來說，全廠的產品總成本(含期間費用)與全廠的責任成本的總和還是相等的。

(四)成本計算的歸屬期不同

責任成本是反應各責任單位的當月發生的責任成本;產品成本可能包括上期的費用(期初在產品成本),也可能不完全包括本期的費用(本期未完工產品成本)。

(五)成本計算的目的不同

責任成本是計算各責任單位可控制的成本,目的是考核各責任單位的責任預算執行情況,控制各項耗費,考核各單位的責任成本控制業績。產品成本計算的目的是考核產品成本的計劃完成情況,為確定利潤、制定價格、計算稅金提供重要的參考資料。

根據產品成本與責任成本的比較,可以歸納責任成本控制的特點如下:

(1)以責任單位為成本計算對象,歸集和分配各種耗費,計算和控制責任成本。這就把成本計算和控制與責任單位聯繫起來,從而使成本控制能夠落到實處。

(2)以「誰負責,誰承擔」為責任成本計算原則,建立責任成本中心,並按責任歸屬,傳遞成本信息,考核責任成本。

(3)以可控成本作為成本控制的內容,便於正確合理地評價各責任單位的成本控制業績。

(4)以服務於內容經營管理為目的。責任成本控制使成本核算、成本控制與經濟責任緊密聯繫起來,便於充分調動全體職員的積極性,促使企業不斷降低成本,控制費用,提高經濟效益。

四、責任成本控制的步驟

進行責任成本控制一般分為四個步驟:確定責任成本中心;確定責任成本,編製責任成本預算(分解責任成本指標),進行責任成本核算;責任成本考核和評價。

(一)確定責任成本中心

進行責任成本控制,首要問題是合理劃分責任層次,建立責任成本中心。一個企業是由許多部門或單位構成的,要進行責任成本控制,就必須在組織上劃分責任層次,確定責任中心,使每一項成本責任都有一個具體的歸屬單位。

責任成本中心是核算責任成本的核算單位,也是成本管理的一級組織。成本中心的設置應以明確責任為出發點,以職責範圍作為劃分的依據,要便於成本指標的分解和責任成本的歸集,一個成本中心必須能獨立計算其耗費,否則就不能作為成本中心。成本中心可以按照橫向責任和縱向責任劃分。按縱向責任劃分,可分為廠部、車間、工段(或班組)等各級成本中心。按橫向責任劃分,可從各責任層次中劃分若干個成本中心。例如,在車間這一級,各車間可將車間的管理部門劃分為若干成本中心。成本中心的設置應盡量與企業行政組織統一起來。

(二)確定責任成本,編製責任成本預算

成本中心確定之後,就要明確各成本中心的責任成本。各成本中心的責任成本包括的具體內容因企業特點不同而異。企業的生產類型、成本中心的權限、企業機構的設置以及成本管理的基礎工作都會影響責任成本的內容。一般來說,廠部這一級的責任成本為全廠

的產品成本。具體來說,廠部應對全部產品成本降低任務負責。車間責任成本是車間成本中各自的可控成本部分。一般來說,車間進行產品生產所耗用的材料、燃料、生產工人工資、各種物料消耗、設備的利用及折舊費、維修費等為車間責任成本。但材料、燃料、動力等物質耗費的價格不屬於車間的可控內容,而應作為材料供應部門和輔助生產部門的控制成本。各科室根據各自的成本責任確定其責任成本。其責任包括自身的責任和分管責任。各科室在從事職責範圍內的管理活動中也要發生一些費用。這些費用的高低與各科室主觀努力有關,就作為各科室的責任成本。分管責任是指對部門分管的那一部分成本負責。例如,供應部門應對企業材料、燃料等物資採購成本負責;銷售部門應對銷售費用的發生負責;設計部門應對產品設計成本負責;勞資部門應對工資及勞保費負責;動力供應部門應對動力成本及機器設備維修費負責;質檢部門應對「三包」損失負責;其他科室應對各自分管的成本負責。

確定成本中心、明確成本責任的過程,實際上是中國過去一直執行的「成本歸口分級管理」制度。成本歸口分級管理就是把成本分解開來,按照發生的部門和地點下放給各責任單位進行管理。這樣做,讓用錢的部門管理,促使其管好、用好錢,明白哪些錢該花、哪些錢不該花、哪些材料急需採購、哪些材料已超儲積壓暫時應停止採購、哪些材料該節約、哪些設備該利用等。這樣就能充分地調動全廠職工和責任部門加強成本控制和管理的積極性,保證成本不斷降低。

(三)進行責任成本核算

因為責任成本是以責任單位或責任者作為成本計算對象的,所以責任成本核算必須按照責任單位或責任者,即各責任中心設置帳戶,建立明細帳,用於歸集和計算各自的責任成本。

車間一級的責任成本明細帳要按車間分別設置,每個車間各設一個帳戶。為了兼顧成本的完整性,便於與產品成本核算結合,可將產品生產明細帳改成可控成本和不可控成本分別登記。其中,可控成本部分為各車間的責任成本。

科室一級的責任成本明細帳,按科室名稱進行設置。各科室明細帳可由各科室自己登記,也可以由財務部門統一登記,實行費用預算控制。

班組一級的責任成本明細帳可以設在班組,由班組自己登記,也可由車間統一登記。

企業內部成本核算的各種憑證也要適應責任成本核算的要求,註明責任單位,並以責任單位為對象歸集。

進行責任成本核算,需要分清各責任中心之間的責任界限,對各成本中心之間發生的經濟往來,按照企業內部轉移價格,進行責任清算。責任清算就是對各成本中心之間互相提供的產品和勞務,要進行計價清算,以便達到結轉費用的目的。為了正確組織企業內各責任中心之間的責任清算,需要制定合理的內部結算價格及結算方式。因此,實行責任成本核算的前提條件或基礎工作是制定出合理的內部轉移價格,選擇合適的內部結算方式。內部轉移價格的確定一般有成本加成法、市場價格法和協商價格法等。結算方式一般採用廠幣(廠內貨幣)結算方式、內部銀行支票結算方式、內部轉帳結帳方式。

責任轉移是指對非自身責任造成的經濟損失轉移給責任單位或責任者，以確定責任的歸屬。責任轉移的內容一般包括非自身責任造成的停工損失、非自身責任造成的廢品損失、非自身責任造成的其他損失。

　　非自身責任造成的停工損失是指由車間自身原因造成的停產、停工而帶來的經濟損失。例如，因材料供應不及時而待料造成的停工損失，應由供應部門負責。這部分損失應轉移給供應部門。

　　非自身責任造成的廢品損失是指由於材料質量原因、產品設計原因造成的廢品損失。這些損失應分別由供應部門和產品設計部門負責。

　　非自身責任造成的其他損失是指除以上兩種損失以外的其他非自身原因造成的損失。例如，產品設計不當造成加工效率降低而多耗生產工時的損失；設備未達到精度標準，影響生產效率和產品質量而造成的損失；等等。這些損失應分別轉移給相關的責任單位或責任人。

　　對責任成本核算存在兩種觀點：一種是責任成本與產品成本結合核算，實行單軌制核算辦法；另一種是責任成本與產品成本分別核算，實行雙軌制核算辦法。實行單軌制核算可以減少同一經濟業務重複記帳核算的工作量，避免設置兩套帳簿，由兩套人馬進行核算，能節省勞動力，符合會計的成本與效益的原則。但實行單軌制核算是以某一方為主，然後調整為另一方的會計資料。這樣不可避免地會對其中的一方有所偏重，而輕視另一方。其結果可能會使責任成本控制流於形式，不能真正發揮責任成本控制的作用。實行雙軌制核算，在一個企業，責任成本核算與產品成本核算並存，形成兩套相互獨立的核算體系，有利於產品成本核算體系與責任成本核算體系的進一步完善和發展，使每個企業能腳踏實地地推行責任成本控制，進一步加強成本管理，提高企業競爭能力和經濟效益。但雙軌制核算可能會做很多的重複勞動，影響工作效率的提高，增加人力成本。

　　假設某公司製造部下屬的成本中心有三個層次，即工段、車間和工廠。那麼，它們的責任成本逐級匯總的具體做法如下：

　　（1）工段責任成本由工段長負責，每月至少編製一份本工段的責任成本報告送給車間主任。在報告中列舉該工段能控制的成本的實際數、預算數及差異。其計算公式為：

　　工段責任成本＝可控直接材料成本＋可控直接人工成本＋可控直接製造成本

　　（2）車間責任成本由車間主任負責，每月至少編製一份本車間的責任成本報告送給工廠廠長。其中，包括匯總本車間所屬各工段的責任成本，再加上不直接屬於工段而屬於車間的可控成本，如車間發生的各種間接製造費用，並需分別列示其實際數、預算數與差異。其計算公式為：

　　車間責任成本＝Σ各工段的責任成本＋車間的可控間接費成本

　　（3）工廠責任成本由工廠廠長負責，每月至少編製一份全廠的責任報告送給製造部的副總經理。其中，包括匯總本工廠所屬各車間的責任成本，再加上廠長及廠部管理人員的各種行政管理費用，並需分別列出其實際數、預算數和差異。其計算公式為：

　　工廠責任成本＝Σ各車間的責任成本＋工廠的可控間接費成本

(4)製造部責任成本由製造部副總經理負責,每月至少編製一份本部的責任成本報告送給公司總經理。其中,包括匯總製造部所屬各工廠的責任成本,再加上製造部副總經理和管理人員的工資以及其他凡是工廠不能控制而應由製造部控制的間接費成本,並需分別列出其實際數、預算數與差異。其計算公式為:

製造部的責任成本=各工廠的責任成本+製造部可控間接費成本

(5)銷售部門責任成本的歸集與製造部門相同。最基層的責任成本主要是銷售人員的工資和銷售佣金。至於廣告費、差旅費和其他費用,主要看是由哪個層次控制,即屬於該層次的責任成本。然后逐級匯總編製責任成本報告,最終送給公司總經理。

(6)財務部的責任成本主要是該部門人員的工資、辦公費用、差旅費等,也應編製責任成本報告最終交給公司總經理。其他各行政管理部門與財務部一樣,屬責任費用中心,其責任費用核算方法相同。

(7)公司總經理接到下屬製造部、銷售部、財務部等部門的責任報告后,即可匯總編製全公司的責任報告。先列出本期的收入,再把下屬各單位的責任成本與公司總管理處發生的費用進行加總,即為全公司的總成本,再與銷售總收入進行比較,即求出本公司的利潤。其報告應分別列示收入、成本與利潤的預算數、實際數及差異額。

(四)責任成本考核和評價

責任成本考核和評價是發揮責任成本控製作用的關鍵一環,因為責任成本考核與評價是否得當,直接影響企業職工加強成本管理的積極性。

責任成本的考核就是考核各成本中心所承擔的各項成本指標是否完成了任務,主要以各成本中心的責任成本報告提供的資料作為考核的依據。責任成本報告是各責任成本單位在一定時期成本預算執行情況的系統概括和總結,各成本責任單位應定期編製,逐級上報,逐級匯總。這種報告的內容和編製方法有如下特點:

(1)成本責任報告的內容同責任單位承擔的成本(費用)責任相一致,以反應各成本責任單位所能控制的成本項目的執行情況為重點。

(2)成本責任報告應填列預算數、實際數及計算的差異數。

(3)成本責任報告必須注意及時性。過時的報告對於管理者來說是無任何價值的。報告的及時性包括編製報告的時間應盡量縮短和報告報送的時間應及時。

應該注意,責任業績報告中的「成本差異」是評價與考核成本中心責任業績完成情況的重要指標。若實際數小於預算數,稱為有利差異(Favorable Variance);若實際數大於預算數,稱為不利差異(Unfavorable Variance)。

由於各責任中心是逐級設置的,因此責任成本預算和責任業績報告也應自下而上,從最基層的成本中心逐級向上匯編,直至最高管理層。每一級的責任成本預算和責任業績報告除最基層只有本身的可控成本外,都應包括下屬單位轉來的責任成本和本身的可控成本,這樣就形成了連鎖責任(Chain of Responsibility)。某公司裝配車間(成本中心)的責任成本報告如表16-6所示。

表 16-6　　　　　　　××公司裝配車間責任成本報告　　　　　　單位:元

摘要	預算	實際	差異
下屬單位轉來的責任成本:			
A 工段	14,000	14,800	+800
B 工段	12,000	11,900	-100
小計	26,000	26,700	+700
本車間的可控成本:			
間接人工	1,800	1,820	+20
管理人員工資	3,200	3,140	-60
設備折舊費	2,000	2,000	0
設備維修費	1,500	1,670	+170
機物料消耗	900	1,080	+180
……			
小計	9,400	9,710	+310
本車間的責任成本合計	35,400	36,410	+1,010

通過責任成本報告,可以看出各責任單位的責任成本完成情況。在此基礎上,企業要將責任成本完成情況與物質利益掛鈎來,進行考核、評估和獎懲。只有這樣,責任成本控制才能真正發揮作用。同物質利益掛鈎,就是將責任成本指標完成得好或不好同經濟利益聯繫起來,做到有獎有罰、獎罰分明。

在責任成本考核中,貫徹物質利益原則是非常重要的;同時,還要加強職工的思想和道德教育,要求職工樹立全局觀念,培養敬業精神,提高管理意識。

第五節　質量成本控制

一、質量成本的概念及意義

質量成本(Cost of Quality)是20世紀50年代后期美國公司在質量管理實踐中形成和發展起來的一個新概念。20世紀60年代初期,質量成本的概念傳入日本,隨后日本企業家將這一概念應用於企業管理中。幾十年來,這一概念在世界各國企業的全面質量管理中受到了高度的重視,並在實踐中取得了一定的效果。

質量成本是全面質量管理(Total Quality Management,TQM)的重要內容,是企業內部管理的重要方面,是產品成本的構成部分。通過全面質量管理,可以提高產品質量,增強企業競爭能力,同時也可以降低產品成本,提高經濟效益。

目前理論界對質量成本的概念說法不一,下面介紹幾種觀點:

美國質量管理專家丹尼爾認為,質量成本就是直接用於企業質量工作的全部費用。

韓國學者李順龍認為，質量成本是支付的與質量有關的費用，可以分成因質量低劣而產生的損失、對質量進行檢查和試驗等所需的評價成本以及為防止質量低劣而事前投入的預防成本。

中國經濟學家許毅認為，質量成本是工業企業為了保證和提高產品質量而支付的一切費用以及因未達到質量標準而發生的一切損失之和。臺灣質量管理專家林秀雄認為，質量成本是為了改進產品品質及管理產品品質而發生的成本。

日本學者久米均認為，質量成本包括因質量問題而失去的市場和為防止質量問題而進行市場調查所發生的費用以及開發新產品的費用。

綜上所述，質量成本是企業為確保和提高產品質量而支出的一切費用以及因未達到既定質量標準而產生的一切損失的總和。質量成本是企業產品總成本的一部分。

產品質量和成本是影響企業競爭能力的兩大因素。提高產品質量、降低產品成本，就能增強企業的競爭能力。因此，開展質量成本核算和控制，對於保證企業產品質量、降低企業產品成本、增強企業競爭能力具有重要作用。

質量和成本是一個事物的兩個方面，是使用價值和價值的辯證的統一。其統一於企業產品成本應該物美價廉，並更好地滿足客戶的需要。「物美」當然要提高產品質量，「價廉」則應以降低成本為基礎。但「物美」不一定非要提高產品成本，降低成本照樣可以達到「物美」的要求。問題是如何使兩者協調一致，如何使技術與經濟、質量與成本結合。不惜成本提高質量，企業將不能長久維持下去；而一味追求降低成本，又不能保證產品質量，將會失去企業的信譽，從而失去市場、失去顧客，削弱企業的競爭力。因此，加強質量管理，控制質量成本，對於提高企業競爭能力和經濟效益具有重要意義。

二、質量成本的內容

質量成本的內容一般分為預防成本、鑒定成本、內部故障成本和外部故障成本四個部分。

(一) 預防成本

預防成本(Prevention Cost)是指企業為防止產品質量出現缺陷和誤差，保證產品質量達到標準以及進一步提高產品質量水平所發生的各種費用。預防成本具體包括：

1. 質量計劃工作費

這是指為制定質量政策、目標及質量計劃而進行的一系列活動所發生的費用。它包括為預防、保證和控制產品質量，開展質量管理所發生的辦公和宣傳費，為收集情報、制定質量標準，編製手冊、質量計劃，開展質量小組活動、工序能力研究和質量審核等所支付的費用。

2. 新產品評審費

這是指新產品研製設計階段對研製方案及設計評價，制訂試驗計劃及對新產品質量評審等活動所發生的一切費用。它包括新產品設計、研究階段對設計方案評價、試製、產品質

量的評審所發生的費用等。

3. 工序能力研究費

這是指為達到所要求的質量對工序能力進行調查研究及保持工序能力而採取措施所發生的費用。

4. 技術培訓費

這是指為達到質量要求，提高人員素質，對有關人員進行質量意識、質量管理、檢測技術、操作水平等培訓所支付的費用。

5. 質量獎勵費

這是指為改進和保證產品質量而支付的各種獎勵，如質量小組成果獎、產品升級創優獎以及有關質量的合理化建議獎等。

6. 質量改進措施費

這是指為建立質量體系、提高產品及工作質量、改變產品設計、調整工藝、開展工序控制、進行技術改進等的措施費用。

(二) 鑒定成本

鑒定成本(Appraisal Cost)是指用試驗、檢測並評定產品是否滿足規定的質量要求所需的費用。它具體包括進貨檢驗費、工序檢驗費、產品質量檢驗費、產品質量檢驗所用設備的折舊費和維修費等。

(三) 內部故障成本

內部故障成本(Internal Failure Cost)也叫廠內損失成本，是指產品出廠前因不能滿足規定的質量要求而造成的損失。它具體包括：第一，廢品損失，即無法修復或在經濟上不值得修復的在製品、半成品及成品品報廢而造成的淨損失；第二，返修損失，即對不合格的產成品、半成品及在製品進行修復所耗用的材料、人工費；第三，停工損失，即由於質量事故所引起的停工損失；第四，事故分析處理費，即對質量問題進行分析處理所發生的直接損失；第五，產品降級損失，即產品外表或局部達不到質量標準，卻不影響主要性能而降級處理的損失。

(四) 外部故障成本

外部故障成本(External Failure Cost)是指產品銷售交貨后，因產品質量不能滿足規定的質量要求導致索賠、修理、更換或信譽損失等而支付的費用。它具體包括索賠費用、退貨損失、保修費、訴訟費、包換損失、折讓損失等。

三、質量成本核算

從質量成本的內容中可以看出，質量成本是產品成本、管理費用和銷售費用中的部分內容。質量成本核算方法可以採用帳內核算法，也可以採用帳外核算法。

帳內核算法與責任成本的單軌制核算一樣，是將質量成本在帳內與產品成本結合核算。採用這種方法，在產品成本核算的有關會計帳戶內增設「質量成本」項目，單獨歸集和

反應在進行產品質量控制過程中發生的質量管理費用和產品質量損失。例如,在「管理費用」帳戶中增設「預防成本」項目;在「銷售費用」帳戶中增設「質量成本」項目,歸集在銷售過程中發生的「外部故障成本」。這樣在產品成本核算的同時,從這些產品成本的有關帳戶中挑選出各項質量成本項目,構成質量總成本。

帳外單獨核算法是指由於質量成本核算與產品成本核算無關,而需單獨設置「質量成本」帳戶進行核算的方法。這種方法也稱為雙軌核算法。「質量成本」帳戶下設預防成本、鑑別成本、內部故障成本和外部故障成本四個項目。各項質量成本發生時,借記「質量成本」帳戶,貸記有關帳戶。

不管是採用帳內核算還是採用帳外核算,都要求定期編製質量成本報表,以反應一定期間發生的質量成本情況。要進一步查明各項質量成本增減變動的原因,特別是故障成本的發生,更應查明原因,分清責任,採取措施,控制其發生。

四、質量成本控制

質量成本控制(Quality Cost Control)是依據質量成本目標,對質量成本形成過程中的一切耗費進行計算和審核,揭示偏差,及時糾正,實現預期的質量成本目標,進而採取措施,在保證產品質量的前提下,不斷降低質量成本。全面質量管理的顯著標誌之一是講究質量的經濟性,即探求最佳質量水平,以獲得最好的經濟效益。在實際工作中,企業有時很重視質量,而忽視成本,其結果將引起經濟效益降低。因為高質量的同時,往往可能要求高成本,在產品銷售一定的情況下,就會相應減少利潤;反之,若一味追求增加產量、降低成本、影響產品質量,就會影響企業的生存和發展。也就是說,質量過高或過低都會影響成本的變動,從而影響企業經濟效益,因此必須探求最佳質量水平。

質量成本的四個項目可以分為兩大類:一類是質量管理方面的開支,如預防成本和鑑定成本;另一類是因產品未達到質量要求而造成的損失性費用,如內部故障成本和外部故障成本。前者稱為質量預防成本,后者稱為故障損失成本。這兩類成本按其與產品質量的關係具有不同的習性;質量預防成本與產品質量水平之間基本上成正比例關係;故障損失成本與產品質量水平基本上成反比例變化。

質量成本是故障損失成本與質量預防成本之和,兩者都會影響質量成本總額的升降。增加質量預防成本,相應會提高產品質量,使故障損失成本降低;反過來,壓縮質量預防成本,就會使產品的質量下降,而故障損失成本就會相應增加。因此,質量總成本與質量水平的關係如圖 16-1 所示。

图 16-1 質量總成本與質量水平的關係

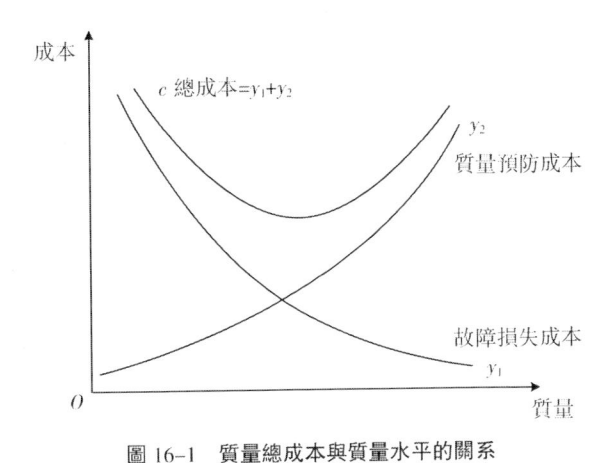

從圖 16-1 可以看出,故障損失成本線與質量預防成本線的相交點為質量總成本最低。在這一點上,質量適當,質量成本花費合理,經濟效益最佳。

由於質量成本涉及面較廣,必須明確各個部門在質量成本管理中的責任,將質量成本中的各項費用逐步分解落實到有關部門和個人,形成一套自上而下的質量成本控制系統。

為了使企業有關部門及時掌握各項質量成本的發生和偏離標準的情況,以便及時採取措施防範,企業應建立質量成本信息及其反饋體系。這些質量成本信息應通過各種專門憑證和報表傳遞到有關部門和領導人手中。因此,企業應根據其具體情況,設計一套完整的憑證和質量成本報表體系,以滿足質量管理部門的需要。

通過質量成本核算後,還要開展質量成本效果分析。利用產品總成本質量成本占用率指標,可以看出質量成本是否降低。其計算公式為:

$$產品總成本質量成本占用率 = \frac{質量成本}{產品總成本} \times 100\%$$

質量成本控制也應實行全過程的控制,即對質量成本發生的全過程進行控制。具體來說,質量成本控制一般包括以下幾個方面:

(一) 產品開發系統的質量成本控制

產品開發系統的質量成本控制的主要內容包括:第一,控制產品質量的適宜水平。通過產品質量水平分析,確定開發設計產品的最佳質量水平。只有這樣,企業才能取得最好的經濟效益,用戶才能獲得滿意的消費,從而保證質量成本的降低。第二,對不必要質量成本進行分析。企業生產產品應該採用適當的材料、適當的加工方法,以較低的製造成本生產出符合消費者要求的產品。不能不考慮成本而使用最好的材料、最佳的方法,追求生產出最完美的產品。過分地追求完美會造成質量成本的提高。

(二) 生產過程的質量成本控制

產品的生產過程是產品質量的形成過程,企業能否保證產品達到質量標準,在很大程度上取決於生產技術能力和生產過程的質量管理水平。產品的質量問題,大部分產生在生

產過程。因此,應加強生產過程的質量成本控制,以最低的成本保證最好的加工水平。生產過程的質量成本控制內容包括:第一,加強生產技術準備的質量控制,控制質量成本。第二,加強工序的質量控制,降低不合格品率,減少廢品損失。第三,做好產品質量檢驗工作,控制檢驗費用的合理開支。第四,對不合格產品採取積極的補救措施,將損失控制在最低的水平。

(三)銷售過程的質量成本控制

銷售過程的質量成本是指企業在銷售產品過程中,為保證產品質量和售後服務質量而發生的各種支出以及未達到質量標準而產生的一切損失性費用。這一階段發生的質量成本是相當大的,也是質量成本控制的重點之一。其主要內容包括:第一,做好產品的包裝、貯藏、運輸的質量管理,減少產品的破損,控制產品損失的發生。第二,加強產品售後服務工作,履行「三包」承諾,提高維修服務人員的素質,控制不合理的質量成本。第三,重視索賠事件的處理,控制索賠費用的支出。

(四)質量成本的日常控制

質量成本的日常控制工作主要包括:第一,建立質量成本分級歸口控制,落實經濟責任。第二,加強質量成本的核算工作,為質量管理部門及時提供質量成本信息。第三,建立高效、靈敏的質量成本信息反饋系統,合理評價質量管理環節的質量成本控制效果。

思考題

1. 什麼是產品成本控制?
2. 狹義的成本控制與廣義的成本控制有何不同?
3. 怎樣理解成本控制是企業成本管理各環節中最關鍵的環節?
4. 怎樣理解企業的競爭就是產品成本、產品質量的競爭?
5. 成本控制的內容有哪些?
6. 成本控制的程序是怎樣的?
7. 成本控制的方法有哪些?
8. 什麼是價值工程控制?為什麼說價值工程是成本事前控制的重要手段?
9. 價值工程的基本原理是什麼?價值工程的核心是什麼?如何選擇分析對象?如何進行功能評價?
10. 什麼是標準成本?什麼是標準成本控制制度?企業如何通過標準成本控制企業成本?
11. 標準成本控制過程中的各種差異是怎樣計算的?
12. 什麼是責任成本?責任成本必須符合哪幾個條件?企業如何運用責任成本控制系統控制成本?
13. 如何確定企業責任中心?如何分解責任成本和費用指標?如何考核和評價責任業績?
14. 責任成本與產品成本有何不同?
15. 什麼是質量成本?質量成本的內容有哪些?質量成本核算的意義是什麼?企業如何組織質量成本核算和控制?

練習題

1. 某企業為了控制成本，實行標準成本會計制度和彈性預算制度。該企業在預計生產15,000件A產品，並消耗人工工時45,000小時的情況下的標準成本資料如下：

直接材料	75,000元
直接人工	180,000元
變動性製造費用	135,000元
合計	390,000元

假設該企業本會計期間實際耗用49,000小時，生產16,000件產品。其實際成本資料如下：

直接材料	?
直接人工	208,000元
變動性製造費用	140,800元

已知該會計期間每件產品的標準成本與實際成本的差額為節約0.8元。

要求：

(1) 計算該會計期間直接材料的實際總成本以及A產品的實際總成本。
(2) 計算該會計期間每件產品的標準成本結構與實際成本結構。
(3) 計算A產品人工成本的工資率差異和人工效率差異。
(4) 計算A產品變動性製造費用的效率差異和製造費用分配率差異。

2. 某企業本年度的固定性製造費用及其他有關資料如下：

固定性製造費用預算	120,000元
固定性製造費用的實際支出數	123,400元
預計產量標準總工時	40,000小時
本年度實際耗用總工時	35,000小時
本年度實際產量應耗標準工時	32,000小時

要求：

(1) 計算固定性製造費用的能量差異。
(2) 計算固定性製造費用的預算差異、效率差異、生產能力利用差異。

第十七章　成本分析

成本分析是成本管理的事後工作,也是成本管理的重要環節。通過成本分析,可以發現企業成本管理工作中存在的問題,便於企業管理人員及時瞭解成本變動的具體原因,為評價和考核各責任部門和責任人的工作業績,也為下期進行成本預測、制定成本決策提供可供參考的依據。本章將詳細介紹成本分析的意義、方法以及全部產品成本分析、單位產品成本分析和主要技術經濟指標分析。

第一節　成本分析概述

一、成本分析的概念及意義

成本分析(Analysis of Cost)是成本核算工作的繼續,是成本會計的重要組成部分。成本分析是指企業利用成本核算資料及其他有關資料,對企業成本費用水平及其構成情況進行分析研究,查明影響成本費用升降的具體原因,尋找降低成本、節約費用的潛力和途徑的一項管理活動。

成本分析的目的是改進生產經營管理、節約生產經營耗費、不斷降低成本、提高經濟效益。成本分析在整個成本管理中的重要意義表現在如下幾點:

(1)通過成本分析,可以檢查企業成本計劃(預算)完成或未完成的原因,對成本計劃本身及其成本計劃執行結果進行評價,發現成本管理中存在的問題,認識和掌握企業成本變動的規律,總結成本管理中的經驗教訓,促使企業領導及一般職員增強成本管理意識,提高企業的成本管理水平。

(2)通過成本分析,可以對企業各種生產經營投資、籌資決策方案進行成本效益比較,從而為企業決策者制定正確的決策提供依據。在企業投資過程中要注重資金成本的計算和分析、項目投資成本的計算和分析;在產品設計、試製過程中應加強產品設計成本的計算和分析;在材料採購過程中要關注材料採購成本的計算和分析;在產品生產過程中應強調產品製造成本的計算和分析。這樣將有助於企業經營管理者在各項決策中運用成本思想,提高決策能力。

(3)通過成本分析,促使企業不斷地降低成本、節約費用,以便在激烈的市場競爭中立於不敗之地。通過成本分析,使企業在製造產品時做到心中有數,明白哪些產品的成本過

高、哪些產品有進一步降低成本的潛力以及可以從哪些方面降低成本,從而調動全體職員控制成本、節約費用的積極性,增強企業的競爭能力。

(4)通過成本分析,可以檢查企業成本管理行為的合理性、合法性,從而促進企業更好地執行國家有關成本管理的法規和制度。通過成本分析,瞭解企業成本的具體構成,便於發現企業是否違反了成本開支範圍和費用規定標準,保證企業遵守國家有關財經法規,依法經營、合法開支、正確核算。

(5)通過成本分析,可以分清成本管理各個環節或部門的成本管理責任,有利於考核和評估其成本管理業績,也有利於瞭解成本管理責任制是否健全,促進企業完善成本管理責任制,把成本管理工作做得更深入、更具體。

二、成本分析的內容

成本分析的內容是十分豐富的,如果從生產經營的全過程來看,成本分析貫穿於成本管理工作的始終。因此,成本分析的內容應包括事前成本預測、決策分析,事中成本控制分析和事後成本總結分析。因為事前成本分析和事中控制分析均屬於成本預測、成本決策、成本計劃和成本控制的內容,所以此處主要介紹成本的事後總結分析。

成本的事後總結分析是指對企業生產經營過程中發生的實際成本、經營管理費用,與計劃成本和各項費用預算進行比較分析,查明產生差異的原因,提出降低成本、節約費用的措施。成本的事後總結分析的主要內容包括全部產品成本分析、可比產品成本分析,單位產品成本分析、產品成本技術經濟指標分析。

(一)全部產品成本分析

全部產品成本分析是利用全部產品的實際總成本與全部產品按實際產量計算的計劃總成本進行比較,檢查全部產品總成本的計劃執行情況。由於全部產品包括可比產品和不可比產品,而不可比產品沒有上年的成本可比較,因此只有用實際總成本與計劃總成本進行比較,才能發現實際總成本偏離計劃的差異。另外,在分析成本水平變動時,應把產品產量變動對成本的影響排除在外,將產品產量固定在實際產量基礎之上進行分析,才能真正分析成本變動的情況。

(二)可比產品成本分析

可比產品成本分析是檢查可比產品成本計劃降低任務的完成情況,分析成本計劃降低任務完成得好或沒有完成的具體原因。可比產品成本降低任務包括可比產品成本降低額和可比產品成本降低率。

(三)單位產品成本分析

單位產品成本分析是對企業某些主要產品的單位成本進行分析,瞭解單位產品成本的變動情況及其構成比例,分析單位產品成本的變動原因及構成比例的變動趨勢。

(四)產品成本技術經濟指標分析

產品成本技術經濟指標分析是將技術和經濟相結合分析企業產品成本變動的原因,尋

找降低成本的重要途徑。成本管理問題不是某一個部門的事情,既要從成本管理的角度分析和控制成本,又應該從技術的角度研究影響成本的因素。將技術分析與經濟分析相結合,擴展降低成本的途徑。

三、成本分析的要求

成本分析是一項深入細緻的工作,為了保證這一工作的順利進行,使分析結果能夠如實地反應成本管理工作的實際情況,為經營決策者提供有效的成本信息,開展成本分析應按照以下要求進行:

(一)全面分析和重點分析相結合

全面分析就是要著眼於整體,樹立全局觀念,切忌片面性;要運用一分為二的觀點分析問題,對成績和缺點、有利因素和不利因素要進行全面分析,不能強調一方面而忽視另一方面。

全面分析並不意味著對與成本有關的所有因素不分鉅細、面面俱到地分析,而應按照例外管理的原則,抓住重點問題,深入剖析。

(二)專業分析與職工分析相結合

企業的成本費用涉及企業的各個部門和每個職工的工作業績和切身利益,為了達到成本分析的目的,必須發動全體職工參加成本分析,將分析化為廣大群眾的自覺性行動。普通職工工作在生產經營第一線,他們最瞭解成本費用變動的具體原因,只有充分發揮他們分析成本,挖掘降低成本潛力的積極性,把專業人員分析與生產經營第一線的廣大職工分析有機地結合起來,才能使成本分析產生有效的作用,才能提出更多切實可行的降低成本的措施。

(三)經濟分析與技術分析相結合

企業成本的高低既受經濟因素的影響,也受技術因素的影響。成本分析如果只停留在經濟指標的分析上,而不考慮技術方面的因素,就不可能達到分析的目的。因此,企業在進行成本分析時,既要組織經營管理人員,又要吸收生產技術人員,把企業經濟分析與技術分析有效地結合起來,通過改進技術,尋求降低成本的有效途徑。

(四)縱向分析與橫向分析相結合

縱向分析是指企業範圍內的縱向(不同時期)成本水平進行對比分析,包括本期實際成本與上期實際成本對比分析,或與上年同期實際成本對比分析,或與歷史最好水平的成本對比分析。通過縱向分析,以瞭解企業成本的變化趨勢。橫向分析是指企業成本與其他相同行業的成本進行對比分析,即廠際分析。通過橫向分析可以發現自己的差距和存在的潛力,有利於激發職工繼續努力的積極性。

四、成本分析的程序

成本分析的程序是進行成本分析的基本步驟。只有按照一定的程序進行成本分析,才

能得出正確的成本分析結論。成本分析的基本程序如下：

(一)確定成本分析目標,明確成本分析要求

確定成本分析目標,明確成本分析要求是進行成本分析的起點。企業在日常成本管理中發現的問題,或者根據企業經營管理的需要而確定的成本分析對象往往是成本分析所要解決的問題。成本分析首先要根據這些問題,確定分析目標,擬訂分析計劃,明確分析要求。只有這樣,才能保證成本分析工作的順利進行。

(二)收集成本信息,整理成本資料

佔有大量的各種成本資料是進行成本分析的基礎。成本分析所需的資料是多方面的,不僅需要收集各種成本核算的實際資料,而且需要收集成本的計劃資料、定額資料;不僅需要收集企業內部的成本資料,而且需要收集同行業先進企業的成本資料和國際先進企業的成本資料。在收集各種有關資料的基礎上,還需對這些資料進行必要的加工整理,即從實際出發,實事求是地對所收集的資料進行去粗取精、去偽存真的加工處理。只有這樣,才能使收集的大量資料真正成為成本分析中有用的東西。

(三)發現成本管理問題,分析成本變動原因

通過成本分析確定各項成本指標變動的差異,發現問題,為進一步查明原因提供依據和方向。成本分析的目的就是要查明影響各項成本指標變動的原因。分析原因主要是將影響成本指標的各個因素加以分類,衡量各因素變動對成本指標變動的影響程度和方向,進而確定起決定性作用的主要因素。分析原因是分析過程中最關鍵的一步,在這一步驟中,需要運用較多的定量技術分析方法。

(四)作出綜合評價,提出改進建議

在發現問題、分析原因之後,要根據分析的結果對成本管理工作作出綜合評價,分清責任,提出建議和措施。因此,通過成本分析,要認真總結成本管理中的經驗教訓,針對成本管理中存在的關鍵問題和薄弱環節,提出改進措施;同時,必須注意抓好措施的實施和檢查,保證前期的成本分析真正起到為后期成本管理工作服務。只有不斷地發現問題、分析問題、解決問題,才能不斷地降低產品成本,提高成本管理水平。

五、成本分析的方法

成本分析方法是完成成本分析目標的重要手段。通常採用的成本分析方法有:比較分析法、比率分析法和連環替代分析法等。

(一)比較分析法

比較分析法(Comparative Analysis Method)是指把兩個經濟內容相同、時間或空間地點不同的經濟指標以減法的形式進行對比分析的一種方法。比較分析法是日常分析工作中最常用的一種方法。通過比較分析,發現各項成本指標的變動差異,便於分析者進一步分析產生差異的原因。

由於分析者的目的不同,對比的基數也有所不同。一般來說,對比的基數有計劃數

（預算數）、定額數、以往年度同期實際數以及本企業歷史最好水平和國內外同行業先進水平。

通過實際數與計劃數、定額數或預算數對比，可以揭示各項成本指標的計劃或定額、預算的執行情況。但在分析時應檢查計劃、定額或預算數本身是否先進合理。因為實際數與計劃數、定額數或預算數之間產生的差異，除因實際執行中存在問題以外，也可能是由於計劃、定額或預算本身太緊、太松或不切合實際。

通過本期實際與前期實際比較，可以觀察企業成本變動的發展趨勢，瞭解成本變動的規律。

通過本企業實際指標與條件大致相同的同類型企業同期的實際成本指標比較，可以發現先進與落後、先進企業與一般企業的差距，以便激發企業后進趕先進、先進更先進的積極性。

比較分析法是一種絕對數的比較分析，它只適用於同類型企業進行對比分析。因此，採用對比分析法時，應注意相比指標的可比性。進行對比的成本指標，在經濟內容、計算方法、計算期間和影響指標形成的客觀條件等方面，均應有可比的共同基礎。

比較分析法具有計算簡單、通俗易懂、發現問題的優點。比較分析法的不足之處是，該方法只能確定成本指標的差異，並不能找到影響指標變動的具體原因，更不能確定各種因素變動對成本指標產生其差異的影響數額，也就不能為分清責任提供依據。

（二）比率分析法

比率分析法（Ratio Analysis Method）是指採用兩個相同或相關的經濟指標以除法的形式計算各項指標相對數而進行成本分析的一種方法。

比率分析法可以根據分析內容和要求的不同，計算不同比率並結合比較分析法進行成本分析。比率分析法一般有以下三種不同的比率形式：

1. 相關比率分析法

相關比率分析法是指把企業兩個性質不完全相同，但又有聯繫的指標加以比較，求得兩個指標的比值，借以進行成本分析的一種方法。在實際工作中，由於企業規模不同等原因，單純採用比較分析法對比產值、銷售收入、利潤或成本等指標的絕對數，不能說明企業經營效益和成本管理的好壞。如果把成本與產值、收入或利潤聯繫起來，計算一些相關比率指標，就可以真實地反應企業的經營效益和成本管理之好壞。通常計算的相關比率指標有：

$$產值成本率 = \frac{成本}{產值} \times 100\%$$

$$銷售收入成本率 = \frac{成本}{銷售收入} \times 100\%$$

$$存貨週轉次數 = \frac{銷售成本}{存貨平均占用額}$$

2. 構成比率分析法

構成比率分析法是指計算某項指標的各個組成部分占總體的比重,即對部分與總體的比率進行數量分析的一種方法。例如,將構成產品總成本的各成本項目分別與產品成本總額相除,計算各成本項目的結構比例,就可以發現各成本項目在產品成本中的比重是上升了還是下降了,這種上升數或下降數是否合理。其計算公式為:

$$直接材料費用構成比率 = \frac{單位產品直接材料}{單位產品成本} \times 100\%$$

$$管理費用占期間費用的比率 = \frac{管理費用}{期間費用總額} \times 100\%$$

3. 趨勢比率分析法

趨勢比率也叫動態相對數,是指通過兩個時期或連續若干時期相同經濟指標增減的對比,計算比率來揭示各期之間的指標增減數額,據以預測成本發展趨勢的一種分析方法。通過計算趨勢比率,可以反應該項指標的變動趨勢,從動態上研究其特徵及其變化規律。趨勢比率有兩種比較方式:一種是定基發展速度;另一種是環比發展速度。其計算公式如下:

$$定基發展速度 = \frac{比較期成本}{基期成本} \times 100\%$$

$$環比發展速度 = \frac{比較期成本}{前一期成本} \times 100\%$$

趨勢比率分析法的主要優點在於通過比率計算,可以把某些不可比的企業指標變成可比的企業指標,便於外部或內部決策者選擇投資方案時進行比較分析。但趨勢比率分析法也存在不足之處:第一,比率的數字只反應比值,不能說明其絕對額的變動。第二,趨勢比率分析法與比較分析法一樣,均無法說明指標變動的具體原因。成本分析的目標是發現問題,更重要的還是查明原因、解決問題。

(三)連環替代分析法

連環替代分析法(Series of Substitution Analysis)是指根據因素之間的內在依存關係,依次測定各因素變動對經濟指標差異影響的一種分析方法。連環替代分析法是因素分析法(Factor Analysis Method)中的一種分析方法,運用此方法可解決比較分析法和趨勢比率分析法不能解決的問題,即可以測算各因素的影響,有利於查明原因,分清責任,評估業績,並針對問題提出相應的措施。

1. 連環替代分析法的分析程序

連環替代分析法的分析程序如下:

(1)分解指標因素並確定因素的排列順序。將影響某項經濟指標完成情況的因素,按其內在依存關係,分解其構成因素,並按一定的順序排列這些因素。

(2)逐次替代因素。每次將其中一個因素由基期數替換成分析期數,其他因素暫時不變,每個因素替換為分析期數后不再返回為基期數。后面因素的替換均是在前面因素已經

替換成分析期數的基礎上進行的。依此類推,有幾個因素需要替換幾次,逐一地替換。

(3)確定影響結果。每個因素替換以後,均會得出一個綜合指標的結果。將每個因素替換以後的結果與替換以前的結果相減,得出該替換因素變動對綜合指標的影響數額。

(4)匯總影響結果。將已計算出來的各因素的影響額匯總相加與綜合指標變動的總差異比較,確定其計算的正確性。

連環替代法的典型模式是:假設某項指標是由 A、B、C 三個因素組成。諸因素與經濟指標的關係為:

上年數　　$A_0 \cdot B_0 = N_0$

本年數　　$A_1 \cdot B_1 = N_1$

則 N_1 與 N_0 的差異是由 A、B 兩個因素變動而引起的。採用連環替代分析計算如下:

綜合指標　　$A_0 \cdot B_0 = N_0$　　　　　　　　　　　　　　　　　　　　　①

第一次替代　$A_1 \cdot B_0 = N'$　　　　　　　　　　　　　　　　　　　　　②

第二次替代　$A_1 \cdot B_1 = N_1$　　　　　　　　　　　　　　　　　　　　　③

②-①即 $N'-N_0$ 是 A 因素變化影響綜合指標的結果:

$$N'-N_0 = A_1 \cdot B_0 - A_0 \cdot B_0$$
$$= (A_1 - A_0) \cdot B_0$$
$$= \Delta A \cdot B_0$$

③-②即 $N_1 - N'$ 是 B 因素變化影響綜合指標的結果:

$$N_1 - N' = A_1 \cdot B_1 - A_1 \cdot B_0$$
$$= (B_1 - B_0) \cdot A_1$$
$$= \Delta B \cdot A_1$$

假設某企業有關產量、材料單耗和材料單價及材料總成本資料如表 17-1 所示。

表 17-1

項目	單位	上年數	本年數	差異
產品產量	臺	200	210	+10
材料單耗	千克	30	28	-2
材料單價	元	20	23	+3
材料總成本	元	120,000	135,240	+15,240

材料總成本差異 = 135,240 - 120,000 = 15,240(元)

上年材料總成本 = 200×30×20 = 120,000(元)　　　　　　　　　　　　①

第一次替代　210×30×20 = 126,000(元)　　　　　　　　　　　　　　②

第二次替代　210×28×20 = 117,600(元)　　　　　　　　　　　　　　③

第三次替代　210×28×23 = 135,240(元)　　　　　　　　　　　　　　④

②-①即產品產量增加使材料總成本增加:

126,000-120,000=+6,000(元)

或 (210-200)×30×20=+6,000(元)

③-②即材料單耗節約使材料總成本節約：

117,600-126,000=-8,400(元)

或 (28-30)×210×20=-8,400(元)

④-③即材料單價上升使材料總成本增加：

135,240-117,600=+17,640(元)

或 (23-20)×210×28=+17,640(元)

因產量、單耗、單價三個因素變化對材料總成本的影響為：

6,000+(-8,400)+17,640=+15,240(元)

此結果正好與材料總成本的總差異相等。

2. 連環替代分析法的特點

連環替代分析法的主要作用在於分析計算綜合經濟指標變動的原因及其各因素的影響程度。但該方法也有一定的局限性，在運用時應注意其如下特點：

(1) 連環替代的順序性。在運用連環替代法時，要正確地排列綜合指標各構成因素的排列順序。儘管乘法具有交換律的性質，但在連環替代法中，如果隨意改變各構成因素的排列順序或替換順序，就會得出各因素對綜合經濟指標影響的不同結果。不過各因素的影響結果相加後仍等於其總差異。為了使分析結果求得統一認識或前后分析期的分析結果具有可比性，應正確確定各因素的排列順序，避免各行其是。在實際工作中，首先，將各因素區分為數量指標和質量指標，「先替換數量指標，后替換質量指標」。其次，如果同時出現幾個數量指標或幾個質量指標，應「先替換實物量指標，后替換價值量指標」。最後，按照「先替換基本因素，后替換從屬因素」的方法確定連環替代法的因素替換順序。

(2) 替代因素的連環性。連環替代法在計算每一個因素變動的影響時，都是在前一個因素已經替換的基礎上進行的。然后將各因素替代以後所得出的結果與替代前的結果連環相減的方法，確定各因素變化對綜合經濟指標的影響數額。只有保持這一連環性，才能使所計算出來的各因素的影響等於所要分析的綜合經濟指標的總差異。

(3) 計算結果的假設性。連環替代法會隨各因素的排列順序不同而得出不同的分析結果。按照前述連環替代的順序要求，確定各因素對綜合經濟指標的影響不可避免地具有假設性。因為「先數量指標，后質量指標；先實物量指標，后價值量指標；先基本因素，后從屬因素」這本身就是假設的，按此假設計算的結果當然也就具有假設性。

正因為連環替代分析法存在一定的局限性，所以有必要對此方法進行改革和完善。目前討論得比較多的有「分步計算法、無序因素分析法」等。

成本分析方法除了以上介紹的方法以外，還有其他許多具有專門用途的方法，如直接法、余額法、因素分析法、成本性態分析法等。

第二節　全部產品成本分析

全部產品成本分析是指將全部產品本年實際總成本與按本年實際產量調整的計劃總成本進行比較,計算出全部產品總成本降低額和總成本降低率,借以分析全部產品成本的升降情況。由於全部產品計劃總成本是按照各種產品的計劃產量與計劃單位成本的乘積加總而得的,這與本年實際總成本的比較基礎不一致。為了排除產品產量因素的影響,單純地考核成本水平的變動對成本降低情況的影響,先要按實際產量調整計算計劃總成本。全部產品包括了可比產品和不可比產品。可比產品既有上年的成本資料,也有計劃的成本資料;而不可比產品只有計劃的成本資料,沒有上年的成本資料。因此,全部產品成本分析只能用實際成本與計劃成本進行比較分析。

全部產品成本分析的基本資料,可借助於企業內部成本報表中的商品產品成本報表及其成本計劃表等有關資料整理而成。具體分析可按產品別分析和按成本項目分析兩方面進行。

一、按產品別分析全部產品成本

按產品別分析全部產品成本計劃完成情況時,直接利用實際商品產品成本報表。
假設某企業本年全部產品成本報表如表 17-2 所示。

表 17-2　　　　　　　　　　商品產品成本表　　　　　　　　金額單位:元

產品名稱	計量單位	實際產量	單位成本 上年實際	單位成本 本年計劃	單位成本 本年實際	總成本 按上年實際成本計算	總成本 按本年計劃成本計算	總成本 按本年實際成本計算
可比產品						277,800	267,540	265,200
A	臺	180	530	493	500	95,400	88,740	90,000
B	臺	240	760	745	730	182,400	178,800	175,200
不可比產品							24,000	24,800
C	臺	80		300	310		24,000	24,800
全部產品							291,540	290,000

根據表 17-2 按產品別分析全部商品產品成本計劃完成情況,如表 17-3 所示。

表 17-3　　　　　　　　全部商品產品成本分析表(按產品別)　　　　　　單位:元

產品名稱	實際產量按計劃成本計算總成本	實際產量按實際成本計算總成本	實際比計劃降低額	實際比計劃降低率(%)
可比產品	267,540	265,200	-2,340	-0.87
A	88,740	90,000	+1,260	+1.42
B	178,800	175,200	-3,600	-2.01
不可比產品	24,000	24,800	+800	+3.33
C	24,000	24,800	+800	+3.33
全部產品	291,540	290,000	-1,540	-0.53

通過按產品別進行全部產品成本分析,不僅能說明全部產品成本計劃執行情況,而且反應出了各種產品成本完成計劃的情況。該企業全部產品成本實際比計劃降低了1,540元,降低率為0.53%。其中,可比產品實際成本比計劃成本降低了2,340元,降低率為0.87%,而不可比產品實際成本比計劃成本提高了800元,成本上升率為3.33%。這表明,該企業可能在不可比產品成本管理中有待努力,也可能是因為不可比產品沒有上年成本資料可參考,本年計劃成本制定得不夠合理,致使企業難以達到計劃成本水平,因此實際成本上升了。雖然可比產品總成本實際比計劃降低了,但是由於甲產品實際成本比計劃成本上升了1,260元,上升率為1.42%,使得可比產品總成本只降低了2,340元。因此,通過分析,可以發現儘管總成本是降低了,但該企業生產的3種產品中,就有兩種產品成本是上升的。應該說,該企業成本管理工作存在嚴重問題,在下期需要加強成本控制,降低產品成本。

二、按成本項目分析全部商品產品成本

按產品別進行成本分析固然能清晰地瞭解各種產品的升降情況,即哪些產品成本上升,哪些產品成本下降。但究竟哪些成本項目超支、哪些成本項目節約還不清楚,因此有必要將全部商品產品成本分成本項目進行分析。通過按成本項目的分析,可以確定全部商品產品成本實際與計劃的差異主要是哪些成本項目變動的結果,從而進一步抓住重點項目來研究成本升降的原因,以便企業在日後的成本管理工作中有的放矢。

實際產量按計劃單位成本計算的各成本項目總成本為:

Σ實際產量×某項目計劃單位成本

由於企業一般沒有現成的按成本項目反應的成本資料,因而需要重新編製此類成本資料。為了消除產量因素的影響,在編製按成本項目反應的成本資料時,同樣需要把產量固定在本年實際水平。

現根據成本計劃和本年有關成本資料,按成本項目進行全部商品產品成本分析如表17-4所示。

表 17-4　　　　　　　　全部商品產品成本分析表(按成本項目)　　　　　金額單位:元

成本項目	實際產量按計劃成本計算	實際產量按實際成本計算	實際比計劃降低額	實際比計劃降低率(%)	各項目變動對總成本的影響(%)
直接材料	218,855	214,600	-4,255	-1.94	-1.46
直接人工	29,154	34,800	+5,646	+19.37	+1.94
製造費用	43,531	40,600	-2,931	-6.73	-1.01
合　計	291,540	290,000	-1,540	-0.53	-0.53

分析結果表明,該企業全部產品成本實際比計劃降低的原因是原材料降低了4,255元,降低率為1.94%,製造費用降低了2,931元,降低率為6.73%,兩項成本降低使全部產品成本降低率為2.47%;但工資項目上升了5,646元,上升率為19.37%,使全部產品成本上升了1.94%。材料成本和製造費用的下降使成本節約,這顯然是企業成本管理工作的成績,至於工資項目上升的原因應進行具體分析。

第三節　可比產品成本分析

在大多數企業,可比產品往往占全部產品的比重很大,因此控制好可比產品成本對全部產品成本計劃完成情況及成本水平的降低都具有重要意義。

一、可比產品成本降低任務及其完成情況的計算

(一)可比產品成本降低任務指標

可比產品成本降低任務是指可比產品成本降低額和可比產品成本降低率兩項指標。該指標是在編製成本計劃時確定的。該指標主要反應企業本年計劃成本與上年成本的差異。其計算公式如下:

可比產品成本計劃降低額 = Σ計劃產量×(上年實際單位成本-本年計劃單位成本)

$$可比產品成本計劃降低率 = \frac{可比產品成本計劃降低額}{\Sigma 計劃產量 \times 上年實際單位成本} \times 100\%$$

假設東風公司2016年可比產品成本計劃降低任務指標如表17-5所示。

表 17-5　　　　　　　　　可比產品成本計劃降低任務　　　　　　　金額單位:元

產品名稱	計劃產量(件)	單位成本 上年實際	單位成本 本年計劃	總成本 按上年成本計算	總成本 按計劃成本計算	成本降低指標 降低額	成本降低指標 降低率(%)
A	400	500	495	200,000	198,000	2,000	1.00
B	600	750	740	450,000	444,000	6,000	1.33
合計				650,000	642,000	8,000	1.23

(二)可比產品成本實際降低指標

可比產品成本實際完成情況是指可比產品成本實際降低額和降低率兩項指標。該指標是通過實際核算資料來確定的。該指標主要反應企業本年實際成本與上年實際成本的差異。其計算公式為：

可比產品成本實際降低額 = Σ實際產量×(上年實際單位成本−本年實際單位成本)

可比產品成本實際降低率 = $\dfrac{\text{可比產品成本實際降低額}}{\Sigma\text{實際產量×上年實際單位成本}} \times 100\%$

假設東風公司2016年可比產品成本實際完成情況如表17-6所示。

表17-6　　　　　　　可比產品成本實際完成情況　　　　　金額單位：元

產品名稱	實際產量(件)	單位成本 上年實際	單位成本 本年計劃	單位成本 本年實際	總成本 按上年成本計算	總成本 按計劃成本計算	總成本 按實際成本計算
A	500	500	495	490	250,000	247,500	245,000
B	640	750	740	742	480,000	473,600	474,880
合計					730,000	721,100	719,880

A產品實際成本降低率 = $\dfrac{500-490}{500} \times 100\% = 2.00\%$

B產品實際成本降低率 = $\dfrac{750-742}{750} \times 100\% = 1.07\%$

可比產品成本實際降低額 = 730,000 − 719,880 = 10,120(元)

可比產品成本實際降低率 = $\dfrac{10,120}{730,000} \times 100\% = 1.386\%$

(三)可比產品成本降低任務完成情況

可比產品成本降低任務完成情況是指可比產品成本實際降低指標與其計劃降低指標比較所形成的差異。也就是可比產品成本降低任務完成情況分析的對象，即超計劃降低額和超計劃降低率。

超計劃降低額 = 實際降低額 − 計劃降低額
　　　　　　 = 10,120 − 8,000
　　　　　　 = 2,120(元)

超計劃降低率 = 實際降低率 − 計劃降低率
　　　　　　 = 1.386% − 1.23%
　　　　　　 = 0.156%

二、可比產品成本降低任務完成情況的原因分析

通過可比產品成本的實際完成情況與計劃降低任務的差異計算，可以發現可比產品成

本降低任務是否完成了。在此基礎上,企業應進一步分析產生差異的原因,區分有利因素和不利因素、主觀因素和客觀因素,挖掘降低成本的潛力。

(一)影響可比產品成本的因素

分析產生差異的具體原因就應該弄清楚影響可比產品成本的因素以及各因素是怎樣影響可比產品成本的。影響可比產品成本的因素一般有三個,即產品產量、產品結構和單位產品成本。其中,影響可比產品成本降低額的因素有產品產量、產品結構和單位產品成本。影響可比產品成本降低率的因素只有產品結構和單位產品成本兩個因素,產品產量不影響可比產品成本降低率。

1. 產品產量因素

產品產量因素對可比產品成本降低額的影響是指在假設產品結構和單位產品成本不變時,單純產品產量變動對可比產品成本的影響。當產品結構和單位成本不變時,產量變動會引起可比產品成本降低額同比例的變動,而不影響可比產品成本降低率。公式如下:

$$\text{可比產品成本降低額} = (\sum \text{產量} \times \frac{\text{上年單位成本}}{}) \times \text{可比產品成本降低率}$$

$$= (\sum \text{產量} \times \frac{\text{上年單位成本}}{}) \times \sum \frac{\text{產品}}{\text{結構}} \times \frac{\text{個別產品}}{\text{成本降低率}}$$

從上式可以看出,影響可比產品成本降低額的因素有產品產量、產品結構和個別產品成本降低率(單位產品成本)三個因素;影響可比產品成本降低率的因素有產品結構和個別產品成本降低率(單位產品成本)。

產品結構不變條件下的產量變動,實際上是假設各種產品的產量都是以同一個比例變動,其產量變動對可比產品成本降低額的影響就是使計劃可比產品成本降低額以同一比例變動的數額。

假設表 17-6 的各產品計劃產量均以 20% 增加,其結構和單位成本均不發生變化,則可比產品成本降低額的變動情況計算如下:

產量變動后的可比產品成本降低額為:

$400 \times (1+20\%) \times (500-495) + 600 \times (1+20\%) \times (750-740)$

$= (1+20\%)[400 \times (500-495) + 600 \times (750-740)]$

$= (1+20\%) \times 8,000$

$= 9,600(元)$

產量變動后的可比產品成本降低率為:

$$\frac{8,000(1+20\%)}{400(1+20\%) \times 500 + 600(1+20\%) \times 750} \times 100\%$$

$= 1.23\%$

根據計算可以看出,當各種產品產量均增加 20% 時,使可比產品成本降低額也增加 20%,而對可比產品成本降低率無影響。這也說明單純的產品產量變動對可比產品成本降低率不產生影響。

2. 產品結構因素

產品結構是指各種產品的產量占全部產品產量的比重。由於各種不同產品的實物是不能簡單相加的,因此在分析可比產品成本時,應將各種產品的產量及總產量以價值反應,即借助於上年單位成本這個貨幣量指標來計算。產品結構是指各種產品的產量(按上年單位成本計算的成本)占總產量(按上年單位成本計算的總成本)的比重。其計算公式為:

$$某產品結構 = \frac{某產品產量 \times 該產品上年單位成本}{\sum 各產品產量 \times 各產品上年單位成本} \times 100\%$$

據此計算如下:

$$A 產品計劃結構 = \frac{400 \times 500}{400 \times 500 + 600 \times 750} \times 100\% = 30.77\%$$

$$B 產品計劃結構 = \frac{600 \times 750}{400 \times 500 + 600 \times 750} \times 100\% = 69.23\%$$

$$A 產品實際結構 = \frac{500 \times 500}{500 \times 500 + 640 \times 750} \times 100\% = 34.25\%$$

$$B 產品實際結構 = \frac{640 \times 750}{500 \times 500 + 640 \times 750} \times 100\% = 65.75\%$$

$$\frac{可比產品成本}{計劃降低率} = 30.77\% \times 1.00\% + 69.23\% \times 1.33\% = 1.23\%$$

$$\frac{可比產品成本}{實際降低率} = 34.25\% \times 2.00\% + 65.75\% \times 1.07\% = 1.386\%$$

如果企業只生產一種產品,就不存在產品結構;當企業生產兩種或兩種以上產品時,才存在產品結構。產品結構變動是指各種產品的產量以不同比例變動的結果。一般來說,各種產品的計劃單位成本降低率是不同的。例如,A 產品計劃成本降低率為 1%,B 產品計劃成本降低率為 1.33%,如果企業提高計劃成本降低率高的 B 產品的生產比重,降低計劃成本降低率低的 A 產品的生產比重,則會引起企業可比產品成本降低率提高,也會引起企業可比產品成本降低額增大;反之,則會使企業可比產品成本降低率下降,降低額減小。如果各種產品的計劃成本降低率相同,則無論產品結構怎樣變動,也不會引起企業可比產品成本降低率變動和降低額變動。

企業產品品種結構的變動會產生兩種特殊結果:第一,各種產品的成本降低率都沒有完成計劃,但全部可比產品成本降低率卻超額完成了計劃,這是因為企業提高了計劃成本降低率高的產品生產比重。第二,各種產品的成本降低率都已完成了計劃,但全部可比產品成本降低率卻不能完成計劃,這是因為企業提高了計劃成本降低率低的產品的生產比重。因此,企業應該力求在各種產品的成本計劃都已完成的基礎上,全面完成可比產品成本的降低任務。

3. 單位產品成本因素

可比產品成本計劃降低任務和實際降低情況分別是以計劃成本與上年成本、實際成本

與上年成本比較的結果,即都是以上年單位成本為比較的基礎。這樣實際單位產品成本比計劃單位產品成本低,則會影響可比產品成本降低額增大和降低率提高;反之,則會影響可比產品成本降低額減少和降低率下降。

在以上的三個因素中,單位產品成本因素是主要因素。企業應在完成產品品種的情況下,根據市場的需要努力增加產量,不斷降低產品生產成本,達到完成企業可比產品成本降低任務的目的。

(二)分析各因素變動對可比產品成本降低任務的影響

根據連環替代法的原理,可以得出計算各因素變動對可比產品成本降低任務完成情況影響的公式。

1. 產量變動對可比產品成本降低額的影響

確定單純產品產量變動對可比產品成本降低額的影響可用如下公式計算:

$$(\sum 實際產量 \times 上年單位成本 - \sum 計劃產量 \times 上年單位成本) \times 計劃可比產品成本降低率$$

$$=(730,000-650,000) \times 1.23\%$$

$$=984(元)$$

或者用下列公式計算:

$$計劃可比產品成本降低額 \times (綜合產量完成率 - 1)$$

$$=8,000 \times (\frac{730,000}{650,000} - 1)$$

$$=984(元)$$

2. 產品結構變動對可比產品成本降低額的影響

確定產品結構變動對可比產品成本降低額的影響可用如下公式計算:

$$\sum 實際產量 \times 上年單位成本 - \sum 實際產量 \times 計劃單位成本 - 計劃可比產品成本降低額 \times 綜合產量完成率$$

$$=730,000-721,100-8,000 \times (730,000 \div 650,000)$$

$$=-84(元)$$

或者用下列公式計算:

$$[\sum (實際結構 - 計劃結構) \times 個別產品成本計劃降低率] \times \sum 實際產量 \times 上年單位成本$$

$$=[(34.25\%-30.77\%) \times 1.00\% + (65.75\%-69.23\%) \times 1.33\%] \times 730,000$$

$$=-84(元)$$

在計算各產品實際結構、計劃結構以及個別產品成本降低率時,小數點保留多少會影響其計算結果的精確程度。

3. 產品結構變動對可比產品成本降低率的影響

產品結構變動對可比產品成本降低率的影響,可以直接用已計算出來的產品結構變動

影響的可比產品成本降低額,除以實際產量按上年單位成本計算的總成本計算求得:

$$\frac{產品結構變動影響的可比產品成本降低額}{\Sigma 實際產量 \times 上年單位產品成本} \times 100\%$$

$$=\frac{-84}{730,000} \times 100\%$$

$$=-0.011\%$$

4. 單位產品成本變動對可比產品成本降低額的影響

單位產品成本變動對可比產品成本降低額的影響是指實際單位產品成本與計劃單位產品成本比較所產生的影響。其計算公式為:

Σ 實際產量×(計劃單位成本-實際單位成本)

$= 500\times(495-490)+640\times(740-742)$

$= 1,220(元)$

或者用下列公式計算:

Σ 實際產量×計劃單位成本-Σ 實際產量×實際單位成本

$=721,100-719,880$

$=1,220(元)$

5. 單位產品成本變動對可比產品成本降低率的影響

確定單位產品成本變動對可比產品成本降低率的影響,也可以直接用已計算出來的單位成本變動影響的可比產品成本降低額,除以實際產量按上年單位成本計算的總成本計算求得。其計算公式為:

$$\frac{單位成本變動影響的可比產品成本降低額}{\Sigma 實際產量 \times 上年單位產品成本} \times 100\%$$

$$=\frac{1,220}{730,000} \times 100\%$$

$$=0.167\%$$

匯總計算結果:

$984-84+1,220=2,120(元)$

$-0.011\%+0.167\%=0.156\%$

結果與其分析對象完全一致,這說明其計算結果基本正確。

分析結果表明,由於綜合產品產量完成率達112.3%,超計劃完成12.3%,使可比產品成本降低額增加了984元。該企業不僅綜合產量完成率超過了10%,而且每種產品的產量都超過了計劃。如果產品銷售不成問題的話,產量超額完成任務不僅使可比產品成本降低額增加,而且也會引起利潤總額增加。顯然,這應該認為是企業取得的成績。該企業由於產品品種結構變動,使可比產品成本降低額減少84元,可比產品成本降低率下降了0.011%。根據前面計算的結構指標可以看出,A產品由計劃結構30.77%上升到實際結構34.25%,B產品由計劃結構69.23%下降到實際結構65.75%。由於A產品的計劃成本降低率1.00%低於B產品的計劃成本降低率1.33%,企業成本降低率高的產品比重下降,成

本降低率低的產品比重上升，因此使可比產品成本降低額和降低率產生了不利影響。顯然，產品結構的這種變動是成問題的，當然也應根據各產品的市場情況來分析。該企業單位產品成本變動，使可比產品成本降低額增加了 1,220 元，可比產品成本降低率提高了 0.167%，這是一種有利的變動，但其中也存在問題。A 產品單位成本實際比計劃節約了 5 元，但 B 產品單位成本實際比計劃上升了 2 元。因此，企業應進一步分析 B 產品單位成本上升的具體原因，以便採取措施，加以改進。

第四節　主要產品單位成本分析

全部產品成本分析和可比產品成本分析，都是概括性的，只能從總體上說明企業成本計劃的完成情況，對完成或未完成計劃的原因做出綜合性的分析。由於單位產品成本是影響可比產品成本降低任務的主要因素，企業應進一步對各主要產品的單位成本進行分析，使綜合性分析同主要產品單位成本分析相結合，尋找影響單位產品成本水平變動的具體原因，以便企業對症下藥，不斷降低成本。

單位產品成本分析，可以具體揭示各種產品單位成本、各個成本項目的超支和節約情況以及哪些成本項目比計劃超支了、哪些成本項目比計劃節約了，問題產生在哪裡、由什麼原因造成的。

單位產品成本分析可以確定生產的工藝過程、產品設計結構和操作方法的改變對成本的影響，測算各項技術經濟指標對單位成本的影響，評價各項技術經濟措施的經濟效果。

單位產品成本分析可以從影響成本升降的各項技術經濟指標的原因中，找出主要原因，進一步擬訂增產節約的具體措施和降低成本的技術組織措施方案。

一、單位產品成本的比較分析

單位產品成本的比較分析是根據企業內部的主要產品單位成本表的具體資料，利用比較分析法，分析本期實際單位成本比計劃或預算、比上期、比本企業歷史最好水平及先進企業成本水平的升降情況，然後著重對某種或某幾種產品進一步按成本項目對比研究，查明影響單位成本升降的原因。

假設某企業 A 產品單位成本資料如表 17-7 所示。

表 17-7　　　　　　　　　　A 產品單位成本表　　　　　　　　　　單位：元

成本項目	歷史先進水平	上年實際	本年計劃	本年實際
直接材料	280	300	297	294
直接人工	70	65	65	66
製造費用	130	135	133	130
廢品損失	0	0	0	0
合　　計	480	500	495	490

以本年實際單位成本同本企業歷史最好水平、上年單位成本、計劃單位成本比較的分析結果，如表17-8所示。

表17-8　　　　　　　　　　甲產品單位成本比較分析表

成本項目	比歷史先進水平		比上年		比計劃	
	增減額(元)	增減率(%)	增減額(元)	增減率(%)	增減額(元)	增減率(%)
直接材料	+14	+5.00	-6	-2.00	-3	-1.01
直接人工	-4	-5.75	+1	+1.54	+1	+1.54
製造費用	0	0	-5	-3.70	-3	-2.25
廢品損失						
合　　計	+10	+2.08	-10	-2.00	-5	-1.01

從比較分析的結果看，A產品本年實際單位成本比計劃降低了5元，比上年降低了10元，比歷史最好水平提高了10元，並且本年實際單位成本的項目除直接人工以外，其他兩個項目均比上年和計劃節約了。這說明該企業本年在降低成本方面取得了一些成績，但與歷史最好的成本水平相比還有較大差距，說明還有潛力可挖掘。

應當指出，在產品品種較多的企業，進行單位成本的比較分析時，應著重對一種或幾種主要產品或對成本發生升降幅度較大的產品進行分析，以便抓住關鍵，把握重點。在進行主要產品單位成本比較分析的基礎上，要按直接材料、直接人工和製造費用三個成本項目進行分析，查明造成單位成本升降的具體原因。

二、單位產品成本項目變動原因分析

(一)單位直接材料變動原因的分析

直接材料在產品成本中佔有重要地位，特別是在加工企業中，其所占的比重就更大。因此，直接材料分析是成本項目分析的重點。分析單位產品直接材料的變動原因，一般用連環替代法進行差異分析，以便找到單位產品直接材料變動的具體原因。可以用本年實際水平與計劃成本比較，也可以與上年成本比較，分析本年實際與計劃或上年成本水平變動的具體原因。公式如下：

單位產品直接材料＝Σ單耗材料用量×材料單價

(1)單耗材料用量變動對單位產品成本的影響：

Σ(實際材料單耗－計劃材料單耗)×計劃單價

(2)單位材料價格變動對單位產品成本的影響：

Σ(實際材料單價－計劃材料單價)×實際材料單耗

假設某企業A產品單位材料成本資料如表17-9所示。

表 17-9　　　　　　　　　　　單位產品材料成本資料

材料名稱	上年數			本年數		
	用量(千克)	單價(元)	材料成本(元)	用量(千克)	單價(元)	材料成本(元)
甲材料	30	4	120	28	4	112
乙材料	40	4.5	180	40	4.55	182
材料成本			300			294

分析對象：294-300=-6(元)

(1)材料單位耗用量變動對單位產品材料成本的影響：

(28-30)×4+(40-40)×4.5=-8(元)

(2)單價變動對單位產品材料成本的影響：

(4-4)×28+(4.55-4.5)×40=+2(元)

分析計算表明，A 產品單位材料成本降低了 6 元，主要是由於單位產品耗用甲材料節約了 2 千克，導致材料成本節約 8 元；但由於乙材料的價格上升了 0.05 元，使得單位產品材料成本超支 2 元。兩個因素共同影響，使單位產品材料成本節約了 6 元。

在分析出材料單位耗用量和材料價格變動對單位產品成本的影響後，還要進一步分析材料用量變動和材料價格變動的具體原因。

影響材料消耗量變動的因素很多，作用的方向也不一樣。有的因素會造成材料用量的超支，有的因素可帶來材料支出的節約。歸納起來，影響材料消耗量的因素一般有：第一，職工操作技術水平；第二，產品設計和工藝技術過程；第三，合理代用材料；第四，合理下料，充分利用邊角餘料；第五，廢品率的高低。

單位產品材料費用支出的節約或超支，不僅同生產技術有關，而且同企業的生產經營管理有關。因此，在進行材料用量情況分析時，應結合生產技術和生產經營管理情況，才能進一步瞭解產品單位成本中材料費用支出節約或超支的具體原因，也便於企業從這些方面去尋求降低成本的途徑。

影響材料價格的因素很多，分析時應區分兩種情況：一種是與企業主觀努力無關的因素，如材料採購價格的變動；另一種是與企業主觀努力有關的因素，如材料採購費用的節約或超支。分清這兩種因素，才能對企業工作進行正確的評價。影響材料採購費用變動的因素一般有：第一，採購地點的選擇；第二，運輸方式的選擇；第三，材料採購站的經營管理和經費支出水平；第四，採購過程中的損耗程度。

(二)單位直接人工變動原因的分析

產品生產成本中的直接人工是指生產職工工資及按規定提取的職工福利費。在生產多種產品的企業採用計時工資制或計時工資加獎勵制時，企業產品的工資費用是按生產工時消耗的比例分配計入每種產品成本的。因此，單位產品成本中工資費用的高低，取決於單位產品的工時消耗和小時平均工資率兩個因素。單位產品工時消耗反應勞動生產率水平的高低，小時工資率則反應平均工資水平的高低。公式如下：

$$單位產品工資 = 單位產品工時消耗 \times \frac{生產工人工資總額}{生產工時消耗總數}$$

$$= 單位產品工時消耗 \times 小時工資率$$

假設某企業生產多種產品,其中甲產品的有關單位產品工資成本資料如表 17-10 所示。

表 17-10　　　　　　　　　單位產品工資計算表

項　　目	計劃數	實際數	差異
單位產品耗用工時(小時)	10	8	-2
小時工資率(元/小時)	6.5	8.25	+1.75
單位產品工資成本(元)	65	66	+1

分析對象:66-65=1(元)

(1)單位產品耗用工時變動的影響:

(實際單耗工時-計劃單耗工時)×計劃小時工資

=(8-10)×6.5

=-13(元)

(2)小時工資變動的影響:

(實際小時工資-計劃小時工資)×實際單耗工時

=(8.25-6.5)×8

=+14(元)

分析結果表明,甲產品單位產品工資成本上升了1元,是由於單位產品耗用工時節約而節約工資成本13元,由於小時工資上升1.75元使單位產品工資成本提高了14元。兩個因素共同影響的結果使單位產品工資成本上升1元。單位產品耗用工時節約表明企業生產職工勞動生產率提高了。這是企業工作成績的表現。小時工資率提高是影響單位產品工資成本提高的因素。企業應結合生產職工平均工資的增長情況,做進一步的分析。

不論採用計時工資制,還是採用計件工資制,如果企業只生產一種產品,則單位產品成本的高低直接受生產職工工資總額和產品產量的影響。如果產品產量的增長速度超過了生產職工工資總額的增長速度,則單位工資成本就會下降;反之,單位工資成本將會上升。公式如下:

$$單位產品工資成本 = \frac{生產工人工資總額}{產品產量}$$

假設某企業只生產單一產品 A 產品,有關工資總額和產量資料如表 17-11 所示。

表 17-11　　　　　　　　　單位產品工資計算表

項　　目	上年數	本年數	差異
生產職工工資總額(元)	24,000	24,192	+192
產品產量(臺)	200	180	-20
單位產品工資成本(元)	120	134.4	+14.4

分析對象：134.4-120=+14.4(元)

(1)產量變動的影響(先實物量指標變動)：

$$\frac{上年工資總額}{本年產品產量}-\frac{上年工資總額}{上年產品產量}$$

$$=\frac{24,000}{180}-\frac{24,000}{200}$$

$$=13.34(元)$$

(2)生產職工工資總額的影響：

$$\frac{本年工資總額}{本年產品產量}-\frac{上年工資總額}{本年產品產量}$$

$$=\frac{24,192}{180}-\frac{24,000}{180}$$

$$=1.06(元)$$

分析結果表明，該企業單位產品工資成本上升14.4元，是由於生產職工工資總額上升了0.8%，使單位產品工資成本上升了1.06元；由於產品產量下降了10%，使單位產品工資成本上升了13.34元。產品產量下降屬於企業主觀上的因素，企業應進一步分析產量下降的原因。

(三)單位製造費用變動原因的分析

單位產品製造費用的分析類似於單位產品工資成本的分析。在生產多種產品的企業，其製造費用一般按生產工時分配計入每種產品中。因此，單位產品製造費用的計算公式為：

單位產品製造費用＝單位產品耗用工時×小時製造費用率

在生產單一產品的企業，單位產品製造費用的計算公式為：

$$單位產品製造費用=\frac{製造費用總額}{產品產量}$$

為了進一步瞭解製造費用變動的原因，提出改進措施，降低產品成本，企業應按製造費用項目逐項分析。在把製造費用劃分為變動費用部分和固定費用部分的情況下，對變動費用部分應將其預算數按照實際產量進行調整後，再與實際數對比，以確定其相對節約數；對固定費用部分，則用實際支出數直接同預算數相比較，確定其絕對節約額。在此基礎上，還應結合各生產環節的具體資料，聯繫責任單位和責任人，查明各項製造費用超支或節約的具體原因。對於某些製造費用項目的支出，如修理費、維護費、勞動保護費等，不應簡單、片面地理解為開支數降低就是成績，應將其開支與所取得的效果相比較，才能做出正確的評價。

製造費用的相對節約和絕對節約的分析方法如下：

(1)變動費用部分的相對節約額：

變動費用實際數額-變動費用預算數額×產品產量完成率

(2)固定費用部分的絕對節約額：

固定費用實際數額-固定費用預算數額

(3)費用總額節約額：

調整后的費用預算數-實際費用總額

假設某企業費用預算與實際情況如表 17-12 所示。

表 17-12　　　　　　　　　單位產品製造費用計算表　　　　　　　　單位：元

費用類別	預算數	調整后的預算數	實際數
變動費用	40,000	44,000	41,500
固定費用	15,000	15,000	14,000
費用總額	55,000	59,000	55,500

費用節約總額＝55,500-59,000＝-3,500（元）

變動費用相對節約＝41,500-44,000＝-2,500（元）

固定費用絕對節約＝14,000-15,000＝-1,000（元）

具體分析各個費用項目升降原因時，應根據具體情況採用不同的方法。對於消耗性材料的分析，應抓住消耗量大的材料分析其用量差異和價格差異。有些費用，如勞保費用、修理費用，必須與設備維修和勞動安全保護聯繫起來進行分析。既要盡可能節省支出，又要保證設備正常運轉和安全生產，不能片面強調節省，使設備帶病運轉，或忽視必要的勞動保護，影響職工的安全。

（四）單位產品廢品損失變動原因的分析

生產過程中的廢品損失，包括不可修復廢品的成本減去廢品的殘余價值和過失人的賠款后的余額，即不可修復廢品的淨損失及可修復廢品發生的修復費。在核算廢品損失的企業裡，廢品損失資料可以從生產費用明細帳和其他日常核算資料中取得。由於廢品損失沒有計劃數可比，因此分析廢品損失時，必須利用上期資料進行分析對比。

假設某企業甲產品的廢品損失資料如表 17-13 所示。

表 17-13　　　　　　　　　　　廢品損失情況表

分析項目	上年度 金額（元）	上年度 占產品成本的比重（%）	本年數 金額（元）	本年數 占產品成本的比重（%）
不可修復廢品成本	7,500	1.58	8,750	1.46
可修復廢品修復費	1,500	0.31	2,250	0.37
減：廢品殘值	500	0.10	750	0.125
減：過失人賠償	100	0.02	150	0.025
廢品損失	8,400	1.77	10,100	1.68
產品成本總額	475,000		600,000	

從表 17-13 可以看出，該企業上年廢品損失占產品成本的比重為 1.77%，本年廢品損失占產品成本的比重為 1.68%。從相對數看，廢品損失情況有所好轉，但成效不佳；從絕對

數來看,本年發生的廢品損失總額比上年還增加了1,700元,這說明企業工作中仍存在問題。廢品損失的發生純屬是一種浪費。特別是不可修復廢品,既浪費國家有限的資源,又影響企業的產品產量和生產成本。因此,在對廢品損失進行分析時,應進一步查明產生廢品的原因,尋求改進工藝技術、提高操作水平的途徑,盡量將廢品損失控制在最低限度,甚至為零。

第五節　技術經濟指標分析

一、技術經濟指標分析的意義

技術經濟指標是指從各種生產資源(如設備、原材料、能源以及勞動力等)的利用情況和產品質量等方面反應生產技術水平的各種指標的總稱。

技術經濟指標是影響產品單位成本的重要因素。產品成本分析必須深入到技術經濟指標分析,才能瞭解單位產品成本變動的原因,找到改善企業技術經濟指標來降低產品成本的途徑。

由於各企業生產經營過程的特點不同,它們擁有不同的技術裝備,使用不同的原材料,採用不同的加工方法和工藝過程,因此不同企業用來考核和分析的技術經濟指標也不相同。例如,電力工業的標準煤耗率和發電設備利用率、煤炭工業的回採率和掘進率、冶金工業的高爐有效容積利用系數和焦比、金屬切削機床設備利用率、鑄件廢品率和機加工廢品率、紡織工業的每千錠時平均產紗量和每件筒子用棉量、食品工業的出油率等。

技術經濟指標分析是指技術經濟指標的變動對單位產品成本的影響。技術經濟指標,如材料利用率、勞動生產率、設備利用率、產品合格品率等的提高,反應了企業生產技術的進步,也直接或間接地影響到產品成本的高低。結合技術經濟指標進行成本分析,就是研究這些指標的變動對成本的影響程度,有利於提高成本分析工作質量,使其更好地發揮積極作用。

首先,通過對技術經濟指標進行分析,使成本分析深入到生產技術領域,把經濟分析同生產技術分析結合起來,具體掌握影響產品成本升降的內在因素,從經濟效果上促使企業更好地完成各項技術經濟指標,從而不斷降低產品生產成本。

其次,通過對技術經濟指標進行分析,成本分析具有更廣泛的群眾基礎。企業技術經濟指標可以分解、落實到職工生產技術崗位,同職工生產工藝操作的質量和效果有密切的聯繫。因此,把成本分析同技術經濟指標結合起來,進而把分析結果同日常的評比、競賽相結合,可以調動職工完成各項技術經濟指標、降低成本的積極性,有利於把企業的專業分析同群眾分析結合起來。

最后,各項技術經濟指標完成情況從每天的業務技術報告中隨時可以得到反應。因

此，分析技術經濟指標對產品成本的影響可以隨時結合日常的生產技術活動進行分析，及時掌握成本偏差，從而便於及時採取必要措施，改進工作，起到預測成本、控制成本的作用。

二、原材料技術經濟指標變動對產品成本的影響

(一) 改進產品設計對產品成本影響的分析

在生產較為正常、管理水平較高的企業裡，要大幅度地降低成本，必須從產品設計、產品結構和生產工藝等方面的改革入手，尋找降低成本的途徑。產品結構和工藝改革應進行產品成本功能分析，在保證產品質量的前提下，改進產品設計，使產品的體積由大變小、重量由重變輕、結構由繁變簡、效能由低變高。這樣不僅能提高產品的使用價值，而且能節約原材料等物質的消耗，降低產品成本。因此，改變產品設計引起單位產品成本降低可用如下公式計算：

$$(1-\frac{改進后產品重量}{改進前產品重量})\times 改進前單位產品材料占產品成本比重$$

【例 17-1】某企業產品改進前的產品重量為 80 千克，單位成本為 250 元，其中原材料成本為 200 元，改進後的產品重量為 70 千克。

因產品設計改進使單位產品成本降低率為：

$$(1-\frac{70}{80})\times\frac{200}{250}=10\%$$

因改進產品設計而節約的單位產品材料成本為：

250×10% = 25(元)

(二) 原材料利用率變動對產品成本影響的分析

原材料利用率是說明原材料利用程度的相對指標，反應了投入生產的原材料消耗重量與所產產量之間的比例關係，如酒廠的出酒率、油廠的出油率、糖廠的出糖率等。其計算公式為：

$$原材料利用率=\frac{產品產量}{投入原材料消耗量}\times 100\%$$

原材料利用率與產品單耗材料是倒數關係。原材料利用率變動，不僅通過單位產品原材料耗用量變動直接影響產品成本，而且通過產量變動影響單位產品固定費用，間接影響產品成本。

原材料利用率變動對單位產品成本降低率的影響的計算公式為：

$$(1-\frac{上年原材料利用率}{本年原材料利用率})\times 上年單位產品材料占產品成本比重$$

【例 17-2】某企業原材料利用率情況如表 17-14 所示。

表 17-14　　　　　　　　　原材料利用率及產品成本計算表

項　目	上年	本年
投入原材料消耗重量(千克)	200,000	250,000
產品產量(千克)	160,000	206,000
原材料利用率	80%	82.4%
單位產品耗用材料(千克)	1.25	1.21
投入材料單價(元)	5.00	5.00
原材料總成本(元)	1,000,000	1,250,000
單位產品原材料成本(元)	6.25	6.07

假設上年單位產品成本為10元。

原材料利用率變動對單位產品成本降低率的影響為：

$(1-\dfrac{80\%}{82.4\%}) \times 62.5\% = 1.82\%$

(三)配料比例變動對產品成本影響的分析

配料比例是指生產產品所耗用同種材料的不同等級材料的混合比重。由於不同等級的材料價格不同，使得單位材料成本不同。在保證產品質量和功能不受影響的情況下，多耗用低等級材料、少耗用高等級材料，會使產品材料成本下降。材料配比變動對材料成本的影響分析如下：

$$\dfrac{\text{計劃配比計劃價格}}{\text{計算的平均單價}} = \dfrac{\sum \text{計劃單耗} \times \text{計劃單價}}{\sum \text{計劃單耗}}$$

$$= \sum \text{計劃配比} \times \text{計劃單價}$$

計劃配比計劃價格計算的平均單價也叫計劃平均單價。

$$\dfrac{\text{實際配比計劃價格}}{\text{計算的平均單價}} = \dfrac{\sum \text{實際單耗} \times \text{計劃單價}}{\sum \text{實際單耗}}$$

$$= \sum \text{實際配比} \times \text{計劃單價}$$

$$\dfrac{\text{實際配比實際價格}}{\text{計算的平均單價}} = \dfrac{\sum \text{實際單耗} \times \text{實際單價}}{\sum \text{實際單耗}}$$

$$= \sum \text{實際配比} \times \text{實際單價}$$

實際配比實際價格計算的平均單價也叫實際平均單價。

(1)由於單位耗用總量變動對單位產品材料成本的影響：

(實際單耗總量-計劃單耗總量)×∑計劃配比×計劃單價

(2)由於配料比例變動對單位產品材料成本的影響：

[∑(實際配比-計劃配比)×計劃單價]×實際單耗總量

(3)由於材料價格變動對單位產品材料成本的影響：

[∑(實際單價-計劃單價)×實際配比]×實際單耗總量

【例17-3】某企業材料配比資料如表17-15所示。

表17-15　　　　　　　耗用不同等級材料成本計算表

等級材料	計劃 單耗(千克)	計劃 配比(%)	計劃 單價(元)	計劃 成本(元)	實際 單耗(千克)	實際 配比(%)	實際 單價(元)	實際 成本(元)
一等	100	50	5	500	108	45	5.2	561.6
二等	60	30	4	240	72	30	4	288
三等	40	20	3	120	60	25	2.8	168
合計	200	100		860	240	100		1,017.6

實際平均單價＝45%×5.2+30%×4+25%×2.8＝4.24(元)
計劃平均單價＝50%×5+30%×4+20%×3＝4.3(元)
實際配比計劃平均單價＝45%×5+30%×4+25%×3＝4.2(元)
分析對象：1,017.6-860＝157.6(元)
(1)材料單耗總量變動對單位產品材料成本的影響：
(240-200)×4.3＝172(元)
(2)材料配比變動對單位材料成本的影響：
(4.2-4.3)×240＝-24(元)
(3)材料價格變動對單位產品材料成本的影響：
(4.24-4.2)×240＝9.6(元)

(四)合理代料對產品成本影響的分析

合理代料是指從降低成本的角度出發，在保證產品質量的前提下，用價格低的材料代替價格高的材料，如用硬塑代替鋼、銅等材料，用較普通的材料代替較緊俏或稀少的材料。合理代料不僅是擴大材料來源、促進生產發展的重要措施，也是降低產品成本的重要途徑。

因合理代料而形成的材料節約額，也是產品成本節約額。其計算公式為：

代用材料用量×代用材料價格-原用材料用量×原用材料價格

【例17-4】某企業生產甲產品，每件耗用A材料200千克，每千克單價20元。現改用B材料代替，每件耗用B材料250千克，每千克單價15元。

因合理使用代用材料而形成的節約成本為：
250×15-200×20＝-250(元)

(五)綜合利用材料對產品成本影響的分析

綜合利用是指企業對本企業生產產品過程中產生的各種廢物進行加工處理，生產出有用的物資產品。企業能對本企業生產中產生的廢氣、廢水、廢渣進行綜合利用，一方面能減少環境污染、化廢為寶、化無用為有用、化小用為大用，為社會節約資源，並為社會提供有用的物質財富；另一方面能讓綜合利用生產出來的副產品分攤一部分主產品的原材料成本和相關的固定費用，從而使主產品成本下降。

三、勞動生產率變動對產品成本影響的分析

勞動生產率提高意味著單位產品消耗時間的減少,從而引起其負擔的工資成本也相應地減少。但是,勞動生產率的增長往往伴隨著人平工資率的增長,從而使產品單位成本提高。因此,要計算勞動生產率增長對成本的影響,要看勞動生產率的增長速度是否高於人平工資增長的速度。如果勞動生產率的增長率高於人平工資增長率,則會引起單位產品工資成本下降;否則,會引起單位產品工資成本上升。

勞動生產率增長速度和人平工資增長速度的對比關係的變動,對產品成本的影響程度可按下列公式計算:

$$(1-\frac{1+人平工資增長率}{1+勞動生產率增長率})\times 上年工資成本占產品成本的比重$$

【例17-5】某企業勞動生產率增長了15%,人平工資增長了8%。上年單位產品成本中的工資成本占10%,則勞動生產率和人平工資增長率變動對成本降低率的影響為:

$$(1-\frac{1+8\%}{1+15\%})\times 10\% = 0.61\%$$

四、產品產量變動對產品成本影響的分析

某些技術經濟指標,如設備利用指標,不直接影響產品的消耗,而是通過產量變動間接影響產品成本。為了分析這類指標變動對產品成本的影響,需要先確定產量變動對單位成本的影響。

產量變動對成本的影響主要是指因產量變動而影響單位產品成本中的固定費用和半變動費用,而不會影響其變動費用。企業的製造費用一般屬於半變動費用。

計算產量變動和半變動費用的變動對成本的影響可用下列公式計算:

$$(1-\frac{1+半變動費用增長率}{1+產品產量增長率})\times 上年半變動費用占產品成本的比重$$

【例17-6】某企業產量增長率為20%,半變動費用增長率為6%,上年半變動費用占產品成本的比重為4%。

產量變動和半變動費用變動對單位產品成本降低率的影響為:

$$(1-\frac{1+6\%}{1+20\%})\times 4\% = 0.47\%$$

五、產品質量變動對產品成本影響的分析

產品質量與產品成本之間存在著對立統一的關係。一般而言,產品質量的提高往往發生大量的質量預防成本,從而使產品成本上升。但是,隨著生產的進行,質量提高后的產品質量會逐漸趨於穩定,質量預防成本會因此而減少並趨於正常,此時的內部故障損失和外部故障損失將比過去大量減少。

製造企業的產品質量指標一般有兩類:一類是反應產品本身的質量指標,如等級產品的平均等級系數、產品平均單價等;另一類是反應生產工作質量的指標,如合格品率、廢品率、返修品率等。產品不同等級的產品耗用的原材料和加工費用是相同的,也就是說不同等級的產品,其單位產品成本是相等的,只是它們的價格不相同,平均等級系數或產品平均價格等質量指標變動並不影響產品成本的變動。因此,產品質量變動對成本影響的分析主要是研究企業生產過程中產生的廢品對單位成本的影響。企業生產廢品所發生的損失最終要「轉嫁」給合格品負擔。企業生產過程中的廢品率越高,合格品所負擔的廢品損失就越多,單位產品合格品的成本就越高;反之,單位產品成本就越低。廢品率變動對成本影響的計算公式如下:

$$1-\frac{1-上年廢品率}{1-本年廢品率}\times\frac{1-本年廢品率\times本年廢品殘值率}{1-上年廢品率\times上年廢品殘值率}$$

【例17-7】某企業上年廢品率為8%,本年廢品率為5%,本年和上年的廢品殘值率均為30%,計算廢品率變動對單位產品成本降低率的影響(金額單位:元)。

項目	上年	本年
投入成本	100,000	100,000
生產數量	100(件)	100(件)
產量單位成本	1,000	1,000
廢品率	8%	5%
廢品數量	8件	5件
廢品殘值率	30%	30%
廢品殘值額	2,400	1,500
合格品總成本	97,600	98,500
合格品產量	92(件)	95(件)
合格品單位成本	1,060.87	1,036.84

$$單位產品成本降低率=\frac{1,036.84-1,060.87}{1,060.87}\times100\%=2.26\%$$

用上述廢品率的公式直接計算出廢品率變動對單位產品成本降低率的影響為:

$$1-\frac{1-8\%}{1-5\%}\times\frac{1-5\%\times30\%}{1-8\%\times30\%}=2.26\%$$

思考題

1. 成本分析的意義何在?
2. 成本分析方法有哪些?
3. 比較分析法與比率分析法存在的共同缺陷是什麼?
4. 什麼是因素分析法?它與連環替代法有何關係?
5. 什麼是連環替代法?它的分析原理是什麼?

6. 連環替代法的特點是什麼？該方法的主要作用是什麼？該方法的局限性是什麼？

7. 如何分析全部產品成本降低情況？在分析全部產品成本降低情況時，為什麼要將產品產量固定在實際產量水平？

8. 什麼是可比產品成本？什麼是可比產品成本降低任務？如何分析可比產品成本降低任務完成情況的原因？

9. 有人認為市場經濟競爭激烈，產品更新不斷加快，企業幾乎沒有可比產品，因此可比產品成本分析沒有意義，你如何看待這一觀點？

10. 成本分析是事後進行的，你認為事後成本分析在成本管理各個環節中有何意義？

11. 單位產品成本分析有何意義？如何分析單位產品成本變動情況？

12. 什麼是技術經濟指標？改善各項技術經濟指標對降低產品成本有何意義？

13. 怎樣看待「產品質量是企業的生命，產品成本是企業生存和發展的前提」？

練習題

1. 某企業可比產品成本資料如表17-16、表17-17所示。

表17-16　　　　　　　　　　可比產品成本計劃指標

產品名稱	計劃產量（件）	單位成本		總成本		計劃降低任務	
		上年實際（元）	本年計劃（元）	上年總成本（元）	本年計劃（元）	降低額（元）	降低率（%）
A	200	440	400	88,000	80,000	8,000	9.09
B	200	360	320	72,000	64,000	8,000	11.11
合計				160,000	144,000	16,000	10

表17-17　　　　　　　　　　可比產品成本實際完成情況

產品名稱	實際產量（件）	單位成本			總成本		
		上年實際（元）	本年計劃（元）	本年實際（元）	按上年成本計算（元）	按計劃成本計算（元）	按實際成本計算（元）
A	240	440	400	370	105,600	96,000	88,800
B	220	360	320	330	79,200	70,400	72,600
合計					184,800	166,400	161,400

要求：

(1) 計算A、B兩種產品的實際成本降低率和可比產品總成本實際降低率。

(2) 確定可比產品成本降低任務完成情況。

(3) 分析計算可比產品成本降低任務完成情況的具體原因。

2. 某企業甲產品單位材料成本資料如表17-18所示。

表17-18　　　　　　　　　甲產品單位材料成本資料

材料名稱	上年數			本年數		
	單位耗用量（千克）	單價（元）	金額（元）	單位耗用量（千克）	單價（元）	金額（元）
A材料	180	2.0	360	175	2.1	367.5
B材料	100	2.5	250	105	2.4	252
合計			610			619.5

要求：分析計算甲產品單位材料成本變動原因。

3. 某企業A產品單位工資成本資料如表17-19所示。

表17-19　　　　　　　　　A產品單位工資成本資料

項目	上年數	本年數	差異
單位產品生產工人工資(元)	50	48.3	-1.7
單位產品耗用工時(小時)	25	23	-2
小時工資率(%)	2	2.1	+0.1

要求：分析計算A產品單位工資成本的變動原因。

4. 某企業生產一種產品C產品，其製造費用和產量資料如表17-20所示。

表17-20　　　　　　　　　生產C產品製造費用和產量資料

項目	上年數	本年數
製造費用總額(元)	10,000	12,100
產品產量(件)	800	1,100
單位產品製造費用(元)	12.5	11

要求：分析計算C產品單位製造費用的變動原因。

5. 某企業生產產品所耗材料的配料比例及耗用情況如表17-21所示。

表17-21　　　　　　　　　產品所耗材料的配料比例及耗用情況

等級材料	計劃			實際		
	單耗數量（千克）	配比（%）	單價（元）	單耗數量（千克）	配比（%）	單價（元）
一級材料	50	50	5	54	45	5.2
二級材料	30	30	4	36	30	4.0
三級材料	20	20	3	30	25	2.8
合計	100	100		120	100	

要求：計算平均單價並分析計算配料比例變動對單位產品成本的影響。

第十八章　作業成本計算法

作業成本計算法是一種具有創新意義的成本計算方法,是適應當代高新科學技術的製造環境和靈活多變的顧客化生產的需要而形成和發展的。作業成本計算法改革了製造費用的分配方法,並使產品成本計算更加準確,大大提高了成本信息的真實性。

第一節　作業成本計算法的基本原理

一、作業成本計算法產生的時代背景

21世紀的社會是一個高新技術迅速發展,由工業社會向知識經濟社會迅速轉化的社會。其中,以計算機技術、通信技術和網路技術為代表的信息革命是核心,它給人類社會的各個方面帶來了巨大的影響。作業成本計算(Activity-Based Costing, ABC)就是在這種背景下產生的,是自20世紀90年代以來在西方先進製造企業首先應用起來的一種全新的企業管理理論和方法。

近20年來,在電子技術革命的基礎上產生了高度自動化的先進製造企業。這些高度自動化企業能夠及時滿足客戶多樣化、小批量的商品需求,快速地、高質量地生產出多品種、小批量的產品。在這種先進的製造環境下,許多人工已被機器取代,因此直接人工成本比例大大下降,固定製造費用比例上升。產品成本結構如此重大的變化,使得傳統的「數量基礎成本計算」(以工時、機時為基礎的成本分配方法)不能正確反應產品的消耗,從而不能正確核算企業自動化的效益,不能為企業決策和控制提供正確、及時的關鍵性會計信息。這是因為面對高科技、產品品種的日趨多樣化和小批量生產的內部製造環境,面對日益激烈的全球性競爭和貿易壁壘消除的新市場環境,繼續採用早期大批量生產條件下的產品成本計算和控制的方法,用在產品成本中佔有越來越小比重的直接人工去分配佔有越來越大比重的製造費用,分配越來越多與工時不相關的製造費用,必然導致產品成本信息嚴重失真,從而引起經營決策失誤、產品成本失控,最終導致企業總體盈利水平下降。

作業成本計算是一個以作業為基礎的管理信息系統。作業成本計算以作業為中心,而作業是從產品的設計開始,到物料供應、生產工藝流程的各個環節、質量檢驗、包裝,再到發運銷售的全過程,通過對作業及作業成本的確認、計量,最終計算出相對真實的產品成本。

作業成本計算法的產生最早可以追溯到20世紀傑出的會計大師——美國人埃里克·

科勒(Eric Kohler)教授。他在 1952 年編著的《會計師辭典》中首次提出「作業」「作業帳戶」「作業會計」等概念。1971 年,喬治·斯托布斯(George Staubus)教授在《作業成本計算和投入產出會計》(Activity Costing and Input-Output Accounting)中對「作業」「成本」「作業會計」「作業投入產出系統」等概念進行了全面系統的討論,這是第一部從理論上研究作業會計的著作。20 世紀 80 年代后期,隨著以「MRP2」為核心的管理信息系統的廣泛應用以及集成製造的興起,使得美國實業界普遍感到產品成本信息與現實脫節,成本扭曲現象普遍存在。這時,芝加哥大學的青年學者羅賓·庫珀(Robin Cooper)和哈佛大學教授羅伯特·S. 卡普(Robert S. Kalpan)在對美國公司調查研究后,發展了斯托布斯的思想,提出了以作業為基礎的成本計算。隨后,美國眾多大學會計學者與公司聯合起來,共同在這一領域開展研究。

目前,作業成本計算法的應用已由最初的美國、加拿大、英國,迅速地向大洋洲、亞洲、美洲以及歐洲國家擴展。在行業領域方面,也由最初的製造行業擴展到商品批發、零售業以及金融、保險、醫療衛生等公用品部門和會計師事務所、諮詢類社會仲介機構等。

二、作業成本計算法與傳統成本計算法的比較

這裡所說的傳統成本計算法,實際上是指傳統的間接成本分配法。傳統的間接成本分配法是指以直接人工工時、直接人工成本、機器臺時等作為分配基礎,分配間接費用的一種成本計算方法。按傳統成本計算法,某產品的成本是由直接成本和間接成本兩部分組成。一般情況下,間接成本的計算公式是:

某產品間接成本＝該產品直接工時(或臺時等)總數×間接費用分配率

式中間接費用分配率的計算公式是:

$$間接費用分配率 = \frac{間接費用總額}{\sum(產量 \times 單位直接工時)}$$

在這種方法下,從總體看,生產的產品產量越多,決定間接成本費用分配率的公式中的分母就越大,從而使間接成本分配率就越小。在間接費用總額和單位工時一定的情況下,產量越高,間接費用分配率就越低,單位產品成本就越低。這就導致許多企業為降低單位產品成本而進行大批量的產品生產。當增加的產品銷售不出去或不能馬上銷售出去時,就會增加存貨成本;當產品由於積壓變質而報廢時,其損失將遠遠大於由於增加產量而形成的產品成本節約額。再從各種產品分別看,各種產品分攤的間接費用又與產量成正比,實際上,間接費用並不與產量成正比。但是,這種分配方法在幾十年前是合理的。因為當時的大多數公司只生產少數幾種產品,構成產品成本最重要的因素是直接人工成本和直接材料成本,並且這兩種成本占產品成本的很大部分,而製造費用的比重很小,因此用少量的製造費用構成產品成本主體的直接人工去分配,所導致的扭曲是非常小的,產品成本信息是比較準確的。然而,隨著科學技術的快速發展,全球性競爭的加劇,公司及其生產環境發生了巨大的變化:生產成本中固定製造費用比重增大,直接人工比重下降,從而製造費用分配率很大,很容易造成產品成本失真;隨著與工時無關費用的快速增加,用不具有因果關係的

直接人工去分配這些費用,必定產生虛假的成本信息。這些虛假的、失真的成本信息導致經營決策的失誤、成本失控和降低財務報告的可靠性。

作業成本計算法正是以克服傳統成本計算方法的弊端而產生的。作業成本計算法能夠提供某種具體產品消耗間接費用的正確信息資料。運用作業成本計算法計算的成本,準確地反應了各種產品按其消耗的設施所付出的代價。因為作業成本計算法是建立在這樣的前提下,即按各種產品實際消耗的與間接成本相關的作業量的多少來分配其應該負擔的間接成本。按作業成本計算法計算的成本同樣包括直接製造成本和間接成本兩部分,只不過這種方法在間接成本分配時,不是將所有的間接成本按同一分配標準進行分配,而是根據各種間接成本的作業性質和特點採取不同的分配標準。同時,分配基礎不僅發生了量變,而且發生了質變,它不再局限於傳統成本計算所採用的單一數量分配標準,而是採用了多元的分配基準;它不再局限於形式上的分配基準多元化,而是集財務變量與非財務變量於一體,並且非常強調非財務變量(產品的零部件數量、調整準備次數、運輸距離、質量檢測時間等)。由於這種分配方式提高了成本與產品實際耗費的相關性,從而使作業成本會計能提供相對準確的產品成本信息。通過對所有與產品相關的作業活動的追蹤分析,為盡可能地消除「不增值作業」,改進「增值作業」,優化「作業鏈」,增加「顧客價值」提供有用的信息,使損失減少到最低限度,提高決策、計劃、控制的科學性和有效性,最終達到提高企業的市場競爭能力和盈利能力,增加企業價值的目的。

三、作業成本計算法的基本概念

作業成本計算法是基於作業的成本計算法,是指以作業為間接費用歸集對象,通過資源動因的確認、計量,歸集資源費用到作業上,再通過作業動因的確認計量,歸集作業成本到產品或顧客上去的間接費用分配方法。作業成本計算法為作業、經營過程、產品、服務、客戶等提供了一個更精確的分配間接成本和輔助資源的分配方法。作業成本計算系統認為組織的資源不只在產品的物質生產中消耗,在許多輔助作業中也同樣被消耗,為不同顧客提供不同的產品往往需要消耗不同的輔助作業。作業成本計算法的目標是把所有為不同顧客和產品提供作業所耗費的資源價值測量和計算出來,並恰當地把它們分配給各位顧客和產品。

這裡的資源是指支持作業的成本、費用來源。它是一定期間內為了生產產品或提供服務而發生的各類成本、費用項目,或者是作業執行過程中所需要花費的代價。製造行業中典型的資源項目一般有原材料、輔助材料、燃料、動力費用、工資及附加費、折舊費、辦公費、修理費、運輸費等。與某項作業直接相關的資源應該直接計入該作業。如果一項資源支持多種作業,那麼應當使用資源動因基準將資源計入各項相應的作業中去。

作業(Activity)是指相關的一系列任務的總稱,或指組織內為了某種目的而進行的消耗資源的活動。作業代表組織實施的工作,是連接資源與成本標的的橋樑。成本標的是指經濟組織執行各項作業的原因,是歸集成本的終點。一般而言,成本標的與企業目標相聯繫。如果企業目標是優化產品組合,這個目標需要可靠的產品獲利信息,那麼產品就可定

義為成本標的。典型的成本標的有產品、顧客、服務、銷售區域和分銷渠道等。一項作業是一個典型的作業成本計算模型中的最小成本歸集單元，每個作業都有計算成本標的的作業動因。作業可以看做由一系列的任務構成的。例如，「發出訂貨單」作業是由以下步驟構成：從使用部門收到購買需求信息、索取供應商報價並評估價格、編製比較分析表、認定供應商、編製並發出訂單。

　　作業中心(Activity Center)是一系列相互聯繫、能夠實現某種特定功能的作業集合。原材料採購作業中，材料採購、材料檢驗、材料入庫、材料倉儲保管等都是相互聯繫的，並且都可以歸類於材料處理作業中心。將相關的一系列作業(或任務)消耗的資源費用歸集到作業中心(或作業)，計入各該作業中心(或作業)的作業成本庫。作業成本庫(Activity Cost Pool)是作業中心(或作業)的貨幣表現形式。

　　作業可以從不同的角度進行分類。庫珀及卡普將作業分為以下四類：

　　(1)單位作業(Unit Activity)。這是指使單位產品和顧客受益的作業。例如，對每件產品的人力加工、機械加工等。這種作業的成本一般與產品產量或某種屬性(產品重量、長度等)成比例變動。

　　(2)批別作業(Batch Activity)。這是指使一批產品或顧客受益的作業。例如，對每批產品的檢驗、機器調整準備、原料處理、生產計劃等。這種作業的成本與產品的批數成比例變動。

　　(3)產品別作業(Product Activity)，即品種別作業，是使某種產品或顧客的每個單位都受益的作業。例如，對每一種產品進行工藝設計，編製數控程序、材料清單等。這種作業的成本與產品產量和批數無關，但與產品種類數成比例變動。

　　(4)過程作業(Process Activity)，也稱管理級作業，是指為了支持和管理生產經營活動而進行的作業。例如，生產協調、意外事件處理等。過程作業與產量、批次、品種數無關，而取決於組織規模與結構。

　　成本動因(Cost Driver)是指誘導成本發生的原因，是成本標的與其直接關聯的作業和最終關聯的資源之間的仲介因素。作業和成本標的是其起因，資源的消耗是其結果。成本動因是成本形成的起因，是確定成本的決定性因素。成本發生的基礎因子是資源，而僅有成本基礎因子並非形成產出成本的充要條件，還必須實施作業以驅動資源，因此作業是成本驅動因子。成本動因重在揭示具體的成本驅動因子，即作業的量化標準。

　　成本動因可分為資源動因(Resource Driver)和作業動因(Activity Driver)兩類。資源動因是衡量資源消耗量與作業之間的關係的某種計量標準，反應了消耗資源的起因，是資源費用歸集到作業的依據。在分配過程中，由於資源是一項一項地分配到作業中去的，於是產生了作業成本要素(Cost Element)，將每個作業成本要素相加形成作業成本庫。通過作業成本庫成本要素的分析，可以揭示哪些資源需要減少，哪些資源需要重新配置，最終決定如何改進和降低作業成本。作業動因是指作業發生的原因，是將作業成本庫中的成本分配到成本標的去的依據，也是將資源消耗與最終產出聯繫起來的仲介。通過作業動因分析，

可以揭示哪些作業是多餘的而應該減少,哪些作業是關鍵作業而應密切注意其變化等。典型的作業動因:產品 X 比產品 Y 有更大的市場需求量,因此產品 X 有比產品 Y 更多的訂購原材料、零部件的訂貨單。顯然,產品 X 應從採購成本庫中分配到更多的相關成本。其中,產品 X 與 Y 是成本標的,訂單的數目就是作業動因,通過發出的 X、Y 產品的訂貨單數目,能夠比較準確地把材料採購成本分配到 X、Y 產品上去。各層次作業及其成本動因如表 18-1 所示。

表 18-1　　　　　　　　　各次級作業及其成本動因

層　　級	代表作業	作業動因
單位級作業	每件產品質量檢查 直接人工操作 機器耗用的動力	產品數量 直接工時 機器工時
批次級作業	機器調試準備 每批產品質量檢查 採購物料	準備小時 批次數或小時 採購次數
產品品種級作業	產品設計 零件管理 生產流程	產品種類 零件數量 產品種類
管理級作業	廠務管理 應收帳款 會計人事	廠房面積 顧客數量 員工人數

四、作業成本計算法原理及開發程序

作業成本計算法認為,由於作業消耗了資源,產出消耗了作業,因此資源應該通過資源動因基準分配給作業形成作業成本,而作業成本應通過作業動因基準分配給產出。這裡的成本動因是重要的量化基準,即作業動因是產出消耗作業的量化基準;資源動因是作業消耗資源的量化基準。作業成本計算法涉及兩個階段的製造費用分配過程:第一階段,把有關生產或服務的製造費用(資源)歸集到作業中心,形成作業成本;第二階段,通過作業動因把作業成本庫中歸集的成本分配到產品或服務(成本標的)中去,最終得到產出成本。作業成本計算法原理如圖 18-1 所示。

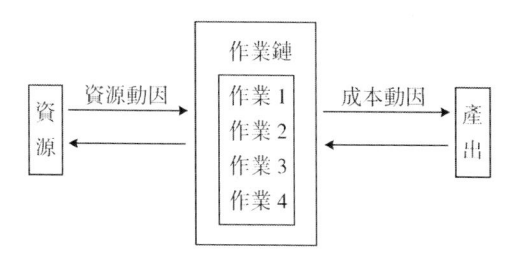

圖 18-1　作業成本計算法原理圖

作業成本計算系統技術開發程序分兩個階段:第一階段分兩步,首先鑑別出消耗組織資源的作業,然后確認資源動因,計量歸集資源費用到相關作業;第二階段包括建立作業中心、作業成本庫,確認成本動因,計算成本動因率並把作業成本分配給相關的成本標的。具體步驟如下:

(一)定義作業

定義組織中生產和服務的作業是構造作業成本計算系統的基礎。

1. 仔細鑑別作業的類別

一個經濟組織的作業鏈是由員工、設備、設施、供應商、轉包商以及銷售商、客戶等構成的一個系統。一般成本分配的基準是人工實施的作業,但在作業成本計算系統中,人工作業仍然是一個重要作業,但不是唯一的,還有以下其他作業:

(1)人工作業。由於人工作業直觀、容易定義,並且從現有的成本系統記錄中,比較容易取得數據資料,因此人工作業是一個重要的作業。

(2)設備作業。由於機器設備是組織的一項重要資源,作業成本計算分析應判斷哪些作業是由機器實施的。在人工僅僅是設備附帶的或偶然的因素時,不應將該項作業定義為人工作業;如果設備對人工實施的作業而言是偶然的、附帶的,或者設備是人工作的工具,這時不能單獨定義為設備作業。

(3)設施作業。許多設施是安置員工和設備的區域,在這種情況下,設施是人工或設備作業的資源,應歸集到相應的作業中去。

(4)供應商和轉包商作業。對向供應商和轉包商提供的資源必須特別注意,因為消耗這些資源的作業是由組織外部的人員實施的。后勤服務也可向外部供應商提供,審計也可由外部審計人員來實施等。

(5)管理、服務部門作業。管理、服務部門的資源耗費不能通過一個成本動因分配到生產部門。這些不能用單一成本動因反應的作業有生產計劃、產品設計、生產管理、信息系統、採購、原材料處理、檢驗試驗、車間管理以及銷售、售后服務等。由於上述各類別作業都涉及人工,那麼在定義作業時,應先根據員工工資單把所有的員工分配到具體的工作地點或業務部門,並大致界定作業的領域,再按前述原則定義作業。

2. 定義作業的方法

把資源費用和引起資源耗費的動因聯繫起來的方法有以下兩種:

(1)調查表法,即通過向全體員工發放調查表,分析歸納調查表來確定主要作業的方法。調查表發放對象不僅包括一線直接工作人員,還包括輔助、管理部門的人員。調查表的內容主要是估計他們在作業中實際消耗作業時間的比率以及其他重要的活動。

(2)座談法,即與被調查者面對面交談。這種方法主要用於向部門經理瞭解信息,整體確認一個部門(車間)的作業。

3. 作業的合併與分解

作業分析之后應適當進行作業的合併或分解,以達到科學、準確定義作業的目標。一

般是先繪製作業流程圖,再進一步分析。

(1)作業流程圖。作業流程圖可以清楚地顯示初步作業分析的結果,可以把企業生產加工和經營活動用流程圖的方式顯示出來,作為進一步優化作業的基礎。概括的作業流程圖如圖18-2所示。

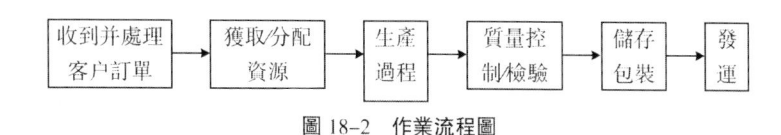

收到并處理客戶訂單 → 獲取/分配資源 → 生產過程 → 質量控制檢驗 → 儲存包裝 → 發運

圖18-2　作業流程圖

(2)作業的合併。作業合併是把相似的作業和任務組合起來。例如,發出訂貨單需要許多其他的連續作業,如收到訂貨需求、確定供應商、收到各供應商的競爭標價、比較分析、編製郵寄訂貨單,所有這些任務都可以合併為採購作業。

(3)作業的分解。例如,材料處理作業包括購買、運輸、檢驗、入庫、保管等,一般可將其分解為3個由不同部門負責的重要作業,如材料採購、材料檢驗、材料入庫。

作業的合併與分解應注意:第一,不同部門負責的作業不要合併。第二,不要過度合併或分解作業。一般地,一個作業包括6~12項相關任務。第三,一個定義得好的作業包括二三個輸入和輸出口,無須再進行分解。第四、粗略估計法。若90%的製造費用被相應作業所歸集,那麼可以認為實現了作業分解。

(二)歸集作業消耗的資源費用

1. 歸集資源費用的原則

(1)注重價值高的資源。價值很高的資源費用的分配不容易造成最終產品成本巨大的誤差,因此要特別注意對高價值資源的歸集。但是,這類資源在不同行業、不同公司內的表現形式不同。

(2)注重差異性大的資源,即注意那些消耗量隨產品類型不同而變化巨大的資源。

(3)集中注意那些需求方式與傳統的分配基準(如直接人工、機時、原材料量)不相關的資源。

第二類和第三類資源用傳統的成本分配基準分配,往往造成產品成本的扭曲。

2. 參考預算項目歸集作業的資源費用

各預算項目說明了管理當局計劃如何使用資源,而且這些預算項目大部分與會計日記帳的帳戶相符。因此,可以根據各種作業對預算項目的消耗情況,合併或分解各個預算項目或會計日記帳項目,歸集作業的資源費用。

3. 歸集內容和方法

在收集有關數據資料階段,一般是從確定每項作業的人工成本開始的。由於有些人工成本比例是很低的,因此也可以只收集製造費用。在確定各項作業的人工費用時,通過分析作業所花的時間和人工等級確定有關的人工成本。接著是收集、分解或歸並執行作業時耗費的其他資源和所使用的設備、設施,內容包括熱能、照明、動力、水、風、氣、機加工的模

具以及機器設備、設施的折舊、租金、稅款等占用成本。這些費用可以用場地面積、機器工時等基準來分配給各項作業。

(三) 建立作業中心、作業成本庫

上面兩步完成以後,產生了大量的次級作業。為了建立合理的系統需要把這些次級作業按一定的原則合併為一級作業,建立作業中心,若干個作業中心還可以按一定的規則歸並為作業成本庫。性質相同的作業可以歸並為一個作業中心,具有量的同質性的作業可以合併為一個作業中心。另外,歸並的作業成本庫應該具有一定的規模,金額較小的成本庫是不必設置的。在建立作業中心和作業成本庫時,應注意減少作業中心、作業成本庫數量對產品或服務成本計算準確性的影響以及基層部門內部控制的需要。作業成本庫的數目應小於或等於作業中心數目,一個不斷發展的作業成本計算系統一般有 15~20 個作業成本庫就足夠了。

(四) 確定成本動因、計算成本動因率

在建立了作業中心,歸集相同性質的作業成本為作業成本庫后,需要從作業成本庫多個作業動因中選擇出恰當的作業動因作為該成本庫的代表成本動因,並計算成本動因分配率。

1. 迴歸法

迴歸法是對每一個備選項進行統計迴歸分析的方法。把作業動因視為獨立變量,成本作為非獨立變量進行迴歸。當某項作業動因與作業成本庫成本的相關係數較大時 (>0.9),可以用該項作業動因作為該作業成本庫的代表成本動因。迴歸分析中出現了常數項,則說明成本在某種程度上是固定的,不隨成本動因的變化而變化。

2. 分析判斷法

分析判斷法是通過分析,把相關資源價值量大、有典型代表性的作業動因選出來作為成本庫的代表成本動因。如果不止一個作業動因顯示出長期有效,並且相關資源金額較大,則可以將作業成本庫分為若干個次級作業成本庫,選不同的成本動因用於各個次級作業成本庫。確定了成本動因后,可按下面的公式計算成本動因率:

$$R_j = \sum_{i=1}^{n} C_{ij}/A_j \qquad ①$$

式中:R_j 表示 j 作業成本的成本動因率;
C_{ij} 表示 j 作業中心 $i(i=1\sim n)$ 作業的成本;
n 表示歸入 j 作業中心的作業數目;
A_j 表示 j 作業成本庫中成本動因的數量。

(五) 分配作業成本庫成本到成本標的,計算單位成本

根據計算出來的成本動因率和產品或服務消耗的成本動因數量,可以計算出產品或服務的作業成本和單位作業成本,如式②、式③:

$$C_m = \sum R_j \cdot q_{mj} \qquad ②$$

$$C_m' = C_m/Q_m \qquad ③$$

式中：C_m 表示 m 產品或服務的總作業成本；
C_m' 表示 m 產品或服務的單位作業成本；
R_j 表示 j 作業成本庫成本動因率；
q_{mj} 表示 m 產品或服務耗用 j 成本動因的數量；
Q_m 表示 m 產品或服務消耗的成本動因總數量。

由上面公式可知求作業成本必須獲取產品服務耗用的成本動因數量，因此在選擇成本動因時必須考慮成本動因數量的可獲得性。

第二節　作業成本計算法的應用實例

自 20 世紀 80 年代末美國作業成本計算法興起不久，中國便有學者向國內介紹作業成本計算法。由於作業成本計算法的產生和應用是與先進的製造技術緊密聯繫在一起的，而先進製造技術是中國 2010 年中長期發展規劃中科技發展的重點領域之一，因此作業成本計算法的研究及應用推廣方興未艾。

一、案例 1

(一) XA 農機廠概況及分析

XA 農機廠是國家機械工業部定點生產農用機械的廠家之一，生產自動化程度不高，基本上實施以銷定產，存貨不多，各產品生產數量差異較大。目前生產的產品有：農用四輪拖拉機、24 行大型播種機、12 行播種機、2BM-2 型鋪膜機和噴灌機五種產品。主導產品是 24 行大型播種機，市場佔有率為 60% 以上；四輪拖拉機主要是組裝，零部件全部外購；12 行播種機的銷量不錯；2BM-2 型鋪膜機和噴灌機是新產品，工藝還不成熟，未形成規模生產。XA 農機廠在生產的全過程採取全面質量管理，採用定額成本法進行成本控制，實行二級核算，製造費用使用直接人工工時進行分配。

(二) 實施作業成本計算法的程序與方法

1. 前期準備工作

(1) 座談瞭解情況。首先，通過與企業各級領導交談瞭解企業目前的狀況、面臨的主要問題、企業的發展前景規劃、企業所處的市場環境等。其次，瞭解企業的財務會計核算制度，查閱各產品的成本資料，對企業產品成本結構和各項耗費有一個初步的瞭解。

(2) 作業成本計算法核算期間及其成本標的的確定。由於距離研究時間越近，越能反應企業實際情況以及核算期間必須包括目標產品的生產週期，因此選擇 2016 年 1~5 月作為作業成本計算法的核算期間。作業成本計算法成本標的為企業生產的各種產品。

(3) 產品成本調查。通過與總會計師及財務人員座談，瞭解到 XA 農機廠目前採用定額成本法進行成本控制，實行二級核算，製造費用使用直接人工工時進行分配。傳統成本法成本數據如表 18-2 所示。

表 18-2　　　　　　　　　　　傳統成本法成本數據表

	直接材料(元)	直接人工(元)	製造費用(元)	單位成本(元)	產量(臺)
四輪拖拉機	6,537	327	452	7,316	1,083
24C 播種機	11,760	369	1,077	13,206	354
24A 播種機	9,401	399	974	10,774	101
12 行播種機	2,131	198	770	3,099	50
鋪膜機	1,225	348	850	2,423	75
噴灌機	5,994	354	620	6,968	19

2. 作業成本設計

(1) 到生產現場瞭解生產工藝流程。首先，和分廠廠長、分廠會計人員進行座談，瞭解分廠的生產流程和產品成本核算以及控制情況。其次，由分廠廠長或技術人員帶領參觀生產現場，詳細瞭解各個生產環節。特別是一些重要的生產環節。注意和班組長、工人進行交談，以詳細瞭解生產流程，注意收集各生產環節中工人的工作性質、數量、工作地點等信息。

(2) 分析定義作業。根據對生產工藝流程的瞭解，進行作業的劃分。描述工藝流程，確定各個主要動作並將動作歸集成作業。例如，對鑄造分廠進行作業劃分，其工藝流程為：首先，由技術員按照零部件要求繪製鑄造模具圖紙；其次，根據圖紙製作模具，用模具、混合砂製作砂型，將化鐵爐中化出的鐵水澆灌進砂型中，待冷却後除去鑄件上的浮砂，送入清潔機中清潔表面砂粒；最后，清潔后的半成品運送到下道工序。根據這一流程，可劃分為 6 個作業：圖紙設計、模具製作、砂型製作、化鐵、澆鑄、落砂。類似地，建立了 32 個作業，如表 18-3 所示。

表 18-3　　　　　　　　　　　作業名稱及資源動因表

作業名稱	作業性質	資源動因	作業名稱	作業性質	資源動因
圖紙設計	品種級作業	人工工時	機器準備	品種級作業	準備次數
模具製作	批次級作業	零件種類數 材料處理次數	模具準備	品種級作業	準備次數
砂型製作 化鐵	單位級作業 批次級作業	人工工時 鐵水重量 材料處理次數 機器小時	機件裝箱 機器運輸	單位級作業 批次級作業	人工工時 運輸距離
澆鑄 落砂	單位級作業 單位級作業	人工工時 機器小時 人工工時			
材料處理	批級作業	材料處理次數 人工工時	機件加工 材料處理	單位級作業 批次級作業	人工工時 機器小時 處理次數

表 18-3(續)

作業名稱	作業性質	資源動因	作業名稱	作業性質	資源動因
機器準備	品種級作業	準備次數	訂單處理	批次級作業	訂單數
機床衝壓	單位級作業	人工工時	材料入庫	批次級作業	入庫次數
		機器小時			
焊接	單位級作業	人工工時	機器修理	批次級作業	人工工時
滾形	單位級作業	人工工時			
熱處理	批次級作業	燃料重量			
裝幅	單位級作業	人工工時			
半成品轉移	批次級作業	轉移次數			
底漆	批次級作業	人工工時			
面漆	批次級作業	機器小時	材料檢驗	批次級作業	人工工時
		人工工時	產品檢驗	單位級作業	人工工時
裝配	單位級作業	人工工時	產品宣傳	品種級作業	宣傳次數
		機器工時			人工工時
調試	單位級作業	人工工時	運輸	批次級作業	人工工時
					運輸次數
			客戶聯絡	品種級作業	客戶數
					人工工時

(3)把資源費用分配給各個作業。各資源的相關資料，有些可以直接從原有成本信息系統中獲取，有些則需要另行衡量。前述的6個作業成本的確定所需要的資料獲取如下：

①圖紙設計作業。其資源動因是人工工時，可以直接從成本核算中獲取。

②模具製作作業。資源動因之一零件種類可以直接從生產計劃中獲得，然后從產品成本明細帳中將製作模具的材料成本，製作人員的工資、福利費、工具消耗等合計為模具製作作業成本。另一個材料處理次數則需要另行統計，由於材料處理原則上是領料一次處理一次，因此可以將領料單數量作為統計基準。

③砂型製作作業。資源動因是人工工時，數據可以直接從成本核算系統獲得。

④化鐵作業。鐵水重量的有關數據可以從原有記錄中獲取。材料處理次數同前述一樣，用領料單數量來表示。其費用包括負責處理材料的工人工資福利費，切割、搬運材料的工具費用，機器的折舊費、電費等。機器小時的消耗量不能直接獲得，但可以根據生產任務和化鐵爐的性能、容量推算出來。其費用包括化鐵爐的折舊費、電費、工人的工資福利費以及輔助設備的折舊費等。

⑤澆鑄作業。與砂型製作作業類似。

⑥落砂作業。機器小時要用估計法，根據清潔機的容量和每次清洗時間，結合全部零部件數量和大小，估算出所用的機器小時。其費用包括機器折舊費、水電費，負責機器的工人工資福利費、鐵砂的材料費用。人工工時可以直接獲取。

有了資源動因數量和相應的資源費用，用后者除以前者就可以得到資源動因分配率；各作業消耗的資源動因量乘以資源動因分配率，可得到各作業的作業成本數據。

(4)確定主要作業、作業中心、同質成本庫,計算成本動因分配率。

首先將上述的 32 個作業做進一步的合併,建立作業中心,並將相應的作業成本歸集成同質成本庫。根據生產工藝流程的重要程度和各作業成本的金額,確定了 13 個主要作業:模具製作、化鐵、材料處理、機床衝壓、滾形、面漆、裝配、機器準備、機件加工、訂單處理、機器修理、檢驗和客戶聯絡。

然后以主要作業為核心建立作業中心,即以主要作業為中心,吸收其生產流程前后的小作業,並考慮各個作業的相關程度進行合併,並為各個作業中心命名。同時,設立生產協調作業(屬於管理級作業),用於吸收管理人員的工資福利費和其他一些與各作業無關的費用。該作業用指令作為資源動因,指令用派工單的數量來計量。把作業中心內的各個作業消耗的資源費用匯總,得到該作業中心的作業成本庫。

在建立了作業中心和作業成本庫后,需要選擇代表作業及其作業動因,計算成本庫分配率。代表作業從作業中心各作業中挑選出來,主要考慮作業的相對成本、計量成本、作業動因與作業中心消耗資源的相關程度等因素。代表作業的資源動因作為該作業中心的作業動因。例如,化鐵作業中心有 4 個作業:砂型製作、化鐵、澆鑄、落砂。化鐵作業的成本相對較高,占 44.5%,並且可以從現有的成本系統中獲取資料,因此可以選用化鐵作業作為代表作業。相應地,化鐵作業的資源動因(鐵水重量)作為該作業中心的作業動因。

(5)分配作業成本庫費用至產品,計算產品成本。首先瞭解各種產品由哪些零部件構成,逐一確定這些零部件經過哪些作業中心;然後將每種產品中的一些材料相同、流經相同的作業中心、大小、加工處理方式類似的零部件合併在一起,作為一個整體參與費用分配、成本計算;最后用記錄的作業動因消耗量乘以成本動因分配率,得到產品消耗某一作業中心的作業成本,將產品消耗的所有作業中心的作業成本相加得到產品作業成本,再加上產品消耗的材料成本,得出產品總成本。用產品總成本除以產品數量得到單位產品成本。

二、案例 2

ART 公司生產三種電子產品,分別是產品 X、產品 Y、產品 Z。產品 X 是三種產品中工藝最簡單的一種,該公司每年銷售 10,000 件;產品 Y 工藝相對複雜一些,該公司每年銷售 20,000 件,在三種產品中銷量最大;產品 Z 工藝最複雜,該公司每年銷售 4,000 件。該公司設有一個生產車間,主要工序包括零部件排序準備、自動插件、手工插件、壓焊、技術沖洗及烘干、質量檢測和包裝。原材料和零部件均外購。ART 公司一直採用傳統成本法計算產品成本。

(一)按傳統成本法計算產品成本

(1)ART 公司有關的產品成本資料如表 18-4 所示。

表 18-4　　　　　　　　　　ART 公司有關產品成本資料

	產品 X	產品 Y	產品 Z	合計
產量(件)	10,000	20,000	4,000	
直接材料(元)	500,000	1,800,000	80,000	2,380,000
直接人工(元)	580,000	1,600,000	160,000	2,340,000
製造費用(元)				3,894,000
年直接人工工時(小時)	30,000	80,000	8,000	118,000

（2）在傳統成本法下，ART 公司以直接人工工時為基礎分配製造費用如表 18-5 所示。

表 18-5　　　　　　　　　　ART 公司分配製造費用

	產品 X	產品 Y	產品 Z	合計
年直接人工工時(小時)	30,000	80,000	8,000	118,000
分配率(%)	3,894,000/118,000=33			
製造費用(元)	990,000	2,640,000	264,000	3,894,000

（3）採用傳統成本法計算的產品成本資料如表 18-6 所示。

表 18-6　　　　　　　　採用傳統成本法計算的產品成本

	產品 X	產品 Y	產品 Z
直接材料(元)	500,000	1,800,000	80,000
直接人工(元)	580,000	1,600,000	160,000
製造費用(元)	990,000	2,640,000	264,000
合　　計(元)	2,070,000	6,040,000	504,000
產量(件)	10,000	20,000	4,000
單位產品成本(元)	207	302	126

ART 公司的定價策略及產品銷售方面的困境如下：

（1）ART 公司的定價策略：採用成本加成定價法作為定價策略，按照產品成本的 125% 設定目標售價，如表 18-7 所示。

表 18-7　　　　　　　　　　ART 公司的定價策略　　　　　　　　　　單位：元

	產品 X	產品 Y	產品 Z
產品成本	207.00	302.00	126.00
目標售價(產品成本×125%)	258.75	377.50	157.50
實際售價	258.75	328.00	250.00

（2）產品銷售方面的困境。近幾年，ART 公司在產品銷售方面出現了一些問題。產品

X按照目標售價正常出售,但來自外國公司的競爭迫使ART公司將產品Y的售價降低到328元,遠遠低於目標售價377.5元。產品Z的售價定為157.5元,ART公司收到的訂單的數量非常多,超過其生產能力,因此ART公司將售價提高到250元。即使在250元這一價格下,ART公司收到的訂單仍然很多,其他公司在產品Z的市場上無法與ART公司競爭。上述情況表明,產品X的銷售及盈利狀況正常,產品Z是一種高盈利、低產量的優勢產品;而產品Y是ART公司的主要產品,年銷售量最高,但現在却面臨困境,因此產品Y成為ART公司管理人員關注的焦點。在分析過程中,管理人員對傳統成本計算法提供的成本資料的正確性產生了懷疑,他們決定使用作業成本計算法重新計算產品成本。

(二)按作業成本計算法計算成本

(1)管理人員經過分析,認定了ART公司發生的主要作業並將其劃分為幾個同質作業成本庫,然后將間接費用歸集到各作業成本庫中。歸集的結果如表18-8所示。

表18-8　　　　　　　　　　　　歸集結果

製造費用	金額(元)
裝配	1,212,600
材料採購	200,000
物料處理	600,000
啓動準備	3,000
質量控制	421,000
產品包裝	250,000
工程處理	700,000
管理	507,400
合計	3,894,000

(2)管理人員認定作業成本庫的成本動因並計算單位作業成本如表18-9(成本動因)和表18-10所示。

表18-9　　　　　　　　　　　　成本動因

製造費用	成本動因	作業量 產品X	作業量 產品Y	作業量 產品Z	合計
裝配	機器小時(小時)	10,000	25,000	8,000	43,000
材料採購	訂單數量(張)	1,200	4,800	14,000	20,000
物料處理	材料移動(次數)	700	3,000	6,300	10,000
啓動準備	準備次數(次數)	1,000	4,000	10,000	15,000
質量控制	檢驗小時(小時)	4,000	8,000	8,000	20,000
產品包裝	包裝次數(次數)	400	3,000	6,600	10,000
工程處理	工程處理時間(小時)	10,000	18,000	12,000	40,000
管理	直接人工(小時)	30,000	80,000	8,000	118,000

表 18-10　　　　　　　　　　　　　單位作業成本

製造費用	成本動因	年製造費用	年作業量	單位作業成本
裝配	機器小時(小時)	1,212,600	43,000	28.2
材料採購	訂單數量(張)	200,000	20,000	10
物料處理	材料移動(次數)	600,000	10,000	60
啟動準備	準備次數(次數)	3,000	15,000	0.2
質量控制	檢驗小時(小時)	421,000	20,000	21.05
產品包裝	包裝次數(次數)	250,000	10,000	25
工程處理	工程處理時間(小時)	700,000	40,000	17.5
管理	直接人工(小時)	507,400	118,000	4.3

(3)將作業成本庫的製造費用按單位作業成本分攤到各產品，如表 18-11 所示。

表 18-11　　　　　　　　　　　　　製造費用分攤

製造費用	單位作業成本	X產品 作業量	X產品 作業成本(元)	Y產品 作業量	Y產品 作業成本(元)	Z產品 作業量	Z產品 作業成本(元)
裝配	28.2	10,000	282,000	25,000	705,000	8,000	225,600
材料採購	10	1,200	12,000	4,800	48,000	14,000	140,000
物料處理	60	700	42,000	3,000	180,000	6,300	378,000
啟動準備	0.2	1,000	200	4,000	800	10,000	2,000
質量控制	21.05	4,000	84,200	8,000	168,400	8,000	168,400
產品包裝	25,400	10,000	3,000	75,000	6,600	165,000	
工程處理	17.5	10,000	175,000	18,000	315,000	12,000	210,000
管理	4.3	30,000	129,000	80,000	344,000	8,000	34,400
合　　計	—	—	734,400	—	1,836,200	—	1,323,400

(4)經過重新計算，管理人員得到的產品成本資料如表 18-12 所示。

表 18-12　　　　　　　　　　　產品成本資料　　　　　　　　　　單位：元

	產品 X	產品 Y	產品 Z
直接材料	500,000	1,800,000	80,000
直接人工	580,000	1,600,000	160,000
裝配	282,000	705,000	225,600
材料採購	12,000	48,000	140,000
物料處理	42,000	180,000	378,000
啟動準備	200	800	2,000
質量控制	84,200	168,400	168,400

表 18-12(續)

	產品 X	產品 Y	產品 Z
產品包裝	10,000	75,000	165,000
工程處理	175,000	315,000	210,000
管理	129,000	344,000	34,400
合計	1,814,400	5,236,200	1,563,400
產量(件)	10,000	20,000	4,000
單位產品成本	181.44	261.81	390.85

　　採用作業成本計算法計算取得的產品成本資料顯示產品 X 和產品 Y 在作業成本計算法下計算的產品成本都遠遠低於傳統成本法下計算的產品成本。如表 18-13 所示,根據作業成本計算法計算的產品成本,產品 Y 的目標售價應是 327.26 元,ART 公司原定 377.5 元的目標價格顯然不合理。ART 公司現有的 328 元的實際售價與目標售價基本吻合。產品 X 的實際售價 258.75 元高於重新確定的目標售價 229.30 元,是一種高盈利的產品。產品 Z 在傳統成本法下的產品成本顯然被低估了,ART 公司制定的目標售價過低,導致實際售價 250 元低於作業成本計算法計算得到的產品成本 390.85 元。如果售價不能提高或產品成本不能降低,ART 公司應考慮放棄生產產品 Z。ART 公司的管理人員利用作業成本計算法計算取得了比傳統成本法計算更為準確的產品信息。以傳統成本與作業成本為基礎確定產品目標價格的比較如表 18-13 所示。

表 18-13　　　　　　　　　　**產品目標價格比較**　　　　　　　　　單位:元

	產品 X	產品 Y	產品 Z
產品成本(傳統成本法)	209.00	302.00	126.00
產品成本(作業成本計算法)	181.44	261.81	390.85
目標售價(傳統成本法下的產品成本×125%)	258.75	377.50	157.50
目標售價(作業成本計算法下的產品成本×125%)	226.80	327.26	488.56
實際售價	258.75	328.00	250.00

第三節　對作業成本計算法的評價

　　作業成本計算法能夠比傳統的成本制度提供更準確的關於經營行為與生產過程以及產品、服務和顧客方面的成本信息。作業成本計算法通過將企業的資源費用同使用這些資源的經營行為和生產過程相聯繫而把作業作為生產成本行為分析中的主要因素。從多種信息中收集信息確定作業成本動因,然后再把作業成本分配到產品、服務和產生作業需求的(或受益於作業的)顧客中去。這些過程可以對作業以及適用於個別產品、服務和顧客的資源數量和單位成本進行很好的估計。

作業成本計算法應用最重要的決策領域是在確認公司發展機會、產品管理決策和作業過程改進決策等方面,應用最多的業務領域包括生產加工、產品定價、零部件設計和確立戰略重點等。例如,昂貴產品避免增加更多的技術功能,因為對本已很貴的產品,這樣做的增量收入很少。又如,由於批量成本和使產品多樣化的成本高、中、低數量的訂貨不再保證快速送貨等。

然而,作業成本計算法無法顯示因為停止生產某一產品批次而減少下來的成本。作業成本計算法能夠顯示出多少批次級作業和產品級作業對不同產品的貢獻,但無法計算出當減少產品級或批次級作業時可以減少多少成本。如果作業成本計算法顯示低數量的產品是虧損業務,因此而停止某項產品的生產却無法避免全部的損失,這是因為某些分配到產品的成本不可能減少。例如,如果減少安裝啓動作業,公司可能仍然繼續雇傭安裝啓動人員、付給他們同樣的工資以及保留所有有關的設備。如果設計改變次數減少,公司可能不會辭退任何設計工程師,也不會減少他們使用的電腦及設備。因此,作業成本計算法展現的是每一個產品資源的長期使用,而不能用來預測某項決策如何影響支出。

作業成本計算法努力收集的資料不在於滿足外部報導的需要,傳統的成本制度所提供的信息則用來作為財務報告的重要信息來源。因此,企業應一方面持續使用熟悉的傳統的成本制度;另一方面嘗試使用作業成本計算法,開始可以只針對某一產品線、一個廠房或某一類成本。用作業成本計算法取代傳統的成本制度是不必要的,兩個制度可以一起運作,傳統的成本制度用來針對財務及稅務報告,而作業成本計算法針對臨時的特殊研究。當考慮是否引進或放棄某項產品時,當生產技術改變或資源成本發生重大的增加或減少時,可以用作業成本計算法進行研究。

總之,作業成本計算法作為一種新的成本計算方法,更多的應用於企業的經營決策中,在日常的成本核算中仍然沿用傳統的成本制度。但是,作業成本計算法融合了先進的管理思想,其應用在很大程度上具有靈活性,並不絕對為環境條件所限制。普通的企業可以應用作業成本計算法的先進的管理思想改善企業管理,還可以根據實際需要部分應用作業成本計算法作為輔助手段。

思考題

1. 作業成本計算法的計算基礎是什麼?它與傳統的成本計算方法有哪些不同?
2. 成本動因的概念是什麼?如何確定成本動因?
3. 作業成本計算法的計算程序是怎樣的?其中應注意哪些問題?
4. 你認為作業成本計算法在中國的運用前景如何?在運用過程中應考慮哪些因素?
5. 案例分析:

某礦業公司Z的研究部門找到了一種生產新的產品的方法,這種新的生產方法能夠使公司的銷售額增長50%,而財務部門人員通過現存的成本核算方法對現有產品(A)和建議生產的產品(B)的成本進行了分析(見表18-14)。稅前利潤根據現有成本核算方法的預測(見表18-15)得出的結果是:產品B是不

盈利的,不應該投產。然而,管理人員建議公司使用作業成本計算法對成本進行計算,然后把計算結果同現行成本制度的預計數相比較。

表 18-14　　　　　　　　　　　銷售成本:現行成本制度　　　　　　　　　單位:美元

	每噸成本	生產 A 產品 (50,000 噸)成本	每噸成本	生產 B 產品 (25,000 噸)成本
材　料	150	7,500,000	120	3,000,000
人　工	75	3,750,000	75	1,875,000
變動間接費用	35	1,750,000	40	1,000,000
固定間接費用	60	3,000,000	55	1,375,000
總　計	320	16,000,000	290	7,250,000

表 18-15　　　　　　　　　　　稅前利潤:現行成本制度　　　　　　　　　單位:美元

經營指標	A 產品	B 產品	總計
銷售額	47,000,000	13,000,000	60,000,000
銷售成本	16,000,000	7,250,000	23,250,000
毛利潤	31,000,000	5,750,000	36,750,000
銷售成本	6,500,000	1,000,000	7,500,000
運送成本	14,000,000	5,600,000	19,600,000
一般成本	4,000,000	500,000	4,500,000
稅前利潤	6,500,000	(1,350,000)	5,150,000

作業分析:在作業成本計算法下,把成本分配到每個作業中,沒有使用幾個大型的間接成本庫。下面是對工作流程分析結果的簡要說明:

(1) A 產品和 B 產品清除表土和開礦的成本分別為 190 美元/噸、110 美元/噸。

(3) A 產品和 B 產品的壓碎成本為 15 美元/噸。

(4) 濃縮成本:A 產品為 49 美元/噸,B 產品為 0 美元/噸。工作流程分析表明新產品不需要濃縮,因此不向它分攤這種成本。在現行成本制度下,49 美元/噸的濃縮成本被自動地分攤到 B 產品中去了。

(5) 烘干和篩選成本:A 產品為 76 美元/噸,B 產品為 100 美元/噸。由於化學特性不同,B 產品不需要篩選,因此對顧客每噸要減除 100 美元的成本。

(6) 包裝成本:A 產品為 124 美元/噸,B 產品為 20 美元/噸。顧客大批量購買 B 產品,因此節約了大量的包裝費。

(7) 運輸成本:A 產品為 197 美元/噸,B 產品為 106 美元/噸。B 產品將主要銷售給現有的顧客,因此可以放置在已經收取統一費率的容器中。

(8) 代理費用:A 產品為 100 美元/噸,B 產品為 111 美元/噸。由於銷售人員要對 B 產品進行宣傳和改進來向顧客介紹這種新產品,因此 B 產品的費用較高。

要求:應該生產 B 產品嗎?

國家圖書館出版品預行編目(CIP)資料

成本會計學 / 羅紹德 主編. -- 第五版.
-- 臺北市：崧燁文化，2018.08

面；　公分

ISBN 978-957-681-590-4(平裝)

1.成本會計

495.71　　　107014310

書　　名：成本會計學
作　　者：羅紹德 主編
發行人：黃振庭
出版者：崧博出版事業有限公司
發行者：崧燁文化事業有限公司
E-mail：sonbookservice@gmail.com
粉絲頁　　　　　　網　址：
地　　址：台北市中正區重慶南路一段六十一號八樓 815 室
8F.-815, No.61, Sec. 1, Chongqing S. Rd., Zhongzheng Dist., Taipei City 100, Taiwan (R.O.C.)
電　話：(02)2370-3310　傳　真：(02) 2370-3210
總經銷：紅螞蟻圖書有限公司
地　　址：台北市內湖區舊宗路二段 121 巷 19 號
電　話：02-2795-3656　傳真：02-2795-4100　網址：
印　刷：京峯彩色印刷有限公司(京峰數位)

本書版權為西南財經大學出版社所有授權崧博出版事業有限公司獨家發行電子書繁體字版。若有其他相關權利及授權需求請與本公司聯繫。

定價：500 元
發行日期：2018 年 8 月第五版
◎ 本書以POD印製發行